正念减压自学全书

胡君梅 著

中国轻工业出版社

图书在版编目(CIP)数据

正念减压自学全书/胡君梅著. —北京：中国轻工业出版社，2019.1（2025.6重印）

ISBN 978-7-5184-2114-5

Ⅰ.①正… Ⅱ.①胡… Ⅲ.①心理压力-心理调节-通俗读物 Ⅳ.①B842.6-49

中国版本图书馆CIP数据核字（2018）第216620号

版权声明

正念减压自学全书，胡君梅著。

中文简体版经野人文化股份有限公司授予中国轻工业出版社／北京万千新文化传媒有限公司独家发行，非经书面同意，不得以任何形式，任意重制转载。本著作限于中国大陆地区发行。

责任编辑：戴　婕　　　责任终审：张乃柬
策划编辑：戴　婕　　　责任校对：刘志颖　　　责任监印：吴维斌

出版发行：中国轻工业出版社（北京鲁谷东街5号，邮编：100040）
印　　刷：三河市鑫金马印装有限公司
经　　销：各地新华书店
版　　次：2025年6月第1版第5次印刷
开　　本：710×1000　1/16　印张：24.75
字　　数：210千字
书　　号：ISBN 978-7-5184-2114-5　定价：76.00元
读者热线：010-65181109
发行电话：010-85119832　　010-85119912
网　　址：http://www.chlip.com.cn　　http://www.wqedu.com
电子信箱：1012305542@qq.com

版权所有　侵权必究

如发现图书残缺请拨打读者热线联系调换

250934Y2C105ZYW

推荐语

广播正念的种子

2018年7月,我接到君梅的微信:慧琦,好久不见!你好吗?然后她极平淡地说起了这本20多万字的《正念减压自学全书》,又以她一贯的温婉问道:不知道是否有这个荣幸,请你撰写100—200字的推荐序呢?

写推荐序于我是件要命的事情,因为我必须读过全文才敢落笔。于是告知君梅:我八九月比较忙,不能确保,但努力争取。好在君梅书中的一切——从正念减压的发展、它的根源、有关的科学研究和应用、到经典的正念练习——对于我来说都是熟悉而亲切的。最打动我的是一些鲜活的分享,无论是她和师长、家人之间的互动,还是学员的分享,果然是个人的东西最能打动人。当然,个人的东西永远不只属于个人,这份个人化的叙述也勾勒出了当代华人正念发展脉络的一部分。华人正念圈如同一个大花园,并且这座花园正在扩大中,逐渐呈现出百花齐放之态势。这既在意料外,又在情理中——因为任何一个事物一旦接触到中国的土壤,势必会发生转化,基于中国东方智慧而又被系统化的西方人发展出来的正念课程体系也如此。而正念减压课程又被业内称为干细胞课程,它具有分化成不同课程的潜力。那么这份转化和分化会如何呈现呢?请读者拭目以待!

在这个圈子中,君梅一直走得专注而沉稳——聚焦正念减压。这些年来,她翻译卡巴金的《正念疗愈力》(繁体版),创建华人正念减压中心,成为台湾第一位麻省大学正念中心认证的正念减压导师,又与内地有诸多的交流和沟通,在海峡两岸广播正念的种子。这一切,都需要很多的专注和心力,这恰恰是正念修习可以给到的。

2018年8月31日—9月7日，在美国麻省巴瑞佛学研究中心（Barre Center for Buddhist Studies），卡巴金亲自为30多位来自世界各地的正念减压导师带领了一个7日正念静修营，当中提到了"Karmic Assignment"，涉及每个人跟自己的"业"相关的、在这个世界上的工作。我想，这本书，则是君梅在这个世界上的工作的呈现之一，祝贺你有缘触及这份美好！

童慧琦

乔·卡巴金认证正念减压导师

加州健康研究院正念学院联合创始人

一本适合自己学习正念的书

近四十年来,源自东方佛学的正念冥想,在西方身心医学领域获得了大量的研究与应用。正念对于促进练习者身心健康的效果获得了基本共识。近十年来,正念在国内的身心医学领域也获得了越来越多的关注。不少国内民众开始接触正念,学习正念。当然,限于师资、时间和空间等诸多因素,能够有机会来参加规范的正念课程,并非一件容易的事情。因此,能找到一本合适的书籍来帮助自己学习正念,是很有意义的。君梅接受了系统而规范的正念减压训练,具有丰富的针对国人的正念减压指导经验。这本书正是她基于多年的实践而写成的,对正念初学者会是一个有益的帮助,特此推荐!

刘兴华
北京大学心理与认知科学学院研究员

对正念的领会、洞见和爱

我第一次遇上君梅是2011年的秋末冬初,也就是正念减压(MBSR)创始人乔·卡巴金博士(Jon Kabat-Zinn)第一次来北京带领正念减压工作坊的时候。当时我们俩都已经在麻省大学医学院完成了正念减压的师资培训,并开始各自在北京和台湾地区带领完整的8周正念减压课程,那一次我被邀请为卡巴金博士在北京工作坊做现场翻译,而当时君梅正在翻译卡巴金博士的大作——《正念疗愈力》(*Full Catastrophe Living*)。

转眼7年过去了,我不但见证了君梅完成翻译卡巴金博士的《正念疗愈力》一书,她还把萨奇(Saki Santorelli)博士的《自我疗愈正念书》(*Heal Thy Self*)也一并翻译并出版了。君梅跟一般专业翻译不一样的地方在于,她不仅仅是在做文字上的工作,更重要的是她在此过程中一直有带领正念教学团体,以亲身的经验印证、体会、消化、贯通卡巴金博士和萨奇博士书中所传递的精神。

从《正念减压自学全书》中可以看到,君梅写的不仅仅是带领正念减压课程的技巧和经验,而是她个人在这些年来对正念的领会、洞见和爱。从书中精致的脉络、编排、插图可以感受到君梅对"正念"、对"正念减压"的"爱"有多深,愿你也可以像我一样,在吸收书中关于正念减压课程的练习方法之余,也同时去细心体味当中所蕴藏着的那一份深深的"爱意"!

方玮联
亚洲静观培训学院联合创会导师
盖亚之树静观中心创会导师
中国社会工作联合会、心理健康工作委员会、静观心理学部副主任委员

"此时此刻"品味生活

在中国大陆,关注人较为纯粹的"存在"状态的作品里,我印象较深的有余华的《活着》和史铁生的《命若琴弦》。两部小说,一部长篇,一部短篇,充满着不可思议的人生苦难以及各种命运里注定的悲剧。可是即便生活看上去并无希望,主人公却不屈不挠地活着,坚持在命里打一辈子的滚。

我们的人生不过如此,有快乐满足,更有烦恼痛苦、不甘甚至怨忿。而在当下人人追求"快乐幸福"的时代,痛苦变得格外不堪忍受。于是,躯体上的痛苦由综合医院解决,心理上的痛苦则由医院心理科解决。而我们呢?我们自己能做什么?除了被动地忍受痛苦、被动地接受"治疗"之外,我们能够做什么?

古今中外的哲学家、宗教家都力图回答这个问题,也有各自的处方,其中正念或许是一个不错的选择。正念进入中国大陆已近20年。我是在2016年北京举办的"五日正念减压工作坊"上与君梅结识的,君梅是我们的带领老师。与我同去学习的还有我们病房的护士长及康复护士。借用一句曲词:一见卿卿定终身。此后,正念在我们病房(北大六院临床心理科)轰轰烈烈地逐步开展起来,帮助了众多焦虑症、抑郁症、强迫症、酒精依赖症以及精神分裂症患者。在正念的引入及实践上,君梅是我们的第一位引路者。

为什么选择正念?正念是什么?要怎么操作?这些问题,君梅在书中均给予了我们详尽准确的回答。目前正念在大陆很热,相关书籍也很多,大部分是引进的外版书。坦白讲,在国外译书的"万花丛"中,君梅原创的这本《正念减压自学全书》给我眼前一亮的清新之感。原因有以下四个:

1. 语言流畅,且不失小幽默(正是君梅的性格);

2. 编著出于正念教师及正念实践者之手,全书的布局篇幅对于正念练习者或教师均有指导性;

3. 字里行间可以感受到的中国文化底蕴(君梅有宗教学及心理咨询双硕士学位)。正念不是单纯的"疗法"或"技术",结合中国文化讲解正念有利于国人理解接受；

4.实用性强，书中给出的练习步骤清晰明了，可以根据此书进行练习。可以说，这本书完全是把一个小小的君梅老师装在里面了。

关于正念的理解和感受，相信大家通过阅读及练习之后，都会有自己的领悟。作为精神科开放病房，我们病房之所以倡导实施正念，其原因在于：正念提供了一种态度，帮助我们的患者，包括医务人员自身，接纳承担生活中的"苦恼"；正念也提供了一个空间，让人们可以打开感官，开放心灵，从而能够在"此时此刻"真正地品味生活！

黄薛冰

精神医学博士

北京大学第六医院临床心理科主任

人即正念，书如其人

正念之道正在席卷全球，这本由华人心理学者撰写的《正念减压自学全书》以中国人的思维方式，用通俗易懂的语言，陪伴练习者踏上正念之旅。

2017年国庆假期，我带着家人跟随君梅到深圳梧桐山一起修习正念，君梅的人格魅力让我印象深刻，现在想来，是她身上散发的气息让我感受到教学内容与其本人合二为一，"人即正念"。打开君梅的这本书，我爱不释手，多年来对正念理论及练习中的诸多疑惑得以一一解开，仿佛君梅把正念的"武功秘籍"娓娓道来，有醍醐灌顶、"全身经络打通"之感，内心充满了想与人分享的热情；书中的大白话、口头禅，都那么接地气、那么亲切，犹如君梅就在身旁，感受到与她联结的平静和温暖。

虽然还没有参加过正念减压八周课程，但这本自学全书让我感受到了正念训练的"规范化、平民化、科学化和普及化"，它不仅包括正念理论、练习步骤、图解、案例、常见问题解答、互动学习中的经验分享，还配有练习音频，甚至讲解了佛教中的正念渊源。更可贵的是，它阐释了君梅在中国文化下对正念理论的解读，对正念练习潜藏机理的解析，让读者不仅"知其然"，更能"知其所以然"。

正念需要不断的练习、练习、再练习，成为我们日常生活的一部分，更成为我们自我的一部分。感谢君梅这本书重启了我对正念的热情，期待它早日出版，让更多人受益。

方莉

正念学习者 / 深圳市康宁医院主任医师 / 博士 / 欧洲认证EMDR培训师

提升"心"的品质

正念,虽起源于古老东方禅修的智慧,但需要通俗易懂、图文并茂、细致翔实的指引才能让互联网时代的现代人真正接受和受益,此书是我推荐的首选,因为它是君梅多年来教授正念课程的心得结晶。如果个体能按书中的指引精进练习,深入参悟正念八原则,将为焦虑、急躁、无安全感的内心注入一股清流;如果广泛推广书中的正念练习方法,也将为这个"互相伤害型"的社会提供疗愈方案。君梅常说,"每个人都是自己最好的老师",遵循此书指引规律性地练习,自己的"身"与"心"将给你指明路径,练习者的觉察力将得以成长且强大,"心"的品质得以不断提升;在觉察力的持续守护下,长期的练习者将收获"慈心、平等心、平和心、耐心、信任心、初心、无为心、接纳心"等一连串硕果,一个新的内心世界将缓缓觉醒!

刘剑镝
招商银行总行同业客户部产品总监

正念的力量

我与正念结缘是一次偶然中看到了君梅的译著《自我疗愈正念书》，翻阅后我惊呼，这就是我多年来一直在寻找的自我疗愈方法啊！在《自我疗愈正念书》的序里我了解到还有一本《正念疗愈力》，此两书并列为正念减压疗法的必读经典，于是我立即购买了这两本书并认真地阅读和练习起来。后来我有幸参加了君梅的工作坊，在她专业且极具爱心的带领下，我深切地体验到了正念减压的魅力，正念的种子在我的心里开始发芽了！随着日复一日的练习，同时不断参加各种师资培训，并将其应用于临床上，我越来越感受到了正念的力量。欣闻君梅的新书要出简体版且我受邀为其写序，我激动万分，很荣幸能先睹为快。该书充满了君梅对正念及传播正念的用心和爱，这本书是她多年来修习及教学经验的结晶，是非常实用的自学工具书，值得正念伙伴们珍藏并随时阅读！

李竞

深圳市第二人民医院（深圳大学第一附属医院）

特诊心理睡眠专科主任医师

一位正念老师自我修炼的轨迹

在《师说》中，韩愈说："古之学者必有师。师者，所以传道授业解惑也。"在领略一门学问的过程中，知识与师承同样重要。2017年至今，我学习正念已有一段时间，每次的学习都有不同的感受与体验。一年多来，我跟随君梅老师练习正念，除了对正念有知识方面的了解外，还跟随她在生活中实践正念。我认识到，正念是一门终身实践的学习，需要我们温柔勤恳地面对自我，不断在觉察练习中产生专注力，再将自身体悟反馈至练习，这样自然就能得到人生的恬静与习得的快乐。

从学习、翻译、教学到自己写书，在这个过程中可以看到君梅对正念的专注、仔细与执着。书中她以自己的故事与案例，表达出她这一段觉察情感的旅程，这本书或许就是君梅修行的自传经验的部分呈现。书中反映了君梅在实际生活中的正念体悟和觉察反思，我们可以观察到一位正念老师行走的轨迹，慢慢从点点滴滴中悟出的解放与自由。

我特别喜欢君梅在后记中跟正念老师互动的描述，篇篇都有发人深思的对话，其中"别老认为人家是针对你来的"，"不顺心时，别觉得那是冲着你来的"，这几句话十分触动我，也似乎在我的生活中发酵，影响了我的态度。

我借由此序，表达对君梅教导的感谢及抒发自己的感受，并对在此书出版前先睹为快深感荣幸。

王淑军

正念学习者／台湾辅英科技大学健康事业管理系副教授

本书充满温柔的心意,并发出爱的邀请

认识君梅是一种缘分,在一次两日工作坊中,我感受到知行合一的正念实行者君梅的风范,因为自己很希望继续学习,因此主动与君梅联络,没想到君梅慷慨应允,愿意每周从北部南下,带给南部朋友很大的福音,就这样促成了我及南部伙伴们一年多来的正念学习之旅。

这本书深深地打动了我,在阅读过程中,我感受到作者的一片温柔心意,作者一开始用问与答的方式让读者认识"正念",接着在后面的章节,用图片或提问以及生活中的例子,细致地向读者介绍了正念。已学习过的伙伴、初学者或是还没有机会学习的读者,都可以通过阅读这本书从不同角度获益。

正念的学习,不保证是开心的,而是能够开始学习温柔地照顾自己,允许自己,接纳自己,培养自己内在的一个空间。书中提供了自己练习的方式,通过投身于练习中,除了自己受益外,随着练习的深化,周围的人也会受益。这本书,充满了爱的信息,也是一个爱的邀请。

何素珍
正念学习者 / 台湾高雄四维文教院心灵课程讲师

改变世界需要傻子和疯子

君梅是我在正念教育推广的"哥们儿"。我们都是从正念的修炼中发现生命能量的人,然后就一路傻傻地推动着正念的发展,希望大家也能一起幸福。

君梅和我在推动正念上有三个共同点:一是找回内在的力量,不一定要通过宗教,因为每个人的当下和本心就有圆满的智慧,通过正念的自我觉察就可以发现。二是我们都不树立老师的权威,而是当学员们的朋友。三是为了理想先做了再说——她2014年创办华人正念减压中心,当正念推广的开路先锋,在大家还不知道什么是正念的当时要生存下去是不容易的,但是她就一路咬牙坚持下去,几年下来,她的团队发光发热,不知道改变了多少人的命运。

2017年她进一步完成美国麻省大学医学院正念中心的正念减压师资培训师,成为台湾首位能正式培训正念减压课程教师的老师,这是非常了不起的。她就像是正念的女超人,也是一位慈爱的"傻大姐",一直捍卫着朋友的幸福。接触过她本人的朋友都能感受到她的温暖。如今她终于要出书分享她的正念体验,真是读者的一大福音,我很喜欢书中提到专注而温柔地安抚躁动的心、真实地活着、非用力追求,这就是正念的幸福心法。

我们都是边推广正念边玩的伙伴,也是患难相助的好朋友,我办了五年的正念觉察教育工作坊和正念觉察自学团,她开玩笑说我是疯子,我就说她是傻子,然而,改变世界不就是需要我们这种不计较利益、跟随心中热情的疯子和傻子吗?为了自己和众人的幸福,我们会一路玩下去,玩到天荒地老,玩到这世界充满爱!

张世杰
台北市团体实验教育正念觉察学苑主任

练习、练习、再练习的正念旅程

在一个偶然的情况下，朋友建议我参加君梅的八周正念课程，于是我踏上了我的正念之旅。

上君梅的课，我能感受到君梅的活力与能量；她对正念推广的热忱与将正念融入生活的功力，让学员很容易跟着她的带领进入状态。在八周课程中，我第一次在行走静观中觉察到力量由脚跟、脚掌传达到小腿、大腿再引起全身自然协调的律动；也试着在平常走路时体验行走静观。经过八周的有意练习，我感受到自己更容易回到当下，在每一个行住坐卧、饮食呼吸间都可以练习正念。正念练习最棒的是，每一个练习，不管状态好坏都在训练自己的正念肌肉。我觉得学习正念最重要的是练习、练习、再练习，在练习中觉察，光说不练是没用的。

本书对许多同学容易混淆却很重要的原则如非评价、接纳、非用力追求等有深入的解释与详细的说明，相信这对大家会很有帮助。

君梅将正念的源头——四圣谛、安那般那念、四念处加入本书，真是用心良苦。如果我们能抛开宗教的藩篱，就有机会从佛教传统中接受更多正念的宝贵信息。

写这篇文章时，心源教育基金会正计划与君梅、佩玲合作，将正念课导入小学校园与大学课程。此时我不禁要说能遇到君梅真是太幸运了，也借此机会感谢君梅的教导及她对正念的推广！

曾立明

台湾心源教育基金会顾问

这么好的课程怎能错过！

当我第一次听到正念减压时，还不了解什么是正念？直觉上认为这个应该不错，且非常适合癌友及其家属，因此更迫切地想要引进"正念减压"为癌友服务！！

感谢佳蓉引介了君梅让我认识。我与君梅一见如故且相谈甚欢，她让我真正认识了正念减压，也确定了服务的起点。果然，减压课程一开便马上爆满，很多癌友喜出望外地说：有这么好的课程可以学习，怎能错过这样的机会呢！听到癌友这么说，我心里觉得暖暖的。

八周正念减压课程，癌友们都坚持下来了。生命力的展现就是为了帮助自己活得更好，求生是人的本能，学习是对自己负责的态度，生活的重建与调适对罹癌后的病友更是重要的学习功课，他们不放弃，我们更没理由不提供这么好的"正念减压课程"！

游懿群
台湾癌症基金会癌友关怀教育中心主任

最适合华人的正念减压工具书

初次遇见本书作者胡君梅老师，是在一个正念减压的讲座当中。当时的我已经是执业中的咨询心理师，在教科书和期刊论文中多次读过正念减压的相关信息，期待可以听到一点新的东西。没想到君梅老师带我们做了一个呼吸静观的练习，这让我惊喜地发现，原来这么简单的身体觉察就可以引导自己进入"活在当下"的状态。后来我更深入地学习了正念减压，并通过资深医师与医院管理部的协助，邀请君梅老师将正式的八周课程带进台湾基隆长庚医院的癌症中心，并持续进行每月一次的正念减压讲座，无论是受癌症困扰的病人，还是处于工作压力中的医护人员，都表示课后受益良多。

君梅老师受过心理咨询的专业训练，同时又长期从事正念减压的练习，所以她特别能够将正念减压的精髓用符合中华文化的方式表达出来，并且发展出许多本土化的练习，相较于许多正念减压的外文书籍，《正念减压自学全书》的问世实在是社会大众一窥正念减压奥秘的最佳渠道。相信本书对想要了解正念减压的初学者或是已有基础但想要深造的读者，都会是一本相当实用的正念工具书。

叶北辰

基隆长庚医院情人湖院区癌症中心咨询师

前 言

希望本书成为陪伴您日后持续练习的伙伴

这本书集结了这些年来我在正念领域的学习心得以及学员的分享、讨论和提问。我希望它是一本实用的工具书,在您无法亲自参加八周正念减压课程之前,有渠道和资料可以自行练习;而在您有机会亲自上过八周正念减压课程或短期密集工作坊后,本书能成为陪伴您日后持续练习的伙伴。因此我尽可能地知无不言、言无不尽。

这是一本说大不大、说小不小的书,总共有八大部分。为了让大家不迷路,在此先提纲挈领。

【第1部分】说明为何要学习正念、正念是什么、正念减压又是什么。

【第2部分】讨论正念练习的七大基础原则。许多练习正念的伙伴经常在这里卡住,因此在将正念落实到日常生活中时也容易卡住,好像概念都很好,但就是做不到。因此,对这些原则有清晰的了解,练习起来会更有方向感。真正落实这些原则后,会发现这些原则可应用的范围其实相当广。

【第3部分】身体觉察是正念练习的开始,也是培养觉察力的基础。本部分讨论并分享了各种身体的练习,培养稳住自己的能力,多属于正式练习。

【第4部分】培养出若干稳住自己的能力后,再进入不受时空限制的情绪与想法,会比较不容易被情绪或想法绑架。本部分主要探讨如何觉察情绪与想法,以及如何把正念带入沟通之中。

【第5部分】正念不是只在某种特定时空才进行的练习,而是时时刻刻的觉察，能充分融入日常生活，不受环境与时空的限制。本部分讨论并分享了几个日常生活中很实用的练习。

【第6部分】既然正念可以融入时时刻刻的生活，更可以应用于各个领域，本部分将分享正念在医疗、企业和家庭中的运用。

【第7部分】当代正念的发源有其渊源，本部分一开始讨论了此渊源与主要流派，接着讨论当代正念普及化之后的若干重要问题，尤其是与正念相关的流行观点。当代正念训练起源于传统正念，最后三篇文章将探讨对我帮助很大的经典文献。

【后记】我的学习来自许多老师，本部分将分享一些重要的老师并记录他们对我的影响。实际上正念老师不会仅止于文中所述，生活中的时时刻刻都是学习，也都是正念老师。

这本书从第2部分到第5部分都是操作性很强的，如果只是看看其实没太大意思，犹如您不会因为看到菜单就足以填饱肚子，唯有持续的练习才能实际体会到正念的益处。因此如果可以的话，建议您依照自己的生活节奏，每周在不同的部分里汲取不同单元来做练习，慢慢来，正念练习不需要急，也没必要赶，毕竟这没有要做给谁看，有没有打卡都没关系。练习，是个人的事情。然后，可以在某项练习进行一段时间后，再换到下一个练习。当然您也可以整体阅读后，再规划适合自己的练习进度。但是如果您正在上正念减压的课程，就请依照课堂所指定的进度练习，而这里的练习叙述可以作为参考，但不建议在心中不断地分析比较带领的差异，汲取您需要的养分反而更重要。

有关正规标准八周正念减压课程在家里的练习内容，请参阅第1部分中《什么是正念减压？》一文。在正念减压的课程中，每天的练习时间是45～60分钟。如果您真的很忙碌（不是忙于用手机或看影片），每天只有一点点的空当，也许可以运用表1为自己规划练习进度。

祝福您在练习中获益！

君梅

撰写于天蓝树绿的台北文山

2018年3月23日

表1　练习进度计划表

	【第2部分】 正念练习的七大 基础原则	【第3部分】 身体觉察的各 项练习	【第4部分】 情绪、想法与沟 通的觉察练习	【第5部分】 日常生活的觉察 练习
第一周				
第二周				
第三周				
第四周				
第五周				
第六周				
第七周				
第八周				
第九周				
第十周				

（本表若空间不够，欢迎自行加印与运用）

目录

第 1 部分 正念是善待、探索、平衡自己 / 1

01 正念,清除心中的垃圾 / 3

02 正念,专注而温柔地安抚躁动的心 / 5

03 正念,建立好的联结 / 6

04 什么是正念?/ 8
　　什么是觉察?/ 9
　　正念觉察的路径 / 9
　　正念,不保证一定开心顺遂,却能温柔地照顾自己 / 10
　　不偏不倚是什么意思?/ 11

05 正念,身心合一的训练 / 12
　　身心失联,让我们总是忽视身体的警讯 / 12
　　正念让身心重新整合,找回快乐的自己 / 13

06 正念,更真实地活着 / 14

07 什么是正念减压?/ 15
　　正念减压课程学什么?/ 15
　　那么,正念减压课程的培训内容有哪些呢?/ 17
　　本书与正念减压的关系 / 30

08 正念练习没有终点 / 31
　　温柔地面对一切,分分秒秒都有意思 / 31
　　正念练习没有标准答案,也不需要评分 / 32

第 2 部分　正念练习的七大原则 / 35

自我疗愈之路的基本态度 / 37

- 01　非评价的练习 / 39
- 02　接纳的练习 / 42
- 03　信任的练习 / 45
- 04　耐心的练习 / 47
- 05　非用力追求的练习 / 50
- 06　放下的练习 / 52
- 07　初心的练习 / 56

第 3 部分　重新找回身心联结——练习身体的觉察力 / 59

正念减压课程中的正式练习 / 61

- 01　呼吸觉察 / 62
  - 不需控制呼吸，专注在一呼一吸带给身体的各种感受 / 62
  - 呼吸觉察练习可短时多次，30 秒、1 分钟或 5 分钟都可以 / 64
- 02　腰直肩松 / 65
  - 带入觉察，发现适宜且健康的姿势 / 66
- 03　身体扫描 / 69
  - 身体扫描练习引导 / 69
  - 练习中常见的疑惑与讨论 / 71
- 04　正念瑜伽练习 / 78
  - 谁决定伸展幅度 / 79
  - 立式正念瑜伽练习 / 83
  - 躺式正念瑜伽练习 / 110
- 05　层层开展的静坐练习 / 127
  - 觉察可练习专注力 / 128
  - 觉察可培育内在稳定力量 / 129

06 **联结身心最直接的方法** / 131
  　　复习：觉察呼吸的静坐练习重点 / 131

  07 **训练与痛苦和平共处的能力** / 135
  　　觉察身体的静坐练习引导 / 135
  　　三阶段面对身体不适的练习引导 / 136
  　　面对身体不适的关键态度：从惯性厌恶到好奇开放 / 139

  08 **分辨生活中无谓的添油加醋** / 141
  　　觉察声音的静坐练习引导 / 142

  09 **温柔地消融内在的喋喋不休** / 146
  　　四阶段觉察念头想法的静坐练习引导 / 147

  10 **无所依赖的觉醒** / 152

第 4 部分　成为自己的主人——觉察情绪与想法的正念练习 / 155

开启心的探索之旅 / 157

  01 **觉察惯性思维的正念练习** / 161
  　　在游戏中练习突破自我设限的框架 / 162

  02 **愉悦事件记录练习** / 168
  　　辨别会透支身心存款的不良情绪毒素 / 168
  　　累积心情"存款"，从记录愉悦事件开始 / 169
  　　有觉察的愉悦事件，才能培养自主喜悦的能力 / 170

  03 **不愉悦事件记录练习** / 173
  　　练习觉察不爽苗头，才有机会处理它 / 173
  　　以身体觉察，聚焦棘手的不悦情绪 / 174
  　　关照好身体➡安顿好心➡好好处理问题 / 177

  04 **提升人际互动的品质** / 179
  　　沟通困难事件记录表，从混乱中梳理出问题症结点 / 179
  　　有觉察的沟通，从了解自己和对方的需求开始 / 181

  05 **提升人际互动的效能** / 183
  　　三阶段练习与对方"同在"的高品质聆听 / 183

XXIII

简单三步骤，实践有觉察的正念沟通 / 187

06 从强风来袭到微风轻拂 / 190

案例 1：他要什么？/ 190

案例 2：急，挤掉了空间与可能 / 192

沟通里的似是而非 / 194

正念沟通，一辈子的探索之旅 / 195

07 培养善意的习惯 / 197

让心回归平静温柔的慈心祝福练习引导 / 197

课堂中慈心祝福练习实例分享 / 200

08 成就与快乐的平衡 / 205

达成目标、成就人生的行动模式 / 206

滋养生活的充电机制——同在模式 / 207

09 从惯性反应到有觉察地回应 / 209

第 5 部分　融入日常生活的正念练习 / 213

时时刻刻、无所不在的正念生活 / 215

01 饮食静观的练习 / 216

觉察与食物同在的各种历程和感受 / 217

不受限于过去的经验，每一次都是新的体验 / 219

饮食静观练习引导 / 221

02 饮食静观进阶练习 / 222

案例 1：对食物更敏锐的觉察力 / 222

案例 2：身体会告诉你，这东西身体喜欢吗？/ 223

案例 3：关掉惯性饮食模式 / 224

案例 4：餐桌上的小风暴 / 225

案例 5：跨越担忧恐惧 / 225

03 行走静观练习 / 227

行走静观练习引导 / 227

伙伴们的行走静观练习经验分享 / 228

重伤后，重新发现自己的力量 / 230

04 生活静观 / 234
　　把觉察带入使用手机时——手机静观 / 234
　　每天最舒爽的练习——洗澡静观 / 236

05 全面的关系重塑 / 240
　　关系决定一切 / 240

第6部分　正念的运用 / 243

处处开花的正念种子 / 245

01 把正念带给因伤病而受苦者 / 247
　　正念是医疗的辅助，而非医疗的替代 / 248
　　正念实践者的真实故事 / 249

02 让正念进入企业或机构 / 268
　　在忙碌工作之中，短时间正念充电的策略 / 269
　　忙碌生活中的正念实践 / 271

03 正念进入家庭 / 274
　　身体觉察，让疲惫的身心重获能量 / 275
　　正念觉察，不被情绪勒索后，才能找到好的教养策略 / 275
　　针对当下的问题，一次一个重点 / 276
　　正念翻转教养态度：从"我觉得你应该……"到"你有什么感受？" / 277

04 正念练习七大原则的应用 / 282
　　七大原则修炼方法与练习引导 / 283

05 将正念分享给孩子，尤其是即将面对大考的青少年 / 293
　　面对冲突的修炼 / 293
　　无得失心地轻柔播种 / 294
　　开始练习的执行要点 / 295
　　睡前10分钟正念练习 / 295
　　孩子亲身体验练习的好处 / 297
　　练习切忌功利化 / 297
　　正念实践者的真实故事 / 299

第 7 部分　当代正念的源头与发展 / 305

融合东方禅修与西方减压的当代正念训练 / 307

01　当代正念训练的开展 / 309
萌芽——在医疗体系中开展的世俗版正念 / 309
茁壮——正念四大流派与发展趋势 / 311
两岸第一次的当代正念课程 / 312

02　厘清正念练习的六个误解 / 317
误解1：把正念视为一种治疗 / 317
误解2：把正念视为一种心理治疗 / 318
误解3：把当代正念训练视为认知行为治疗的一部分 / 319
误解4：把正念当作是一种放松训练 / 319
误解5：以为觉察等于思考 / 320
误解6：以为正念就是转念 / 322

03　正念之路，你走对了吗？ / 323
知识上知道正念不代表能够教导正念 / 323
别给正念套上美好假象的光环 / 324

04　四圣谛 / 326
解决问题的四个历程 / 328
正念的基本原则——不妄不虚 / 330

05　安那般那念 / 332
安那般那念修炼的开展层次 / 332

06　四念处经 / 335
对"身"的修习——觉察内身、外身、内外身 / 335
对"受"的修习——觉察内受、外受、内外受 / 337
对"心"的修习——觉察内心、外心、内外心 / 339
对"法"的修习——觉察内法、外法、内外法 / 339

07　正念是爱 / 341

后记　我的正念老师 / 343
　　启蒙老师 / 343
　　安住当下，说得容易 / 345
　　仿佛与卡巴金老师一对一家教 / 346
　　萨奇老师的疗愈之路 / 349
　　直问韩国大禅师："你也会生气吗？" / 350
　　另类的正念老师 / 353
　　谁啊？ / 355

学员分享 / 359

跋　感谢每个伙伴与家人，你们都是这本书的隐形作者！ / 363

第 1 部分

正念是善待、探索、平衡自己

正念减压课程从 1979 年发展至今,近 40 年来共有 3000 多份研究显示正念训练的多元效益,包括:减轻压力、增加情绪调节能力、增加自我效能、提升免疫力等。

我也是无数受益者之一,正念减压课程全面、温柔、深层地转化了我自己,同时也转化了我与先生的关系、与孩子们的关系、与工作的关系、与周围一切的关系……

01

正念，清除心中的垃圾

每天我们吃三餐，食物给我们提供了能量与养分，但也必然制造出垃圾，因此我们每天需要上多次厕所。如果一天没上厕所还好，一周没上就算便秘，一个月没上是会危及生命的。身体每天会制造垃圾，心里呢？在成长过程中，每个人都累积了不少的无形心理垃圾，长期未被正视或妥善处理。经常会产生心理垃圾的状况，例如"比较"：父母或亲戚在兄弟姐妹间的比较，老师在同学间的比较，老板在同事间的比较等。很多时候根本不需他人发动，自己就可以暗自不停地跟别人比较。当被比下去时，常会产生不如人、自卑、生气、委屈、自怜、孤独的心理垃圾。当比之优越时，很可能衍生自大、骄傲、过度自信、没安全感等心理垃圾。又例如"期待"，不论是父母、师长或自己对自己的种种有形或无形的期待，也很容易产生许多心理垃圾。达成期待固然可喜，但接下来目标也许越设越高，高到超乎自己的承受范围却还硬撑着，衍生出压力、痛苦、失衡的内在垃圾。当期待落空，失望、失落、信心丧失、落寞等心理垃圾随即浮现。

从小到大，无论家庭环境、学校生活、职场工作等，生活的点点滴滴中几乎随时都可以产生各式各样的心理垃圾。这些心理垃圾之间会交互作用，彼此放大，僵化固着，也影响着身体的健康。如果我们没有适时觉察，即使外表看起来积极、正面、向上、贴心、温柔，那些常年堆积而未处理的心理垃圾也会淹没或吞蚀我们。因为心理垃圾无关乎外在表现，而是一个人内在深层的真实样貌，通常是一个人独处时才容易显现出来。**对心理垃圾最完美的处理就是升华，成为一种提升自我的原动力，但如果没有妥善处理，提升后原始垃圾还是存在。**例如自卑可以是奋斗的驱动力，然而有些人辛苦奋斗获得成功后，内心深处还是自卑或者转化为自大。心理垃圾的浮现虽然可以带来成长，但确实也让人痛苦，因此大多数人都避之唯恐不及，直到无处可逃。麻烦的是，现代24小时的网络生活，可以轻易地让心理垃圾完全没机会显现，持续被压抑着或掩埋着，假装不存在。

正念训练，每一次的练习，都是净心的环保工程，帮助我们温柔地允许任何心理垃圾的浮现，与其同在，不急着将其歼灭掩埋，也不急着强化扩大，允许其出现、停留与消失。随着练习的持续，不需特别处理，心理垃圾会渐渐自动获得清理。为什么？答案在练习里，需要练习才能体会与启动内在的清静功能。练习一开始多是清理多年囤积的垃圾，随着练习的进行，觉察力的提升，也许在垃圾刚形成之初就能觉察到，进而适当处理。正念净心，和缓地洗涤与处理内在垃圾，或许还有机会处理深度积压的垃圾，没有激情，不洒狗血，不打鸡血，不需揭露个人隐私，它是一种温和、安全、稳妥的方法。垃圾清掉了，才有空间放有用的东西。

02 / 正念，专注而温柔地安抚躁动的心

一般而言，当我们遇到事情时，尤其是棘手、困难、复杂又强烈的冲击时，担忧、害怕、恐惧、焦虑是常见的内在反应。也许别人或我们会告诉自己要"冷静"，但发现这并不容易，有时候越叫自己冷静，心越容易慌张。

在日常生活中，我们曾几何时训练过这颗心发展出平静的能力呢？我们总是习惯性地喂这颗心更多的刺激，尤其在商业模式下的推波助澜，大数据计算出你有兴趣的东西，通过网络时不时地跳出来刺激一下。互联网的世界，一切东西没有国界，大量制造、大量销售、大量消费，随时都有吸引人的促销活动或免费有趣的信息。这颗心早已习惯了躁动和外来刺激，但在重要时间或困难时刻，我们却又希望它能安静稳定下来。

这有点像我们要孩子专心读书，但从来没教过他如何专心，仿佛专心、静心这些状态都是浑然天成且本来就有的能力。但事实不然，尤其在这个超多外来免费或低价刺激的年代，孩子要专心，其实比我们或祖父辈要难上许多。除非，平常就有特别训练。同理，这颗心本来就喜欢追逐新鲜刺激，再加上精心设计的外来刺激与接连不断的欲望，心要能安静下来真的不容易。

正念的练习是静观的练习，当我们温柔地觉察呼吸、领受身体感觉变化之时，这颗心开始被温和地带回身体里，不知不觉中已经在训练如何安顿这颗躁动的心。

心，于是开始知道如何"回家"，回到身体这个家。通过持续地练习，回家的道路会越来越清晰、便捷，于是随时想回家就可以回家，而不会处于有家不能回的懊恼或不安。这颗心渐进地被训练为可动可静、柔软而有弹性，静心、专注的能力渐渐由内在发展出来，不假外求。事实上，这些能力根本也无法外求，除了自己好好练习，不然从哪儿可以获得呢？

03 /

正念，建立好的联结
幸福感的重要源泉

人是群居动物，在群体生活中，我们彼此间相互联结与牵动。

我们从小第一个联结的族群为家人，与家人的联结品质大大地影响了我们一辈子的身心健康，心理学中很有名的依恋理论就是讲这部分。优良的家庭联结品质，给我们带来幸福、稳定、安全、意义，让我们愿意吃到什么好东西都想买一份回家分享，让我们愿意承受甜蜜的负荷，为家人付出，家人也为我们付出。然而，不良的家庭联结品质是很大的痛苦根源，不满、怨怼、委屈、害怕、愤怒等强烈的负面情绪再三横扫心头，直到学会麻木，斩断对联结的期待，或是持续生活在痛苦循环中。麻烦的是，从小不良的家庭联结所带来的影响难以估量，甚至会代代传递下去。在家庭结构里，切断联结（关系）是最严厉的惩罚，可见联结对家庭成员的重要性。

在学校，同学之间以及师生间良好的联结，让我们以身为班级的一分子或学校的一分子为荣，让我们愿意在活动中争取共同荣誉，乐于学习，一起成长，给彼此关爱，也接受彼此的情绪起伏。然而，校园中不好的联结让人感到格外孤立、不平、焦虑、恐惧或担忧；其中最严重的坏联结就是校园霸凌，这甚至会剥夺青春年少的生命。

在工作中，同事间、与上司或公司间良好的联结，让我们感到受重视、相互扶持、有发展性，让我们愿意少计较、多付出，共同为美好愿景打拼。相反地，不好的联结使人觉得工作只是为五斗米折腰，低成就感、低归属感，上班只想着下班、抱怨主管、批评同事……

良好的联结，能带来归属感，也是让人活出意义的原动力。一个人跟周围的人，如果没有联结或大多是不良的联结，意义感消失，就没什么好在乎的了，许多匪夷所思或骇人听闻的事情都做得出来，因为他其实已经活在另一个世界了。这也是为何当亲爱的人过世时，是那么令人难以承受，感觉上整个联结彻底且永远地断掉了。心理学的研究显示，好的联结比坏的联结好，坏的联结比完全没有联结好。这也是为什么许多人吵吵闹闹一辈子，都还分不开。

正念训练用温柔善巧的方式建立起好的联结。首先是跟自己身体的联结，大多数人跟自己的想法或情绪有比较多的联结，但跟自己的身体是经常失联的。习惯性地忽略身体所有的信息，直到身体都受不了或垮掉。正念训练通过呼吸觉察、身体扫描等多元方式，先建立起觉察自己身体的能力，亦即与身体联结，之后再慢慢地扩展到与想法、情绪、人际沟通等更宽广的联结。

联结，能让我们看到或感知，脱离无感、麻木或冷漠。一旦能真正地与自己联结，聆听并关照身体的信息，便能更加妥善地照顾自己。和谐的自我身心联结，启动崭新的视野来看待周围的人或事，好的联结让归属感和意义感油然而生，甚至失去亲人那种完全断裂的伤痛，都可以逐渐获得修复。这也是何以研究显示，把正念带入校园或职场时能创造出一种友善的氛围。人都需要归属感，人都需要好的联结，通过持续地练习，正念能训练并创造出一种较纯粹且低杂质的相互联结。

04 / 什么是正念？

对正念（mindfulness），很多人望文生义，认为是正确的想法或正向积极的思考。我常喜欢开玩笑地说，因为这美丽的误解人们来上课了，来了之后发现的却是一个更宽广辽阔、丰沛自在的世界。正念减压训练课程的创始人卡巴金博士，对正念所下的操作型定义是："时时刻刻非评价的觉察，需要刻意练习。"很简短的一段话，已经包含了四个关键：

（1）这定义开宗明义地指出，正念就是练习"觉察"（awareness）。

（2）正念觉察的核心重点是"非评价"（non-judgement）。

（3）正念觉察的练习时机是"时时刻刻"（moment-to-moment）。

（4）保持正念觉察能力是需要"刻意练习"（practice on purpose）的。

觉察，不发生在过去，因为过去的已经过去了，无法觉察。

觉察，无法发生在未来，因为未来的还没发生。

觉察，只邂逅于当下，也就是此时此地所呈现的一切，此亦吻合定义中的"时时刻刻"，亦即一瞬间接着一瞬间的觉察，每个瞬间都只存在于当下。

非评价，其实是另一个很深入的议题与修炼，通常我不会在一开始就进入非评价的讨论，但会以另一个比较简单的角度切入。一般而言，当我们进入某种对人或事物的评价时，不知不觉中这颗心大多也跟着进入某种偏好或好恶中。如果心是个天平，这时候的天平已经偏了。从这个角度看，非评价就是即便有各种想法思绪，仍能维持心的不偏不倚。

因此，整合全句的意思即为：对当下所呈现的一切，时时刻刻保持不带评价与不偏不倚的觉察，需要刻意练习。

什么是觉察？

所谓的"觉察"，就是个人的内在亮度。想象我们要进入一个伸手不见五指的暗室拿东西，此时最需要的东西是什么？"灯"、"蜡烛"、"手电筒"，只要会亮的东西都好，且亮灯的光线越清晰、越稳定，我们找东西就越容易。觉察也是一样的道理，当觉察越练越亮，我们就比较能分辨与做到：什么该提起，什么要放下，什么要睁开眼看清楚，什么只要睁一只眼闭一只眼就好……**觉察越稳定、清晰，就越有机会做出明智的选择。而生命所呈现的样貌，不正来自从小到大无数的选择吗？**

觉察一般都会有对象，通常最显著也最容易关注的觉察对象是想法、情绪或行为，尤其是想法，例如：分析、说明、解释、抽丝剥茧、讲道理等都是想法层面的运作。很熟悉对吧！尤其当心里不舒服时，要觉察心里的不悦是很容易的，然后顺着这条路径我们很容易钻牛角尖，一直问为什么会这样、为什么会那样、为什么、为什么、为什么……钻研"为什么"不是不好，但这常涉及记忆、诠释、情绪与期待等，很多想法有时候真的是虚实难辨、真假难分。更尴尬的是，我们经常在资讯不充分的情况下，就振振有词地骤下结论，不论是对自己或对他人。因此，当觉察的重心都只放在想法上时，我们经常会出现"是啊，我有觉察，然后呢？问题根本不是我能改变的啊"，分析了老半天，除了归纳出这个结论，老实说，没有太多实质的帮助。那么，到底该怎么觉察才能真正有帮助呢？

正念觉察的路径

正念觉察训练最特别之处在于从身体觉察入手，而非从想法或情绪开始。其实当心里有一些感受或想法时，身体都会有相应的反应，例如不高兴时胃不舒服、紧张时手心冒汗、难过时胸口闷痛、开心时手脚轻盈等。这些身体反应的速度，相对于想法或情绪的反应，都还快上许多。但让人疑惑的是，身体的这些反应，我们经常又感觉不到，其实这不代表身体没反应，这只能代表我们尚未开发觉察身体的潜能。其实，身体的反应既直接又清晰，痛就是痛，酸就是酸，不会痛感觉成酸，酸感觉成痒，但心就常会如此。因此身体是很诚实可靠的，不会乱编故事，即使是心里不想或不愿意面对的，身体也会如实地反映出来。

身体还有个很棒的特质，就是这个身体只能存在于现在，无法留在过去，也没办法先到未来，身体永远只有当下。相对地，思绪不受时间与空间的限制，经常停留在过去、未来或自创的想象中，很难真正停留在当下。一旦陷落于想法或情绪中，又常常会偏颇、失焦、太自以为是或过度自责。因此，如果要训练把心安住在当下，只以想法或情绪作为觉察对象，稳定度与可信赖度就不够了。以身体作为觉察对象还有一个很大的好处，就是随身携带、不假外求，不需依赖任何人、事、物，随时随地都可以练习，而且不花分文。

因此在正念课程中，我们大量训练对身体的觉察，包括动态的身体觉察与静态的身体觉察，不论是坐着、站着、走着或躺着的身体，都是练习觉察的对象。身体觉察是开始、是历程，也是终点。当身体的觉察力稍微熟练后，再加入情绪与想法的觉察，才不会被天马行空的思绪给兜着转，才能从自己的内在培育出安稳与自在的力量，不向外寻求救赎，也就不容易被骗、受伤或失望。下图显示出正念觉察练习路径的梗要。

正念＝觉察

（练习途径）➔

　　身体觉察➔情绪与想法的觉察➔扩展至一切的觉察

正念，不保证一定开心顺遂，却能温柔地照顾自己

正念着重在此时此刻的觉察，既然当下是现在进行式，就无法保证必定是舒服或愉悦的。有时候当下是不开心、生气、难过、沮丧、令人难以承受的，这是生命的真实。差别在于，正念的觉察练习让我们在面对这些不舒服

时，一点一点地学习温柔、同在、趋近、转化，而不急着检讨、压抑、闪躲、开战或升华。正念训练，不特别拥抱正向愉悦，也不用力排挤负向不悦，而是在温和的探索中，慢慢练习把自己的心打开。持续地打开，直到在觉察中，能自然不勉强地承接与涵容所有正向、负向、不正不负的自己，美好的、丑陋的、不美不丑的自己，明智的、愚蠢的、不智不蠢的自己，真真实实地活着。在这个过程中，持续练习对自己温柔、友善、慈爱，我们于是渐渐学会了要好好照顾自己。这是很扎实的爱，不是掏空自己照亮他人牺牲式的爱。这两种爱都很好，前者适合一般人，后者是伟人行为，我喜欢当一般人。

不偏不倚是什么意思？

正念的定义中有提到非评价与不偏不倚，有关非评价在第 2 部分中会有专文说明，这里简要说明一下什么是不偏不倚。

老实说，学了正念之后我才意识到，原来自己这颗心有多么容易串联式地东想西想，甚至越想越远、越想越偏，都还觉得"没错，就是这样"。简单举几个例子：被主管点名，迅速联结起对主管的新仇旧恨。跟老公吵架，很快质疑当初怎么会眼瞎而嫁给他；小孩不听话又回嘴，觉得孩子的未来堪忧。欣赏着帅哥美女，开始想入非非……这些例子多得不胜枚举，几乎时时刻刻都发生在生活中，可谓是"时时刻刻的偏颇"。像这样想法很快地越跑越远，心狂奔于过去、现在、未来与想象之间，早就严重偏颇不正了。

不偏不倚，意味着不一直遥想过往、也不满脑子充斥着未来或想象，不编故事也不加油添醋；心，稳稳地安住于当下，充分地觉察与看清当下的真实。

总的来说，正念是不偏不倚地觉察当下正发生的一切，一种人在心在、身心合一的训练，更是一种全方位自我照顾的训练。**正念练习让我们视而能见、听而能闻、食而知其味，真正地活着，有意义地活着。**正念练习，不单纯只关照"心"（想法、情绪等），同时也关照到"身"。如上所述，身体的觉察是很重要的入门练习，也是正念练习持续实践的基础。此外，正念虽然强调要照顾好自己，也会关心自身之外的广大社会，毕竟这世界的构成是相互依存、彼此联结的。

05

正念，身心合一的训练
提高快乐与健康指数

还记得小时候我一直有个很大的困扰，那就是读书的时候好想玩，玩的时候又不放心，总会想到书还没读。开始上班后，工作时很想去度假，好不容易等到放假又会想到工作。此现象在我学习正念多年后，才体悟到这是一种"身心分开"。在心理咨询研究所时，我发现，虽然各种心理疾病有其病理学、遗传学、心理、社会、环境上的复杂形成原因，但其共同的特征都是身心严重的分离，如焦虑症担忧未来，抑郁症反刍过去，等等。

身心失联，让我们总是忽视身体的警讯

这些年来，我跟许多有生理疾病的朋友一起工作，在把正念带给他们的同时，发现他们在生病前的一段时间内，几乎都承受高压力，有些人已经习惯性地承受压力，甚至于不知道自己压力很大。通常是完全忽略身体的信息，只专注在心里想要或觉得该做的事情上，身心长期高度紧张，到了某个临界点就生病了。学习正念让我开始学习聆听身体的信息，这才发现原来身体一直很尽责，随时不断地发送信息。一开始也许只是睡不好，到后来需要吃安眠药。一开始也许只是肠胃不舒服，到后来变成胃溃疡。一开始也许是有点头痛，但长期累积出高血压。视而不见、听而不闻的惯性让我们生病。但许多人即使生病了，因没能意识到身心的关联，可能都还是继续我行我素，让自己长期受苦。

原来，当身心长期分离时，不但不快乐，也很容易生病，不论是生理上

时，一点一点地学习温柔、同在、趋近、转化，而不急着检讨、压抑、闪躲、开战或升华。正念训练，不特别拥抱正向愉悦，也不用力排挤负向不悦，而是在温和的探索中，慢慢练习把自己的心打开。持续地打开，直到在觉察中，能自然不勉强地承接与涵容所有正向、负向、不正不负的自己，美好的、丑陋的、不美不丑的自己，明智的、愚蠢的、不智不蠢的自己，真真实实地活着。在这个过程中，持续练习对自己温柔、友善、慈爱，我们于是渐渐学会了要好好照顾自己。这是很扎实的爱，不是掏空自己照亮他人牺牲式的爱。这两种爱都很好，前者适合一般人，后者是伟人行为，我喜欢当一般人。

不偏不倚是什么意思？

正念的定义中有提到非评价与不偏不倚，有关非评价在第 2 部分中会有专文说明，这里简要说明一下什么是不偏不倚。

老实说，学了正念之后我才意识到，原来自己这颗心有多么容易串联式地东想西想，甚至越想越远、越想越偏，都还觉得"没错，就是这样"。简单举几个例子：被主管点名，迅速联结起对主管的新仇旧恨。跟老公吵架，很快质疑当初怎么会眼瞎而嫁给他；小孩不听话又回嘴，觉得孩子的未来堪忧。欣赏着帅哥美女，开始想入非非……这些例子多得不胜枚举，几乎时时刻刻都发生在生活中，可谓是"时时刻刻的偏颇"。像这样想法很快地越跑越远，心狂奔于过去、现在、未来与想象之间，早就严重偏颇不正了。

不偏不倚，意味着不一直遥想过往、也不满脑子充斥着未来或想象，不编故事也不加油添醋；心，稳稳地安住于当下，充分地觉察与看清当下的真实。

总的来说，正念是不偏不倚地觉察当下正发生的一切，一种人在心在、身心合一的训练，更是一种全方位自我照顾的训练。**正念练习让我们视而能见、听而能闻、食而知其味，真正地活着，有意义地活着。**正念练习，不单纯只关照"心"（想法、情绪等），同时也关照到"身"。如上所述，身体的觉察是很重要的入门练习，也是正念练习持续实践的基础。此外，正念虽然强调要照顾好自己，也会关心自身之外的广大社会，毕竟这世界的构成是相互依存、彼此联结的。

05 /

正念，身心合一的训练
提高快乐与健康指数

还记得小时候我一直有个很大的困扰，那就是读书的时候好想玩，玩的时候又不放心，总会想到书还没读。开始上班后，工作时很想去度假，好不容易等到放假又会想到工作。此现象在我学习正念多年后，才体悟到这是一种"身心分开"。在心理咨询研究所时，我发现，虽然各种心理疾病有其病理学、遗传学、心理、社会、环境上的复杂形成原因，但其共同的特征都是身心严重的分离，如焦虑症担忧未来，抑郁症反刍过去，等等。

身心失联，让我们总是忽视身体的警讯

这些年来，我跟许多有生理疾病的朋友一起工作，在把正念带给他们的同时，发现他们在生病前的一段时间内，几乎都承受高压力，有些人已经习惯性地承受压力，甚至于不知道自己压力很大。通常是完全忽略身体的信息，只专注在心里想要或觉得该做的事情上，身心长期高度紧张，到了某个临界点就生病了。学习正念让我开始学习聆听身体的信息，这才发现原来身体一直很尽责，随时不断地发送信息。一开始也许只是睡不好，到后来需要吃安眠药。一开始也许只是肠胃不舒服，到后来变成胃溃疡。一开始也许是有点头痛，但长期累积出高血压。视而不见、听而不闻的惯性让我们生病。但许多人即使生病了，因没能意识到身心的关联，可能都还是继续我行我素，让自己长期受苦。

原来，当身心长期分离时，不但不快乐，也很容易生病，不论是生理上

或心理上的疾病。哈佛大学教授基林沃司（Killingworth）长期研究人类怎么样才会快乐，他在2010年发表于《科学》(Science)期刊的研究，探讨分心与快乐的关系。分心就是东想西想，其实也就是身心分离的状态。在真实的日常生活中，我们几乎做什么都分心，依此研究显示，平均而言，人们身心分离的比例高达47%。他用650 000个样本数量证实"快乐，来自专注于时时刻刻的经验"，因此他论文的名称直接就是《飘移不定的心是不快乐的心》(A wondering mind is an unhappy mind)。

正念让身心重新整合，找回快乐的自己

正念的练习，训练我们时时刻刻不偏不倚的觉察，让我们经常问自己："心在哪里？"如果发现心已经离开了当下这身体正在做的事情，就温柔地把心再带回这个当下，不论是走路、饮食、静坐、工作或洗澡……随时培养人在心在的习惯。从基林沃司教授的研究来看，练习正念真是一大福音，因为练习得越多，快乐指数就越高。

人在心在，身与心温柔地整合在一起，从身心健康的角度看，减少身心分离的概率，健康的程度自然也会有所提升。这是从自身的体验出发，实际上也有可靠的科学研究。从2003年理查德·戴维森（Richard J. Davidson）发现正念练习会增加流行性感冒疫苗的抗体[*]，到2009年艾莉莎·艾佩儿（Elissa Epel）等人[**]发现正念训练可以增加端粒的长度，减缓细胞老化的速度（端粒的长度与细胞的老化息息相关，端粒越短，细胞的老化速度越快）。这里只是举出两个颇具代表性的经典研究，更多的科学实证研究文献上网就能找到，不过大多数是英文的。话又说回来，在没有科学研究的时代，正念就流传着了。实际的练习，才是转化生命的关键，光知道正念的好处没用，还得要自己亲身体验。

---

[*] 论文篇名："Alterations in brain and immune function produced by mindfulness meditation"。

[**] 论文篇名："Can meditation slow rate of cellular aging? Cognitive stress, mindfulness, and telomeres"。

06 / 正念，更真实地活着

在我学正念之前，常希望自己随时都是正向、积极、乐观、向上的。事实上我几乎也一直如此，因此从小到大的朋友大多认为我是阳光灿烂的。然而在这样的自我认同下，不知不觉中我会忽略或打包收藏不正向、不积极、不乐观、不高尚、紧张、焦虑、恐惧、悲伤、愤怒的自己，仿佛只允许自己呈现出某种样子，无形中不用他人动手，自己其实就先排挤自己了。我外表乐观积极，内心却多愁善感，常有"前不见古人，后不见来者；念天地之悠悠，独怆然而涕下"的感叹。我不是故意要装成这样子，天生如此，积极乐观的和消极悲观的，两面都是真实的我。学习正念多年后，我才领悟到，仅仅是很希望自己总是阳光灿烂的想法或期待，就足以让自己受苦，尤其是状况不好的时候。**在这些本身已经颇为耗能的时刻，我却花更多的能量来让自己的脆弱不被看到，而不是把能量拿来好好关照自己。**这其实是挺辛苦的，但麻烦的是这种苦讲不出来，别人也常看不到或听不懂，因此想倾诉都不知从何开口。

正念，让我学习好好照顾自己，成为更真实的自己。这样的关照不是消费式的商业宠爱，而是让这颗心不论处在何种状况下都有安顿之所：狂乱时有安全的避风港、翱翔时有无垠的天空、漫步或冲刺时有承接的大地。天空、大地、避风港不是等机运或他人给予，而是自己可以训练与制造的。训练的方法有很多种，有的人在好的宗教里找到了，有的人在各种自我修炼体系中体会到了，我则是在正念练习中邂逅到的。

07

什么是正念减压？

正念减压（MBSR，Mindfulness-Based Stress Reduction），这是一套以正念为基础的训练课程，1979 年由美国麻省大学医学院前医学教授卡巴金（Jon Kabat-Zinn）博士所创，卡巴金博士亦创立了麻省大学正念中心（CFM），故此为正念减压课程的发源地。麻省大学正念中心历经三任执行长，从 1979—2000 年的卡巴金博士、2000—2018 年的萨奇博士、到 2018 年开始上任的贾森博士，时至今日该中心仍执全球当代正念课程和正念减压师资培训之牛耳。正念减压课程让正念训练规格化、平民化、科学化、普及化。从 1979 年至今，3000 多份研究显示了正念训练的多元效益，包括：减轻压力、增加情绪调节能力、增加自我效能、提升免疫力等。

我也是无数受益者之一，从 2010 年至今，我持续参加了 CFM 的各项培训，从正念减压课程的学习者、合格老师、认证老师，到合格师资培训师，不断地培训与持续的进修、实践和分享。这个过程全面、温柔、深层地转化了我自己，同时也转化了我与先生的关系、与孩子们的关系、与工作的关系、与周围一切的关系。**正念减压训练的第一个受益人是自己，随着练习的开展与深化，受益对象自然能扩及他人。**

正念减压课程学什么？

正念减压课程，是有一套具有国际标准规格的，但实施过程亦涵容若干弹性的训练。整个课程为期八周，每周上课一次，每次平均 2.5 小时。在第一堂课正式开始之前有预备课程，以让大家熟悉环境、时间、课程与彼此。在

第六堂课与第七堂课中间，安排一整天的培训称为一日静观。每堂课程都有该堂的目标与学习重点，课程环环相扣。整体而言，正念减压课程的目的是：

（1）**系统性地培育觉察能力**，包括：对静态身体的觉察、对动态身体的觉察、对想法的觉察、对情绪的觉察、对人际沟通的觉察，由粗至细、由狭至广、由浅至深地逐层开展生活中时时刻刻的觉察。

（2）**当我们有觉察能力后**，比较能清晰地看到生活中点点滴滴的惯性反应。这些惯性反应成为各种习惯，左右了我们的生活，塑造了当下活着的样貌，不论是喜欢的或不喜欢、有益的或有害的。

（3）**通过不断地练习，我们学习把正念觉察带入日常生活中，在觉察中看到更多不同的可能与选择**。经由一次又一次由内自主启发的明智选择，我们开始能从惯性反应中不太费劲地自然挣脱，尤其是对自己有害的惯性，慢慢培育出以有觉察回应为底蕴的生活方式，降低因惯性所带来的有形或无形的危害，促进自己身心的健康、疗愈与成长。

（4）**正念减压课程是一套优良的自我照顾训练**，可以增进自我认识，有效减轻压力，增加情绪调节能力，训练既专注又放松的能力，提升免疫力等。

八周正念减压课程内容相当丰富，几乎都是练习，不讲理论，不讨论形而上的概念或追溯既往，也不涉及个人隐私，只着重于实实在在的经验与体验。在课堂练习后会有交流讨论，主要是针对练习过程中个人的体验、发现、困难或疑惑，带领者将提供进一步的协助，尤其是协助学员更充分地与当下的经验同在。每次课堂结束后，还会有在家练习作业，让学员练习将正念落实到日常生活中。

正念练习分成正式练习和非正式练习。正式练习，指的是与自己单纯同在的练习，进行的方式是需要挪出一些单独的时间，找到一个不受干扰的空间，跟着45分钟的音频练习。我常分享这是一段与自己约会的时间，没人打扰，就与自己同在。非正式的练习，大概是当代正念练习中最有趣、丰富与自在的层面，凡是发呆、发火、呼吸、吃东西、喝水、胡思乱想、走路、打扫、倒垃圾、洗碗、冲澡、上厕所、骑车、坐车、开车、洗车、吵架、运动、开会、上班、上学……什么状况下都可以练习，时时刻刻都可以正念觉察，完全不受时间与空间的限制，因此我常跟大伙儿开玩笑，正念恐怕是全世界投资回报率最高的学习了。当把正念带入时时刻刻的生活后，一成不变的生活渐渐变得多彩而立体，当获得愉悦的经验时更开心，当面临不愉悦的状况时则更有能力调节与放下。

那么，正念减压课程的培训内容有哪些呢？

下文摘要并改编自美国麻省大学医学院正念中心所发布的"2017年正念减压授权教案指引"[*Mindfulness-Based Stress Reduction（MBSR） Authorized Curriculum Guide* ,2017]。之所以需要"改编"，主要是为了以更简洁的方式呈现。实际上对于课程重点的传授，每位老师都会有当下的选择，因此这些课程大纲是授课的依据，但仍允许少量因时因地的需要而调整。例如在华人正念减压中心，我们会制作一本学习手册给每位学员，当年我在麻省大学正念中心上课时也有手册，但许多正念老师的受训经验是提供单张资料。

此外，《正念疗愈力》*（*Full Catastrophe Living*）第二章阐述了正念练习的七大基础原则，这是一般正念课程中不太会关注的部分，甚至连当年我在美国上课的老师也没有提到。然而，翻译正念书籍与实践的经验让我深刻体会到这些原则的重要性，实际上在其他的英文文献中经常可以见到这些原则的阐述或运用。因此在华人正念减压中心，我们颇重视这正念练习的七大基础原则。我们的做法是邀请学员每星期阅读一个原则，在练习与生活中自己体会和运用。

坦露，总承担着被批评的风险，然而允许适度弹性正凸显本课程是有机鲜活的。**在华人正念减压中心，所有的微幅调整都是建构在促进与巩固正念练习之上，除此之外无他，没有宗教式的观想，没有加入更多心理探索式的活动，一切奠定在对当下时时刻刻的觉察上。**因此，下面的课程大纲中有比较多

---

* 本书为卡巴金博士的经典之作，繁体中文版书名为《正念疗愈力》，简体中文版书名为《多舛的生命》。

的注释，以分享我在台湾教学中因环境不同而做的微幅调整。然而不是每个注释都是这样的性质，有些仍是标准教案中的说明，读者可以轻易辨识。需说明的是，虽然这些课程大纲看起来很简单，但实际操作起来真的是另一回事。因此这大纲可供自己学习，若以此为教学依据就实在太单薄了。因此如果您希望教导正念减压课程，诚恳的建议是接受完整的、正规的师资培训，才是比较安全、稳当、负责的态度和做法。

正念减压课程大纲

预备课程*

1. 课程目标

- 说明正念／正念减压是什么，不是什么。
- 在信任与非评价的氛围下，让学员简单体验正念练习。
- 介绍课程结构。
- 让学员知道未来在团体中大家会如何互动，以利于学员自行判断本课程是否适合自己。
- 与每一位学员进行简短的个别会谈。
- 取得学员参与课程与完成练习作业的承诺，包含八周课程与一日静观，每天 45～60 分钟的练习。
- 参与课程的好处**与风险***，上课注意事项。
- 若有问卷可于此时填写。

2. 正式练习

- 短时间的瑜伽伸展。

---

* 麻省大学医学院正念中心的资源比较多，通常一季会在不同时段同步开设两三梯次的八周正念减压课程，此预备课程（orientation）通常在课程正式开始前一个多月举办，基本上是说明会的性质，学员尚未决定是否参加课程。但在台湾，我从起步至今均独立作业，未附属于任何医院、学校、宗教团体或单位，人员和场地的资源均不足，操作上通常一次仅开一班，因此这样的预备课程就列为正式课程的一部分，也就是学员都已经确定可以参加正式课程前的暖身。

** 正念减压课程的益处：更全面处理问题的能力、具科学实证、能更妥善地照顾自己……但这些都还是得靠持续练习的积累。

*** 正念减压课程的风险：练习觉察后一切都可能变得更加敏锐，包括身体上的、情绪上的、人际互动上等。因此，初期想法或情绪的波动可能更大，若有这方面困扰应及时与带课老师讨论或寻求协助。对于有下列症状的朋友可能需要多谈谈，但未必需构成排除上课的要件：成瘾、未治疗的精神病、急性抑郁、自杀意念、创伤压力症候群、社群焦虑、最近有重大失落情绪问题等。

- 短时间的观呼吸静坐。

3. **非正式练习**[*]

    - 假如有会谈之间的空当，可以邀请学员短暂地觉察周围的环境、身体的感觉、不耐烦、无聊或兴奋的感觉等。

---

* 在华人正念减压中心，我们在这堂课进行学员简短的自我介绍，以节省第一堂课的时间。

第一堂课

1. 课程理念／主题

- 不论你现在面临什么问题,从我们的角度看,在你身上好的地方比不好的多很多,挑战与困难都是可以处理的。
- 当下,是唯一真正活着、学习、成长与转化的时刻。
- 建构团体信任与凝聚力。

2. 正式练习*

- 身体扫描。
- 瑜伽伸展。

3. 非正式练习**

- 饮食静观。

4. 在家练习***

- 身体扫描,每周至少六次。
- 九点连线游戏。
- 饮食静观。

---

* 有关正念减压课程的所有练习,都可以在后面的文章找到练习方法,也可以扫描本书封底的二维码获得练习音频文件。

** 我在每一堂课结束时,会进行简短且无讨论的慈心静观练习。

*** 课后作业中,我会邀请学员回家自行阅读《非评价》一文。

第二堂课

1. 课程理念／主题

- 觉察对压力的自动化惯性反应。
- 觉察如何知觉或看待人、事、物、病症、压力等，影响很大。
- 问题不在压力本身，而在于你如何处理，后者左右了身心整体的状况。

2. 正式练习

- 短时间静坐。
- 简单地立式瑜伽伸展。
- 身体扫描*。
- 观呼吸静坐（介绍坐的方法）。

3. 非正式练习**

- 课堂讨论时，不论是大团体或小团体，带着正念聆听与说话。

4. 在家练习***

- 身体扫描，每周至少六次。
- 10～15分钟静坐（觉察呼吸），每天一次。
- 填写"愉悦事件记录表"，每天一则。
- 选择一项日常活动带入正念觉察：刷牙、倒垃圾、洗澡等。

---

* 目前在市面上流通的身体扫描练习音频，罕见观想呼吸带入某个身体部位的练习。带入呼吸的身体扫描练习，是2010年我在美学习时从卡巴金博士早期的练习音频中找到的练习方式。老实说比较困难，但感觉更深层，因此，在第二堂课的身体扫描我通常会提供这个练习。但也提醒学员可以自行选择，如果觉得太困难，就单纯觉察身体各个部位就好，不须带入呼吸的观想，但如果觉得做得来就试试吧。保持好奇开放的态度比紧握教条重要。如果看完这段说明让您一头雾水或者跟您的学习经验不同，那么，就放下吧，不清楚这段依然可以继续前行的。

** 上课时，我会加上各种姿势下的"呼吸觉察"的体验，一方面是提升对呼吸的觉察能力，另一方面也好玩有趣。

*** 课后作业会有阅读《接纳》一文。

第三堂课

1. 课程理念／主题

- 觉察并讨论练习中的挑战与发现。
- 体验与当下同在的愉悦和力量。
- 觉察并探究练习过程中的身心反应。

2. 正式练习

- 躺式瑜伽。
- 静坐。
- 行走静观。

3. 非正式练习

- 课堂讨论时,不论是大团体或小团体,带着正念觉察聆听与说话。

4. 在家练习*

- 身体扫描与躺式瑜伽交互练习,每周至少六次。
- 15～20分钟静坐(呼吸觉察),每天一次。
- 填写"不愉悦事件记录表",每天一则。

---

* 课后作业会有阅读《信任》一文。另外,因为非正式练习经常是不需额外挪出时间与空间,只需不断提醒自己就可以进行的练习,因此在课程安排上,我会把前面几周的非正式练习累加起来列入本周的练习,例如饮食静观、呼吸觉察等,以帮助学员能养成在生活中时时保持觉察的习惯。

第四堂课

1. 课程理念／主题

- 觉察知觉和习惯如何影响我们的经验与生活。
- 将好奇和开放带入日常生活,培育更具弹性的专注力。
- 觉察并检视对压力的自动化惯性反应。

2. 正式练习

- 立式瑜伽。
- 静坐。

3. 非正式练习

- 课堂讨论时,不论是大团体或小团体,带着正念聆听与说话。

4. 在家练习*

- 身体扫描与立式瑜伽交错练习,每周至少六次。
- 20分钟静坐(觉察呼吸、身体感觉)。
- 觉察对压力的惯性自动化的反应,不需试图改变。
- 特别觉察当感到卡住、堵住、困住、麻木,或者很想一刀两断时的身心反应。

---

* 课后作业会有阅读《耐心》一文。另外,大多数人容易在不知不觉中被不愉悦经验绑架,而不愉悦经验的累积也很容易转换或构成压力事件,因此我会邀请学员多写一周的"不愉悦经验记录表",以提升对不愉悦经验的觉察和处理能力。

第五堂课

1. 课程理念／主题

- 觉察困住或卡住时的自动化反应模式，例如：战斗、逃跑、呆住；或者麻木、否认、消极性攻击、压抑、物质依赖或有自杀意念等。这些在当时确曾有其用处，但现在可能会限制或毁灭自己。
- 观察若把注意力与关爱带入自动化惯性反应，会产生何种影响。
- 觉察面对问题时的处理方式：问题导向、情绪导向、意义导向。
- 开展对压力有觉察回应时能力，学习稍微暂停，退后一步看得更清晰。
- 觉察并检视对压力有觉察地回应。
- 对于挑战或压力能更有效地面对、处理与复原。

2. 正式练习

- 立式瑜伽。
- 静坐（呼吸觉察、身体觉察、声音觉察、想法觉察、开放的觉察）。

3. 非正式练习

- 课堂讨论时，不论是大团体或小团体，带着正念聆听与说话。

4. 在家练习*

- 静坐与立式瑜伽、身体扫描或躺式瑜伽交错进行（例如第一天静坐、第二天立式瑜伽、第三天静坐、第四天身体扫描等）。
- 填写"沟通困难记录表"。
- 在惯性反应下带入觉察，探索不同的回应可能。以呼吸帮助留意惯性，有觉察地稍微慢下来，以做明智的选择。

---

* 课后作业会有阅读《非用力追求》一文。

第六堂课

1. 课程理念／主题

- 扩充内在资源,发展有益健康的态度和行为。
- 学习将正念觉察运用到人际沟通时,尤其是在沟通困难时。
- 人际正念(Interpersonal mindfulness),就是在关系中保持觉察与平衡,尤其是在急性或长期压力下、面对别人强大的期待时或以往情绪表达／抑制的惯性浮现时。
- 在觉察中,培育自己在困难人际互动时,能更有弹性与复原力。

2. 正式练习

- 立式瑜伽。
- 静坐。

3. 非正式练习

  正念沟通。

4. 在家练习*

- 交错练习静坐、立式瑜伽、身体扫描、躺式瑜伽。
- 将正念带入时时刻刻的生活。
- 将正念带入人际沟通。

---

* 课后作业会有阅读《放下》一文。

一日静观

1. 课程理念／主题

- 培育时时刻刻与当下同在的能力。
- 培育对任何经验保持开放，不论是被视为愉悦、不愉悦或中性的经验。
- 增强并巩固正念于日常生活的运用。

2. 正式练习

- 瑜伽伸展。
- 静坐。
- 身体扫描。
- 行走静观。
- 山或湖的静观*。
- 慈心静观。

3. 非正式练习

- 饮食静观。
- 保持一瞬间接着一瞬间的觉察。

---

* 台湾多山，因此我个人偏好山的静观，当年我的老师刚好也是带领山的静观。有关山或湖的静观的描述，可参阅《当下，繁花盛开》(繁体版书名)，简体版译本书名是《正念：此刻是一枝花》。

第七堂课

1. 课程理念／主题

- 学习对生活中时时刻刻的变化有更多的觉察与适应。
- 学习经常自问:"当下什么是重要的?""当下我要如何照顾好自己呢?"
- 觉察并关照自己的生活模式,哪些是自我滋养且适应良好的?哪些是自我限制又适应不良的?

2. 正式练习

- 静坐。
- 瑜伽伸展。

3. 非正式练习*

- 课堂讨论时,不论是大团体或小团体,带着正念聆听与说话。

4. 在家练习

- 本周在不使用音频的情况下自主组合 45 分钟的练习,例如 15 分钟伸展、15 分钟静坐、15 分钟身体扫描。
- 日常生活中时时刻刻的觉察与觉醒。

---

* 课后作业会有阅读《初心》一文。另外,这堂课有时候会做交换座位的练习,但非必要。

第八堂课

1. **课程理念／主题**

   - 探询与澄清学员的疑惑。
   - 探讨、分享与回顾在这段时间的学习。
   - 欢迎学员对课程与老师的任何反馈，开放真诚评估这段学习经验。
   - 保持这段时间的学习动能与纪律。
   - 后续或周边资源介绍。

2. **正式练习**

   - 身体扫描。
   - 瑜伽伸展。
   - 静坐。

3. **非正式练习**

   - 课堂讨论时，不论是大团体或小团体，带着正念聆听与说话。

4. **在家练习**

   - 如果愿意的话可以继续跟着音频练习。
   - 保持日常生活中时时刻刻的觉察。

本书与正念减压的关系

老实说,正念减压课程在团体中的丰富性,真的不是文字所能形容的,也不是所有练习加起来就等于正念减压。文字无法完整地呈现八周的课堂中,学员与带领者的有机互动以及学员之间的相互提携,更无法呈现每一堂课甚至每一梯次都截然不同的团体动力或讨论内容。因此本书的名字叫作《正念减压自学全书》我其实觉得有些不好意思,只是书名的确定总是困难且需要多方考量的。原本我想的书名是《念正心开,开心正念》,有种山水映照的美感。通过个人经验的分享,希望传递学习正念是"心开"进而"开心"的历程,不过,开会后没被采用。然而,在我的内心深处,确实也希望这是一本可以经常陪伴您的实用工具书,毕竟不是每个人都有机缘能上八周课程,但至少通过文字传递与音频练习,还是可以自行练习的。但是,话又说回来,如果有机会上八周正念减压课程,如果带课老师有关当代正念的培训是充分的,还是鼓励您亲自体会一下。在这本书中,我极尽所能地将正念减压课程中的各项练习清楚陈述,如果有任何错误那是我个人需要承担的,而不是这个训练课程的问题。本书与正念减压的关系,也许图1比较容易说明。至于哪些是交集之内与之外,请于书内见分晓。

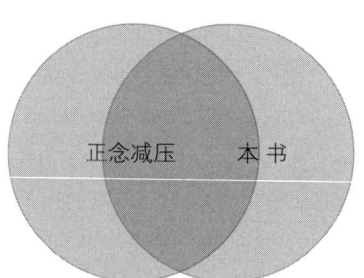

图1 本书与正念减压的关系

正念练习没有终点

当代正念练习几乎不强调对"终点境界"的追求,主要是这很容易导致心总是寄望于未来而忽略或轻视当下。然而,认真地看,未来,其实是由无数的当下所组成的。正念练习觉察,觉察会越练习就越清晰、越稳定,觉察的范围与深度也会随着练习而扩大;但觉察没有所谓的终点,觉察的终点就是生命的终点,于是在持续温柔地觉察练习中永远会有新发现。

温柔地面对一切,分分秒秒都有意思

在正念减压课堂中,通过各项练习的实际操作,我们比较容易把握到练习的梗要。因此每次课程结束后都会有在家练习作业,回家后能自行操作才能大量运用到日常生活中。在家练习分成正式练习与非正式练习。非正式练习是指时时刻刻都可以做的练习,没有时间与空间的区别,生活中的点点滴滴都可以拿来练习。正式练习是每天挪出一些时间单独与自己同在,做些动态或静态的练习,大量观察与发现练习过程中的自己,有时候会遇见平和喜悦的自己,有时候会邂逅烦躁狂乱的自己。**不论遇到何种样貌的自己,很重要的是观察我们用怎样的心来面对**。如果这颗心好严格,只允许某种美好小框架而硬要把自己塞入,例如限定只有练习时感觉到祥和宁静才叫"做得对"或"练得好",那么练习肯定会成为苦差事。毕竟,在我们学会对自己温柔之前,内在确实堆积了不少的垃圾,很少人一般的真实状态是祥和宁静的。然而,如果这颗心能温柔一点,允许自己以好奇开放的态度来观察和体会练习的过程,就会发现每天、每次,甚至每分、每秒都不一样,非常有意思。于是，我们学会对自己好奇，不论发生什么事情，都能观察、探索、发现、照顾自我，不压抑、不闪躲、不假装没事，如其所是地承接所浮现的一切。假以时日，正念练习自然会带来更多的平衡、喜悦与自由，也更能运用到周围的一切人、事、物身上。

正念练习没有标准答案，也不需要评分

除了回家可以继续自行练习外，正念减压训练还有一个特色就是操作与互动并重。

操作学习，是指常见的各项练习，例如身体扫描、正念瑜伽、静坐等。这些练习帮助我们把四处飘移游荡的心，温柔地安住于当下，充分且不费力地觉察当下的真实样貌，包括身体的、想法的、情绪的、周围一切环境的。这部分的学习让忙碌的现代人可以稍微有点停歇，感觉真正活着的自己，而不只是受惯性或欲望支配的存在，不论这欲望是想要或不想要的人、事、物或某种状态。这是正念训练中的显性学习，对成员或带领者都有一套清晰可辨的操作方式。

互动学习，主要是带领者对成员分享或疑惑的回应与探询。带领者对成员提问或分享的回应，将极大影响成员的学习视野、方向、态度、做法，甚至对自己的信心，以及日后将正念运用在日常生活中的程度。通过层层开展的对谈，映照成员的提问，协助成员更充分地看到自己，而不是看到权威或崇拜。带领者不能太受过往经验或学习的框限，也不能跑太远或原地打转，需要恰如其分地用自己的同在引导成员，而不只是用大脑的分析、解释或说明来应对，尤其需要小心喜为人师、自以为是、既有专业知识所带来的种种惯性。这有点像心法，没固定样貌或招式，每次的探询都因人、因时、因地而异，对甲的引导也许完全不适合乙。

操作层面以文字尚易呈现，探询的有机互动就难以用文字显示了，只能用问答的形式呈现。因此在接下来的几篇文章，有少量常见问题答疑分享。但要小心的是，不要将这些分享视为标准答案或标准应对方式，这里所提的

只是原则上的观点汇整，方便读者自学使用。**重点不在于这些答案，而在于我们如何看待每一个自己所遇到的问题**。有趣的是，**放下对标准答案或武功秘籍的追寻，本身就是正念练习的一部分**。

接下来的练习，读者可以依照自己的步调开展。如果没步调的话，可以依照本部分介绍的每一堂课的练习次序。或者每星期练习本书中所介绍的一个或两个项目，不用赶，这样可以让每个项目都有平等的机会，温柔地进入到自己的生活里。每周给日常生活不同的素材，再观察这么做之后产生什么影响。做这些练习没有要跟谁交代，也不需评分，就只是为了促进自己的平衡、喜悦、健康、自在。不管你做什么工作，不管你处于何种社会经济地位，你不需要平衡、喜悦、健康、自在吗？全世界已经有无数的人从这个安全无害的方法中获益，何不给自己一个机会呢？光说不练没什么用，那么，就一起来练习吧。

第2部分

正念练习的七大原则

正念练习的七大原则是：非评价、接纳、信任、耐心、非用力追求、放下、初心。

这七大原则非常有意思，实践多年后，我发现这根本就是生活原则、正念教学准则、家庭教养准则、夫妻互动原则、交友原则、工作原则……在正念减压课程中，我会邀请学员每周阅读一个原则。通过简短文章阅读，再加上课堂的学习、体验与提点，让这些原则放在心上，落实在生活上。

自我疗愈之路的基本态度

　　本部分主要阐述正念练习的七大原则。提出这些原则的是正念减压课程创始人卡巴金博士，在其经典巨著《正念疗愈力》一书里的第二章有完整翔实的描述。这七大原则是：非评价、接纳、信任、耐心、非用力追求、放下、初心。这七大原则非常有意思，**实践多年后，我发现这不只是正念练习的七大原则，根本就是生活原则、正念教学准则、家庭教养准则、夫妻互动原则、交友原则、工作原则**……目前在我小小的生活领域中，还没有这七大原则不适用的领域。

　　近年来，在卡巴金博士的演讲中，增加了两个原则——"感谢（gratitude）"与"慷慨（generosity）"，这真的很好，尤其在这个越来越自我的时代。只是我觉得这两个原则本来就蕴含在七大原则里，如果经常落实这七大原则，也就把这两个原则不着痕迹地同步实践了。另一个没强调九大原则的原因，是因为感谢与慷慨在台湾早就几乎全面落实。过去数十年来，经由无数人前仆后继地大力投入与宣传，尤其是许多宗教团体、社会福利团体与教育机构。

　　正念练习的七大原则，我喜欢放在心底慢慢参想，慢慢体悟。刚开始一定会遇到困难——"这样算非评价吗？""接纳是什么都可以吗？""在职场与求学中怎么可能不用力追求？""放下，老掉牙了！"在这样的时刻，我不需急着用大脑寻觅任何标准答案，而是放在心里，一点一滴地从生活与工作中感受、尝试与实践。

　　在正念减压课程中，我会邀请学员每周阅读一个原则。通过简短的文章阅读，再加上课堂的学习与体验，让这些原则放在心上，落实在生活中。因此如果愿意的话，建议您也可以如法炮制，一个礼拜实践一个原则，就放在心中时不时地拿出来品味一下。在此过程中做到什么程度不是重点，尤其不需花力气考虑到底有没有做到的可能，只需要持续往这方向迈进即可。

正念练习，或者说疗愈之路，是有方向而没有目标的，不能太急功近利，也不要太严格要求自己。疗愈之路第一个需要温柔对待的对象，就是自己。如同琴弦，太紧亦断，太松不能成声，在觉察中探索适合自己的松紧是最重要的。

以下我试着用一句话，点出七大原则的重点，后续各篇再详细讨论。

（1）**非评价**（non-judging）：时时观察心中的偏颇或好恶，不受其牵制与左右。

（2）**接纳**（acceptance）：承认并允许人、事、物当下所呈现的样貌。

（3）**信任**（trust）：安然与自己同在。

（4）**耐心**（patience）：允许人、事、物以其自身的速度发展。

（5）**非用力追求**（non-striving）：维持身与心的平衡。

（6）**放下**（letting go / letting be）：允许人、事、物的消逝或变化。

（7）**初心**（beginner's mind）：保持常态性的好奇与开放。

01

非评价的练习
跨越好恶的牵制与漩涡

> 非评价：时时观察心中的偏颇或好恶，不受其牵制与左右

这七个原则中最难的大概就是非评价了（non-judging）。非评价很容易被误解为不评价（no-judgement），但非评价与不评价是不一样的。我以下面的例子说明其中的差异。

当我们接触到任何人或事物时，心中其实几乎同步对其产生各种想法。小华去超市买橘子，看到烂掉的橘子也在其中，心里浮现的想法是：

这橘子烂掉了啊！

看来要小心检查一下还有没有烂掉的，

烂掉的橘子怎么还放在这里卖啊？

这家超市品质似乎不太好，

以后不要来这家好了，

应该放网络上让大家留意一下，于是拍下烂橘子，上传到网上。

上述小华想法的演变与后续发展：

（1）这橘子烂掉了啊（单纯的事实发现）！

（2）看来要小心检查一下还有没有烂掉的（从观察中学到的教训），

（3）烂掉的橘子怎么还放在这里卖啊（偏负面的想法与情绪渗入）？

（4）这家超市品质不好（第一个负面评价出现），

（5）以后不要来这家好了（第一个负面评价引发第二个负面评价以及关

于行动的想法）。

（6）应该放网上让大家留意一下，于是照相把烂橘子贴上网络社群（评价所引发的行动）。

（7）店经理辗转看到小华贴出的信息，很生气，找出当天值班的工读生骂一顿加小惩罚。

（8）工读生虽然知错，但心里的不爽还没消解，回家后被妈妈唠叨两句就吵起来。

（9）妈妈觉得很委屈，孩子长大都变了，口气好冲但又搞不清楚发生了什么事。

（10）妈妈完全不知儿子被骂的事，打电话跟朋友诉苦儿子越来越难教，小华在电话那头安慰着。

这个历程看起来都很正常，情绪感受（3）带来评价（4），接着引发（5）～（10）的后续评价与行动，像骨牌似的一个推倒一个，虽然可能在不同的时间与地点。

非评价≠不评价。不评价，指的是不给予评价，也就是当发现自己正在评价时，需要赶紧打消这个念头，因为自己正在评价，不符合正念练习的原则。但实际上这是不可能的，任何在脑袋里压抑不准出现的一切，最终很难不导致后续更大的爆发或紊乱，这是人的基本特质之一。

非评价，不是不做评价，而是很清楚地看到自己正在评价（这家超市品管不好）。如此一来，对于评价所引发的行为或想法，会多一分觉察，少一分惯性行为，多一分有觉察地回应。例如在想法5与行动6时，小华如果选择直接跟值班人员反映，提醒他们留意，也许就不会引发7～10的后续影响。同样出于善意，但不会在无意间激起其他不必要的涟漪。

换句话说，评价或判断本身是不可避免的，也不需刻意抑制，毕竟这也是人类的重要能力。其实，从小到大我们都是在各种评价中度过，学校什么都打分数，全都是评价。老师据实的评价通常不会造成伤害，会造成伤害的是老师毫无觉察地依据评价来决定多爱学生，例如分数高的就备受宠爱，分数低的就惨遭歧视。

此外，如果对评价不觉察，将导致更多的评价。当去觉察评价时，我们会惊讶地发现自己怎么有这么多的评价，然后才可能稍微停下来，觉察呼吸，将思绪再带回当下，不让评价把思绪越带越远。

评价涉及好恶，好恶影响行为，只有观察到心中各种评价的浮现或交互作用，时时觉察心中的偏颇或好恶，才能终止不良的骨牌效应，跨越好恶牵制所造成的漩涡，此可广泛地运用到与自己的关系、与孩子／伴侣／亲人的关系、与同学／朋友／同事的关系等。

非评价的修炼有效地提醒我们，不要只根据惯性的好恶、过往的经验或既有的知识来做评断，而要能清楚地看到当下所呈现的真实样貌与整体脉络，不论喜欢或熟悉与否。其实正念练习越久，评价会更快速与直接，这是一种身心清澈之后的判断力。少了评价所引发的情绪或想法，省去了东缠西绕的思索，看待问题或事情的穿透性和精准度自然会提高，但这样的精准度又不会造成过度压迫或咄咄逼人。**这种清晰地观察评价，又不被评价操控的能力，在正念练习里就是非评价。**

02

接纳的练习
柔以化刚

> 接纳：承认并允许人、事、物当下所呈现的样貌

正念练习的七大原则中，除了非评价，第二难理解的大概就是"接纳"了。

许多人以为接纳是不好的，因为接纳就是安于现状，感觉上有种消极、被动、不改变、不求进取、无作为、放弃立场与原则，甚至是烂好人的味道。唯有不接纳或不接受才能带来改变。

然而，接纳与不接纳的影响恐怕比这单纯的二分法复杂。以减重为例，一般人总认为是因为不接受自己的重量才会努力减重。但真实的吊诡是，很多人的经验反而是越减越重。不接受罹患癌症，努力对抗，却导致另一种过度警戒的身心紧绷；不接受孩子的样子，用力教导或教训，没想到孩子却越离越远，或者一有机会就远走高飞。

冷静地看，不接纳／不接受带来的行动，经常引发内在或外在的消极冷漠或顽强对抗。原来出于不接纳所启动的调整、改变或修正，不论是对己对人，内部经常隐藏了对抗、对立、不喜欢、厌恶、憎恨、敌意、疏离等负面情绪，此等情绪进而诱发更多的烦恼。

举个例子说明，失眠，是很多人都有的经验与痛苦，尤其如果隔天有重要事情，那更是令人焦躁。多数人在这样的情况下会产生很多的担心、烦恼、后悔，甚至生气。因为无法接受失眠，于是想更多方法好让自己睡着。但这样的用力经常只是让烦恼更多，对于睡眠一点儿帮助都没有，只会让身心更疲惫。平心而论，失眠，是一回事。失眠＋烦恼，其实是另一回事，而此烦

恼主要来自不接纳自己失眠这件事情。亦即[*]：

失眠 × 抗拒 × 烦恼 × 担忧 = 很痛苦的失眠
（真实的状态 × 不接纳 = 引发连锁反应，导致比真实状态更强烈的痛苦）

如果没有因为不接纳失眠所引发的抗拒／烦恼／担忧，失眠充其量就是失眠，亦即：

失眠 = 失眠
（真实的状态 = 真实状态本身的痛苦）

不接纳，意味着心一直牵挂着想象中更好的未来，或牵挂着对过去的懊悔，很容易无效的事情做太多或全然停滞。如实地接纳，心比较愿意回到此时此地，领受当下真实的变化。当下，**是唯一可以真正活着与改变的时间点，因此，与一般概念相反的是，"接纳"其实才更有机会带来转变。**然而，接纳不等于没有立场，也不等于赞同一切作为。面对不良行为或犯罪行为时，接纳，表示承认与接受当下已经存在的样貌，但不表示该犯罪行为不需接受应有的法律制裁。

正念中的接纳，不是一种乌托邦式的想象或宣示，也不是自我暗示或催眠，而是在觉察中不断地同在与承接，持续温柔地把心带回当下并观察当下的变化，沉稳而不急躁的修炼。就像在进行正念瑜伽练习时，我引导大伙儿把注意力放在此刻的身体变化上，以身体当下能做到的程度，而不是希望身体做到的程度，作为参照基准以尝试可以伸展的程度、幅度与时间长度。换言之，在这过程中，练习全然地接纳这个身体，接纳这身体当下能做到的程度。心中没有设立一个固定标准，来逼迫身体苦苦追求或过度勉强。在觉察中，允许身体温和地尝试不同的姿势与伸展的幅度。有趣的是，很多人发现

---

[*] 这个公式的灵感来自《心灵游戏》（*I am here now*）一书中有一个简洁易懂却极具启发性的公式：
痛苦 × 抗拒 = 受苦
痛苦 = 痛苦

通过这样的练习方式，原本做不到的动作反而更容易安全达成了。有些伙伴认为这样的做法好像不适用于运动员的训练。然而没有觉察、不接纳自己当下的限制、过度用意志力主导，这些反而才是造成运动伤害的主因。

经由一次次的正念练习，我们将慢慢体会到，真正的接纳，从全面地接纳自己开始。在修炼接纳的过程中，强烈的情绪性对抗得以消融，老想改变自己或他人的想法以及所衍生的抗拒得以暂歇，内心深处的拉扯得以减缓，无谓的能量蒸发得以减少，原本强烈晃动的心，得以安歇。渐渐地，心越来越柔软、平衡、不僵硬，思绪越来越清澈明朗，行动才能更加明智有效。

在练习中，从允许接纳自己开始，不论是正向的、负向的、阳光的、阴暗的、愉悦的、抑郁的自己，允许一切如其所是地存在、同在与承接。疗愈，不就是从这里开始的吗？

03 / 信任的练习

你可以再靠近自己一些

> 信任：安然与自己同在

信任自己跟自恋或自大不同。信任自己是指在觉察中，平衡而非失衡地持续探索、发现与发展自己。然而，信任自己可能是很多人相对不熟悉的状态。我们比较熟悉的可能是信任他人，而信任他人最淋漓尽致的呈现就是听话，听别人的话，不论这个别人是所谓的专家、父母、师长、老板、权威人士、社群、媒体等。独独就少了好好听听自己的话，好好地在没有人赞赏与认同的情况下，还能与自己安然同在。因此对很多人而言，信任自己其实是很陌生的。

当我们不信任自己时，无形中一定会耗损很多能量来让自己有安全感、有确定感、有满足感，也需要消耗能量来证明自己。例如，有些人可能会什么都要经过权威说对才觉得安全可靠，有些人总需要外在赞美才觉得自己够好，有些人需要用薪水来决定自己的价值，有些人需要把自己建构为权威才觉得满足。大部分人总是觉得自己不够好，总是马不停蹄地追逐和寻觅更好的自己，脑袋里海马回储存的负面记忆可能比正面记忆多很多。

相反地，有些人在某个领域累积了成功经验，尤其是在外获得高度肯定，于是变得非常信任自己。有时候甚至会信任到听不进去不同的声音，或者对于其实不是那么熟悉的领域，也产生那种"想当然我懂"的推论。这种信任自己很容易演化为自大、自恋与无知，给自己和他人都带来了痛苦。

仔细想想，从小到大我们是如何培养出对自己的信任呢？坦白讲，几乎都是来自外部肯定,例如被赞美、受表扬、考好成绩、加薪、升迁等。这些肯定全部来自他人的评价,于是我们对自己的认同也跟着上上下下。处于顺境时觉得自己很棒,处于逆境时觉得自己一无是处。若处于没人表扬、没人肯定、没人赞美的状态时,我们经常就会觉得茫然,不知道人生目的何在。

在正念静观练习中,我们得以逐渐发展出一种由内而生的自我信任。

身体扫描、瑜伽伸展、静坐等练习,有助于了解自己的身体信息与心理状态,甚至明白身心如何交互作用。这不需任何人给予肯定,别人甚至可能也不知道自己经历了这些过程。

在呼吸觉察、行走静观、饮食静观与生活静观的练习中,体会到单纯活着、没人表扬也能感到踏实的经验,也学习如何在混乱中稳住自己。

在正念沟通的练习中,不需额外特别做什么,就可以被听到或听懂,领受人与人之间单纯互动的喜悦。

一步一步地觉察练习,一点一滴地累积信任自己的基础。也因为信任自己,愿意尝试更多的练习,愿意在生活中适度地挑战自己,承担些风险,扩大舒适圈。

正念的练习帮助我们温和地沉静下来,与自己同在,暂停对自己过多负向或正向的评价,接纳自己的阳光面与阴暗面、健康面与生病面,照顾好自己,也信任自己。 毕竟,我们永远无法成为另一个人,只能成为更真实的自己,其中最重要的修炼,就是信任自己。这种信任,不是建构在过往的成功经验或他人的肯定上,而是建立在当下时时刻刻的觉察,或者说,觉醒上。

04

耐心的练习

像棉花般温柔的礼物

> 耐心：允许人、事、物以其自身的速度发展

　　这几十年随着无线网络的普及、智慧型手机的出现、互联网／物联网的兴盛、自媒体的崛起，科技翻新的迅速越来越快，世界也跟着越转越快。接下来的大数据、人工智能、虚拟影像、工业 4.0 等持续推波助澜地创造飙速的时代。"越快越好"，不知不觉中几乎已经成为一种信仰。

　　什么东西都要快，许多人连讲话都随时挂着"快"这个字，对孩子尤其如此，"快吃"、"快做功课"、"快去洗澡"、"快别玩了"。我们总是被下一件事情追赶着，神经长期紧绷。生命，仿佛只是为了下一刻而存在，许多美好如浮云般快速掠过。这是比较诗意的描述，更写实的呈现可能是内心经常感到焦虑或急躁，如果没有适度觉察与调整，长期累积下来，自律神经系统非常容易失调，人际关系可能越来越紧绷，自己也越来越不快乐。

　　英文中，耐心与病人都是同一个单词——patient，这是非常耐人寻味的，好像在提醒我们，生病了就要有耐心。然而，为何生病时才培养耐心呢？如果我们从现在就开始培养耐心，是否比较不会生病呢？耐心为何与疾病有关？原来，当我们没有耐心时，心是急的。急的心通常也是躁动不安的，因此我们总是把"急躁"放在一起，这是中文的智慧。**心急躁地想前往未来的某个点或某个状态，然而身体却只能活在现在，因此不知不觉中身与心是分离的，处于一种身心分离的现象，长此以往，自然构成许多疾病的共同基础。**

　　因此在进行耐心的修炼时，我们要随时提醒自己，每个人、事、物都需

要时间，而且需要的时间都不尽相同，允许适当的时间与空间是必要的。即使是相同的人在不同的事情上，都需要不同的时间。同时也提醒自己：人在哪里，心就在哪里，人在心在。通过各项正念练习，心，渐渐能经常性地安住于当下，而不只是一味寄望于更美好的未来。

耐心，经常会跟忍耐或忍受混淆，这其实有不同的意义。忍耐或忍受，隐含了一种不想要却不得不然的紧绷，尽管外表未必显现，但内在确实有股对峙或对抗的氛围。心里面空间不够，却又需要塞进更多东西，因此是活吞硬挤的。耐心的状态就不一样了，**耐心是一种允许与尊重，允许与心里期待相左，尊重不一样的时间需求，心理空间较为宽阔，足以涵容不如预期的人、事、物。**

我经常跟课程伙伴说，正念练习需要耐心，但不用忍耐。耐心，让我们温柔地给自己足够的时间与空间，用自己能接受的速度持续探索；对他人也是如此。如此一来，正念会越练越有趣，因为经常有不同的发现。带着忍耐练习，心里总有一种对抗，那是很辛苦的，身体也不能放松，越练越紧绷，越练越苦。满脑子只想着"何时完成"、"怎么还不赶快停"、"为什么我都做不到"等，完全不会有余力来探索当下的样貌。

带着耐心练习，心着眼于当下，是好奇、开放与平衡的，能够觉察身体的各种变化。

带着忍耐练习，心侧重在未来，是僵硬、壅塞与不平的，大多在重复的想法间缠绕。

耐心的修炼，提醒我们不论对别人或对自己，也许不用一次到位，也别强求一次到位；更重要的是不用跟别人比较，也不需跟过去的自己比较。虽然比较可以带动进步，但过多的比较，注意力老在别人身上，内在肯定会严重失衡且动荡不安。因此耐心的修炼有助于维持内在的动态平衡。

其实，很多时候的急，未必真的事情有多紧急，多半是出于惯性使然。在这样的时刻，把觉察带进身体，领受当下身体各处的感觉，一定会有某些部位觉得特别紧绷；领受此时的呼吸，多半也是短促的。刻意稍微停一下，花一点时间照顾身体，紧绷的部位也许可以借由有觉察的正念伸展获得舒缓，或者进行几个带入觉察的深呼吸，让自己有更多氧气滋润，也吐出更多不需要的二氧化碳。在关照好身体之后，可以问问自己："真的有必要这么急吗？如果慢一点会怎样呢？"毕竟，对别人没有耐性，通常也是对自己没耐性的映照。所以，先把耐性这个像棉花般温柔的礼物，送给自己吧。

05

非用力追求的练习
身心平衡地达成目标

> 非用力追求：维持身与心的平衡

　　许多老师或主管不太容易理解非用力追求（non-striving），因为在工作中鼓励用力追求是常见也是必要的做法。用力追求（striving）这个字词里蕴含了两个意思，一个是很用力，一个是追求某个目标。许多人用力追求某个目标时，满脑子都是所欲达成的目标，除了目标之外，什么都不重要。历史上最有名的极致用力追求者，大概就是佛陀了。在他求道的过程中，目标非常明确，过程极为努力，努力到差点儿连命都没了。最后，牧羊女的牛奶滋养了他的身体，让他恢复了体力、平衡与柔软。

　　用力追求必然紧绷，越用力越紧绷。如果是短时间的任务或目标，都还可以调节。如果是经年累月，甚至养成惯性而不自觉，那么身心从失衡、到失序、到失常、到出现身心症状，几乎是可预测的结果。

　　非用力追求不是毫不用力，也不是没有目标，力气还是需要，目标也还是有，只是在追逐目标的同时，仍可妥善地关照身心，不要被满脑子的目标冲昏了头脑。心，对当下仍有清楚的感知，能觉察呼吸，也能领受身体的感觉；能联结情绪，也能看到想法的变化；能好好照顾自己，也能关照他人。

　　而这些觉察与关照的能力，需要的是练习、友善与慈爱，并不需太用力。因此，**非用力追求所训练的，就是在追求目标的同时，仍能维持身心的平衡，不让身心失衡成为追求目标的惨痛代价。**

　　一般而言，我们都会把"用力"与"达成目标"画上等号，而且认为越用力，就距离目标越近。很多事情确实如此，但不是每一件事情都这样，像创意、放松、睡眠……越用力反而越离越远。在用力追求的过程中，关注的核心是未来，而正念练习关注的核心是当下。然而当我们认真看待当下与未来的关系时，就会发现，"未来是由每个当下所组成的"。意即：

未来＝这个当下＋这个当下＋这个当下＋……

这么一来，由每个当下获得只有30%的身心平衡度所组成的未来，顶多也只有30%的身心平衡度。即使所设定的目标达到了，却有70%的不平衡。这样的人生，即使没生病，也很苦。通过持续地正念练习，每个当下的身心平衡度可以持续地提升，也许当目标达成时已经练习到70%的身心平衡度了。

从领导组织来看，如果可以选择的话，谁希望被身心平衡度低的领导者带领呢？一个内在不平衡的领导者，通常都充满偏见、傲慢、自大、没有同理心，这对组织及其成员来说都很辛苦，甚至会带来伤害。在这个时代，身心平衡度不是组织经营的重点，达成目标才受重视，因此会训练出很多偏颇的领导者。

如果从现在开始，能多留意自己的身心平衡度，努力而不过度用力，追求目标时也能适度关照历程，在身心平衡下达成目标，不是很好吗？而这，就是非用力追求修炼所指引的方向。

06

放下的练习
承接交替起伏的变化

> 放下：允许人、事、物的消逝或变化

也许，我们都有这样的经验，在某段时期的状态非常糟糕，面临各种困境，心里非常的苦。当跟好朋友倾诉时，朋友出于深深的关怀，告诉你："放下吧！"我们点点头，悠悠地说："要是能这么容易放下就好了。"我们很少因为别人劝告就能放下。对当事人而言，放下是最难的，否则就不会如此受苦。有力道地放下，唯有自己体悟，通过别人口中说的，影响都很有限。

放下，是很不容易的修炼。没有人会在开心的时候讲放下，只有极度不开心时才需要放下。当我们处在高度的懊悔、憎恨、愤怒、悲伤、哀怨、担忧时，就需要借由放下的能力来缓冲纷杂混乱的思绪，但真的很难做到。因此，放下是我们平时就要修炼的内容，而不是等到困难来时才临阵磨枪。

有一次我走在路边闻到桂花香，这是我最喜欢的花香之一，市区通常不容易闻到。那次我开心地一直吸、一直吸，希望让满满的桂花香充满我体内的每个细胞。很快地，我就发现吸气过后需要吐气，尤其是疯狂吸气之后，需要吐很长的气。我这才领悟，不论多爱这味道，都需要放下。唯有放下，让气息出来，我才可以再吸入另一口新鲜的花香。原来，**每一口呼吸，都是提起与放下的修炼。放下已经是我们随时在做的事情了。**

放不下，反映了我们不允许人、事、物的变化或消逝，或者不允许变化不依照我们想要的方向发展。不接受变化，让我们把自己与他人重重地钉在过去的某个时空。放不下，也可能来自对未来的高度担忧，不断想象可能会发生很糟的状况,于是一直处于提心吊胆的状态。心的惯性本来就是在过去、未来和想象之间不停迅速游移,此与放不下的特质是相当一致的。

然而,正念的每一项练习,都在训练这颗心安住于当下,不论是愉悦的或不愉悦的,都能与当下同在,当下的呼吸、当下的身体、当下的心、当下的环境、当下的人事物。毕竟,当下才是我们真正唯一活着的时间。

活在当下,是修炼放下的方法。
放下,是活在当下的唯一之道。

放下的修炼需要平常多观察事理的变化,尤其是观察"形成期、维持期、衰退期、消逝期"的生命周期。任何人事物其实随时都会经历这样的过程,以最简单的用餐为例,餐桌上原本是空的,准备餐点进入形成期,餐点一样一样备妥上桌是维持期,享用美味进入衰退期,杯盘狼藉是消逝期。每一个时期没有好坏或对错,就只是状态的变化。例如一般听起来衰退期好像有点令人感伤,但以用餐为例,此时正是大快朵颐的开心时刻。消逝期感觉有点悲伤,却也是另一个周期的开始。

因此,在生命周期各阶段中,觉察我们的惯性所赋予的价值、观点、心境,也是练习的一部分。然后再练习用平常心,看待每个阶段的变化。这些变化是生命中的必然而非偶然,只是因为平常没有观察的习惯,因此当突然面对变化时,总是很难承受。下页示意图(见图2)呈现了生命周期的变化:

接下来我试着举一些例子,练习观察与理解生命周期的变化。

- **肚子疼:**微微感觉到肚子不舒服是形成期,越来越痛是维持期,找到厕所充分释放是衰退期,肚子回复一般正常的感觉是这个肚子疼历程的消逝期。
- **心情不好:**因某个状况心里开始感觉不舒服是形成期,不舒服的感觉大量占据心头是维持期,心情慢慢平和是衰退期,心情慢慢回复或放掉那个不舒服是消逝期。
- **使用手机:**刚买手机与摸索使用方式时是形成期,用得很开心时是维持期，常出现故障或心里不想要时是衰退期，坏掉或送人时是消逝期。
- **一段感情**：眉目传情的暧昧阶段是形成期，两人手牵手在一起是维持期，感情生变是衰退期，分道扬镳是消逝期。

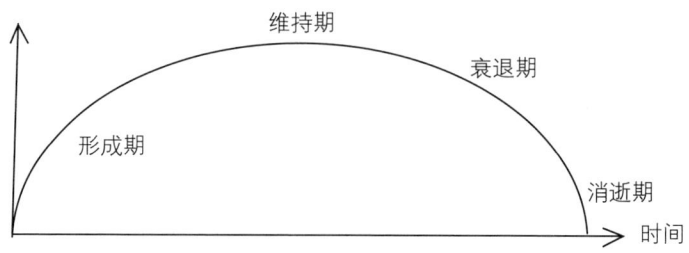

过程中不会是一路顺畅的曲线，也许更趋近下面这种图。

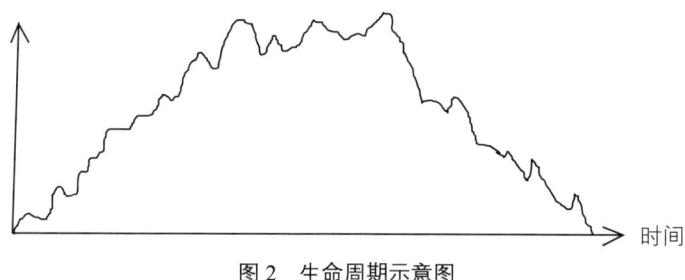

图2　生命周期示意图

- **养育孩子**：孩子出生后一直到还需要依赖家长时是形成期，在管辖范围且还算听话是维持期，经常超出管辖或对家长视而不见是衰退期（孩子学习独立的开始），单飞或离家是消逝期（孩子独立）。此消逝期也同时宣告了孩子另一个生命周期的开始，当然也是父母不同生命周期的开始。
- **工作历程**：刚进一家机构从学习到稳定是形成期，稳定中也会有起伏变化是维持期，渐渐觉得这工作好像不是我想要的是衰退期（这个衰退期引发寻觅另一个工作或准备下一个学习历程），从想离职到转换跑道是消逝期（也是另一个周期的形成期）。
- **人生生命周期**：从出生到结束求学阶段是形成期，进入职场发挥所长是维持期，生病、老化、退休是衰退期，从人生舞台完全退场是消逝期。

有趣的是，许多人在衰退期反而开创出更美好的形成期，例如开始重视养生而更健康愉悦，或者退休后想去实现自己的梦想。

从上面的例子可以看到，在生命周期中还有生命周期，层层交错，相互衔接。周期里的每个阶段，没有绝对的好坏、对错、悲喜、优劣，绝大部分取决于我们如何看待与选择。总是苦中有乐，乐中有苦，苦乐交融，犹如太极图中的白中有黑，黑中有白，圆形动态的循环。几乎没有任何人、事物不在这样的变化之中，**经常观察日常生活中"形成、维持、衰退、消逝"的生命历程，可以帮助我们训练这颗心，从小地方开始接受变化并修炼放下的能力。**

放下的修炼也需要平时刻意训练自己，分辨什么是自己可以改变的，什么是无法改变的？这是一个很妙的大学问，经常观察，会发现生命中我们可以改变的事情还真少，有时候甚至连自己的脾气、做事方式或健康状态都很难改变，更不要说改变别人了。而当我们发现可以改变的人事物实在少之又少时，放下，便成为一种自然的选择。

在所有放下的内容中，最困难的大概就是对健康或生命的放下，以及对情感的放下。有一种整合式的修炼是把每一天都活得像最后一天一样，起床时领受"啊，醒来了，不错，还活着"，不论是对自己醒来或对所爱的人醒来都是如此，这么一来，醒来后的第一个动作就是微笑。不要假设有很多明天会到来，尽量少做些事后会后悔的事情。不论是跟谁，相聚的时刻都是独一无二的。即使有时候表面看起来非常雷同，好像每天或每次都一样，但实质上其实是随时都在变化的。

放不下的心是很苦的，放下则是一种自我友善与慈爱。但**放下需要由自己内在启动，才能转化为成长、疗愈或蜕变的力道。在正念修习的过程中，觉察各种情绪或念头的升起、停留、消逝，不执着或紧抓任何情绪或想法，这无形中已经在训练放下的能力。**不论喜欢与否，不论是否合我们的意，一切人事物都持续地变化与流动着，错综复杂地相互联结与影响着，未必有好坏或对错，但这就是生命真实的样貌。

放下，心灵才有空间，迎接生命中每时每刻新的景致与风貌。

07

初心的练习
看见丰富与变化

> 初心：常态性地保持好奇与开放

很多人会记得第一次上学、第一次谈恋爱、第一次工作面试、第一次出国玩的场景。第一次的感觉总是令人期待、兴奋、好奇，也许还带着些许的担心，此时我们打开所有的感官来吸收周围的一切信息，睁大眼睛、竖起耳朵，一切都是新鲜的。然而，真实的生活中很多事物与经历都是重复的，日复一日我们做相同的事情，刷牙、洗脸、吃早餐、工作／上学、吃午餐、工作／上学、吃晚餐、上厕所、洗澡、睡觉。遇到相同的人，做相同的事情。

科学家说我们的心不喜欢重复的事情，喜欢追逐新鲜。因此任何事情当我们上手后，一切便显得犹如自动导航般地进行，也许只花53%的注意力就可以把事情做好，其他47%的心在到处飘荡，有时候我们连心在哪儿可能都不清楚。

我们的心也习惯把脑袋里的旧信息用来套到新事物上，经常在信息不足的情况下就骤下结论，或者看到有点类似就觉得，"喔，这个我知道"、"这个我看过了"、"这里我去过了"、"这东西我吃过了"……我们以为自己知道，却很可能连自己不知道都不知道。于是，心一点一滴地窄化与僵化，舒适圈一分一寸地缩小。我们开始相信谚语说的，太阳底下没有新鲜事。果真没有，因为这颗心习惯从脑袋里的旧信息去搜寻啊！

因此，如何温柔地让这颗心转向，从习惯看过往的、有限的、狭少的旧经验，慢慢转为直接观察当下的、丰富的、新鲜的呈现，就显得格外重要。

让这颗心从"喔，这个我知道"的自以为是，慢慢地打开到"喔，这个我不确定"的好奇开放。以一颗僵化固着的心，看周围的一切必然重复、无奇、无趣，甚至无望。以柔软好奇的初始之心，才看得到其中的可能、变化、丰富、趣味与希望。同样是生活，质感差很多。

初心的练习，让我们更能充分地活在每个当下，挣脱被想法长期挟持的惯性。就像每次的正念伸展一样，我们都可以充分领受肢体当下的感觉，而今天的感觉与昨天一定多少有点不同。在练习中真实体验到每一次都是新的经验，也许类似，但没有哪一次的经验跟前一次是完全一模一样的，不论在练习上、生活上、工作上、家庭上，都是如此。于是，开放与好奇的态度，才能成为心的习惯，而不是朗朗上口却无实感的口号。以初心领受每个当下，不论是身体的感觉、情绪的变化、念头的起伏或行为的差异，温柔地探索自己与周围的一切，比起走遍世界各地却与自己疏远，感觉踏实多了。

第3部分

重新找回身心联结
——练习身体的觉察力

觉察的对象都是自己的身体里面本来就有的,我们只是练习从不知不觉到有知有觉。持续地练习,可以学习如何安然地与自己同在,尤其是在身体或心里不舒服时。

从专注于呼吸、身体、声音到念头,一个层次接着一个层次地开展;练习专注单个点的能力,也练习观察变化或历程的能力,增加注意力的弹性,同时提升内在韧性。

正念减压课程中的正式练习

这部分主要介绍正念减压课程中的各项正式练习，包含身体扫描、第四篇的正念瑜伽（主要分为立式瑜伽和躺式瑜伽）、第五篇至第十篇的静坐练习。其中静坐练习分成五个层次来展开：觉察呼吸、觉察身体感觉、觉察声音、觉察念头想法、开放且无所依的觉察。因篇幅过大，故独立成一篇篇的文章，此亦透显这些练习是可以分开进行的。这部分因为全部都需要实作，不是眼睛看看、脑袋想想就能有所体会的，因此建议读者慢慢边读边做，边做边体会，不需要求快。有关练习的部分都可以在华人正念减压中心官网的"分享专区"找到，当然也可以在其他网络资源找到不同老师的录音，选择自己听起来顺耳、易懂的就好。只是在正念减压课程的练习录音中，为维持纯粹性都不会加上音乐，只有单纯的声音；而声音也会用最自然正常的语调，不会刻意拉长或故作婉约。

在进入这些主题之前，第一篇将探讨最多人做、也最无时空限制的正念练习——呼吸觉察，在第二篇将讨论静坐时的坐姿，也是日常生活中可以运用的坐姿——腰直肩松。当然，身体觉察的练习不会仅止于这些，从广义来看，饮食静观与行走静观都是身体觉察的一部分，然而这些更贴近日常活动的练习，就留待本书第 5 部分再详述了。

01

呼吸觉察

最简单的正念练习

呼吸，谁不会？哪还需要觉察！这是我第一次听到呼吸觉察时的反应，当时我还不知道原来呼吸蕴藏了如此丰沛又唾手可得的能量。根据研究，上过正念减压课程的训练者最常用的练习就是呼吸觉察（即便课程结束后很多年仍是）。呼吸觉察完全不受时间与空间的限制，任何时刻都可以做，是老天爷送给我们的绝佳礼物，却往往被我们所忽略。

呼吸不但是维持生命的关键，也直接映照出身与心的即时状况，例如当紧张或难过时呼吸会变得比较短浅，放松时呼吸相对缓慢。因此练习觉察呼吸，有助于我们对自己的真实状况的了解与掌握。但这并不表示我们要学习的是"控制"呼吸，几乎所有跟呼吸相关的训练，都强调如何运用控制呼吸来达到想要的目的，例如吸四秒、憋四秒、吐六秒等，每种训练都有其独特的作用。

不需控制呼吸，专注在一呼一吸带给身体的各种感受

在正念减压中的呼吸觉察，没有要控制呼吸，就只是觉察呼吸当下的样貌：长呼吸时知道这次的气息是深长的，短呼吸时知道这次的气息是短浅的，这样就好了，不需要刻意拉长或缩短呼吸的长度，在此过程中也完全不需要憋气。这是正念呼吸觉察的方法，其他呼吸法不在本书的讨论范围内。即便这样说明，有些伙伴还是难以分辨控制呼吸与觉察呼吸的差异，下面的表格也许有帮助：

表 2 中的例 2、例 3、例 4 都属于控制呼吸的层面，在此过程中也可以觉

察呼吸。呼吸的控制通常包含了控制呼吸的运行、速度、深浅，所以不是身体自然地呈现，而是人为的操作。这没什么不好，很多呼吸练习对身体都是很棒的，如果您有在做任何的呼吸练习，不需要因为练习正念而停止。但如果把觉察带入您所进行的呼吸练习中，练习的效果可能会更好。话又说回来，即便是刻意地进行某种有益健康的呼吸，对身体而言，呼吸仍是自主运行的，没有意志力强行左右。因此这里所说的呼吸觉察，就是觉察这类自然的呼吸。

允许气息以其自身的速度自由流动，蕴含着尊重、觉察与同在的态度。尊重呼吸的速度，不刻意地去干扰它或用意念控制它，即便过程中有咳嗽、打嗝、打喷嚏亦然。以打嗝为例，此时就领受打嗝强烈波动的历程，打嗝过后再继续觉察气息的流动，并持续与身体显著或细微的变化同在。觉察气息流动的历程，不通过意念来控制，也无须担心是否气沉丹田，维持自然的呼吸，采用鼻吸鼻吐就可以了。

表2　控制呼吸与觉察呼吸差异比较表

说明	例1 单纯感觉到身体气息在体内的进出	例2 深深吸气＋深深吐气（领受过程中的感觉）	例3 深深吸气8秒＋深深吐气8秒（领受过程中的感觉）	例4 深吸气＋憋气3秒＋吐气（领受过程中的感觉）	是否有意念的作用？	希望改变些什么？	特性
觉察呼吸	○	○	○	○	×	×	允许 尊重 同在
控制呼吸	×	○	○	○	○	○	调整 评价 改变

多年的带课经验让我发现许多人在练习呼吸觉察时，很担心自己是否有正确地使用腹式呼吸，尤其是容易紧张焦虑的朋友。前几年我还会仔细解释，但后来我就经常开玩笑地说，日常生活的烦忧已经够多了，不用再多一项啦，管他呼吸到哪里、管他吸多吸少，有呼吸就是好呼吸，很多人连呼吸都困难啊。不需要给身体的呼吸任何评价，觉得自己没做好或做不好。想象如果你

是呼吸，一天 24 小时，一年 365 天，真正不眠不休地运作着，还被嫌弃，那真是情何以堪，不是吗？所以试着把爱心与同理心送给自己，也送给呼吸吧。

呼吸觉察练习可短时多次，30 秒、1 分钟或 5 分钟都可以

呼吸觉察不是脑袋直觉反射地知道"我在呼吸"，而是真正能感受到气息的进与出，包括气流大小、温度、气味、给身体带来的感受等。呼吸觉察的做法一般分成两种，一种是专注在特定点上，一种是专注在历程上。

- **专注在"特定点"上的呼吸觉察**。有些练习强调专注在人中（鼻子与上嘴唇之间），有些专注于鼻尖。我个人最喜欢的专注点是鼻腔内侧（气息的必经之地），其次是上腹部或胸腔，择一即可，一段时间聚焦在所选择的那个点上，领受气息进出的流动。
- **专注在"历程"上的呼吸觉察**。领受气息从鼻腔内侧进来，进入体内，觉察躯干因此而产生的鼓胀感；当气息要离开时，躯干自然松沉，气息再从鼻腔送出。接着领受下一个气息进到身体的历程，与气息离开身体的历程，持续循环。

如果发现任何念头访客的来到，稍微知道一下那个访客是什么就好，不用跟着它跑掉。然后深深地吸一口气，不带评价地把自己温柔带回呼吸的觉察，这样就可以了。持续地练习，通过呼吸的联结，让四处游荡的心，温柔地安住在身体里，享受身与心合一的感觉，即便只是 30 秒、1 分钟或 5 分钟。

呼吸觉察的练习时间长短不拘，少量多餐是最好的策略，睁开眼睛、闭着眼睛、半开半闭都行。呼吸觉察的练习完全没有时间、地点、姿势的限制，坐着、站着、走着、躺着都可以，上台或开会前的等待、坐公车或地铁的时间、等红绿灯时、紧张担忧时、不高兴时、只有三五分钟可以休息时、平时安静时……发挥创意，尽量练习吧，让自己发展随处可得的平衡与稳定。

如果想进行 3 分钟或 10 分钟的呼吸觉察练习，可以通过扫描本书封底的二维码，找到专属本书的练习音频。

02

腰直肩松
觉察中，发现较无压力的姿势

正念练习是活泼有趣又生机盎然的，我最喜欢把觉察运用到时时刻刻的生活中。毕竟我们不可能一天到晚都在静坐，却有可能一天到晚都有觉察。带着觉察生活，日子要轻松很多，少了胡思乱想，能量比较能聚焦在真正重要的人事物上。面对许多对自己不利但心里却觉得喜欢的行为，更能清晰地觉察它所带来的副作用，然后比较容易做出明智的选择。很奇怪吗？对自己不利，但心里却喜欢的行为？是的，日常生活中有很多这样的例子，例如吃油炸食物或垃圾食物、长时间低头或躺在床上用手机、弯腰驼背等。

姿势对身心健康影响很大，许多脊椎的疾病都跟姿势不良有关。但习惯或社交使然，当事人在某个姿势下通常一点儿都不会觉得不舒服，反而觉得很正常。以上班族为例，这个年代的工作很大比例得依赖电脑完成，坐在电脑屏幕前工作六七个小时是很正常的，有时甚至更久。新兴电竞产业的选手每天要坐十几个小时操练电玩技术，这对身心长期的健康真的是很大的挑战！一般我们使用电脑时的坐姿，很可能就如图3这三张图，一开始也许还很正常，最后却变成乌龟颈、驼背、弯腰。

即便没有什么坏习惯，光这个姿势，坐久了对身心健康都有许多负面影响。当我们把觉察带入身体时，就会发现长期下来，这样的坐姿其实很不舒服，五脏六腑一整天都被挤压着，驼着背导致胸部紧缩或呼吸不顺畅。眼睛盯着屏幕，大脑不断地运转着，身体只是超时工作的工具，什么都感觉不到，也完全被忽略。**惯性的动作或思维就像自动导航，让我们在不知不觉中日复一日持续地伤害自己。**

一开始也许还很正常

坐久了，开始变成这样

甚至变成这样

图3　久坐后姿势的变化

带入觉察，发现适宜且健康的姿势

多数人的惯性是，要几乎等到身体已经很不舒服了，才会稍微关照一下，有些人能及时发现，有些人发现时已经事态很严重了。当我们学习正念后，通过持续练习，我们对身体的觉察能力会跟着提升，也才能及时发现。举例来说，我们每天坐着的时间这么久，如何把觉察带入这个坐着的身体呢？以下分享的姿势是我在这些年的练习中体会出来的，一开始先运用在静坐上，后来发现站着也适用。这个姿势能让五脏六腑与脊椎处在比较舒服的状态，整个身体也会跟着稳定放松。

这个姿势的关键是"腰直肩松"，后腰脊椎温柔伸直而不过于前挺，肩膀松沉不紧绷。关键部位有两个，一是腰，一是肩，把这两个部位照顾好，整个身躯的舒适度会提升很多。

首先是时常紧绷的肩膀。自我观察看看，当处于情绪紧绷、担心、专注或某种战备状态时，肩膀会不会不知不觉地紧绷或微耸？这是很生活化的觉察练习。我是在练习正念后，惊讶地发现自己竟然这么容易微微耸肩。这种耸肩不明显，所以不容易发现，却是很多人都有的惯性。这样的紧绷可以持续一两天、一两个月、一两年甚至十几二十年，长期下来肩颈酸痛是必然的，吃止痛药或按摩可以舒缓，但不舒服的感觉还是在，这多少令人有点郁闷。当我们把觉察带入身体后，清楚地领受到身体的真实状况，不论是舒服的或不适的，很快地就可以"逮到"自己正在耸肩。然后就可以选择松掉紧绷的肩膀，或者带着觉察地转转肩颈、伸展手臂等，**在觉察中比较容易发现不同的选择**。

松肩，简单的做法是把肩膀整个耸到最高，停留几秒（不憋气），再突然地整个放松下抛，有时在肩膀下抛时身体会自然吐气，不妨试着观察看看。带着觉察松掉肩膀后，再加上没驼背，胸部自然开展，呼吸会更顺畅。

接下来是最容易酸痛的后腰。腰椎是支撑上半身很重要的部位，可以带来身体的稳定感，但除非是持续自我锻炼者，否则腰椎很容易越来越没力。许多沙发或椅子，坐下后腰部下陷，刚坐下时很舒服，坐久了很憋又不健康。

一般而言，如果在臀部下铺个垫子会更容易做到"腰直"，但勿整个臀部坐满，大约坐 1/3 ～ 1/2 左右就好。腰直久了，容易僵硬，因此也要能允许自己稍微舒缓一下。说实话，腰要能打直需要有足够的能量，有时候我们的能量低落，此时就不要太强迫自己，温柔地让后腰有靠背，贴着椅背或垫子，适度协助支撑上半身也是很重要的；但就是不要让肩靠椅背而腰部悬空，这是容易伤害腰椎的姿势。带入觉察，身体真的会告诉我们该怎么坐比较好。

整体而言，腰直肩松是一种不松、不垮、不僵硬、不硬撑的身体姿势。坐着、站着都适用。腰直肩松也是静坐时可以采用的姿势，此时会再加上"手脚不用力、头不向下垂"，身体处于放松而能自我支持的状态，也有助于保持清醒。

图 4　各种坐姿

再来关注一下双腿。观察双腿是否会很紧绷，如果很不舒服的话，坐在椅子上也很好，未必都要坐地上。或者需要的话，可以在膝盖或大腿下方放个垫子，让下盘更稳（见图4）。坐的时候没有任何一只脚，压在另外一只上面，这种坐姿称为散盘。如果已经很习惯单盘或双盘者，另当别论，否则一般用散盘坐就可以了。腿帮助身体维持平衡稳定，比刻意地要呈现某种看似庄严稳重的样子重要。正念练习不是做给别人看，把对外在形象关注的能量，收摄回来观照自己内在真实的样貌，对生命品质的提升才有实质的帮助。

最后是头与脖子。觉察脖子与身体的角度，脖子不往前倾斜；觉察脖子与头的角度，头不向下低垂；整条脊椎直而不僵。简单易记的口诀就是"腰直肩松、手脚不用力、头不向下垂"，在正念静坐时可以采用这样的姿势。**然而，不论是怎么样的姿势，都不要奉为教条，不一定非要怎么样才行，要在安全的状态下温柔地挑战自己，又不让自己陷入危险。如何分辨挑战区域或危险区域？把觉察经常带进身体里就会知道了。学习聆听身体的声音，是练习自我照顾的开始。**

03

身体扫描
超友善的正念练习

我常喜欢开玩笑说,正念减压课程中最开心的就是能躺着上,这主要来自身体扫描的练习,若场地不允许或身体不适,坐着也可以。身体扫描是在舒服自在的状态下,温和友善地培养觉察能力。**温和友善的态度是一路贯穿其中的,确保我们在练习正念时,不致太过严格也不会过于松散。**尤其需注意的是,当身体静止下来后,体温容易下降,觉察体温的变化,不让自己受寒是很重要的。照顾自己,就从这些小方面开始。

身体扫描练习引导

- 【练习音频】扫描本书封底的二维码后,点击"身体扫描练习"。
- 【练习姿势】不拘,躺着、坐着或站着都可以。
- 【练习时间】熟练之后时间更有弹性,45分钟、30分钟、20分钟、10分钟、5分钟都可以。

找个舒服的地方躺下来,领受此时身体里的所有感觉。通常第一个浮现出的感觉是放松的舒畅感。觉察此时呼吸的状态,刚躺下来时呼吸的速度也许会比较急促,随着躺下来时间的延续,呼吸的速度会逐渐缓和。领受气息的进出所带来的躯干的起伏。

一段时间后，温和地把注意力移转到左脚的脚丫子，领受脚丫子此时的感觉。

> 在这过程中，单纯地领受身体各部位当下所呈现出来的感觉即可，不用寻找什么特别的感觉，也不去创造任何感觉，有感觉就领受，没感觉也无妨，不需要刻意地做什么来让自己有感觉。感觉不到身体的某些部位，只是频道还没对上而已，慢慢持续练习，身体的感觉自然会日渐清晰。

慢慢逐一领受脚趾头的感觉……趾缝的感觉……脚底板的感觉……脚跟的感觉……脚面的感觉。

从左脚的脚丫子慢慢一路往上，觉察脚踝、小腿、膝盖、大腿、骨盆。不赶，完全不需要赶，慢慢领受每个部位的样貌，不论是舒服的或不舒服的感觉。

> 仿佛身体旅行般，一个部位接着一个部位地与身体同在。不追逐舒服的感觉，也不被不舒服的感觉绑架，温柔平等地觉察身体的每个部位，是身体扫描练习的要领。

到了骨盆后，往右脚过去，直达右脚的脚丫子，领受脚丫子的感觉，包括每一根脚趾头、趾缝、脚底板、脚跟或脚面。逐步缓慢地到脚踝、小腿、膝盖、大腿，再到整个骨盆。温柔地引导注意力往上，逐一缓慢领受腹腔、胸腔、肩膀、两条手臂、脖子、头部、脸上的每个器官，在每个部位停留一下，觉察当下所浮现的感觉。

> 练习中如果有任何不舒服的感觉，试着觉察这不舒服的现象，不对抗、不急着分析不舒服的由来或赶快要恢复，试着温柔地领受不舒服的变化，适度与不舒服同在。

最后把觉察扩展到全身，以一个全面的视角领受整个身体。虽然同样是躺着，此时的身体跟刚躺下来时已经很不一样了。温和地再把觉察回到呼吸，领受气息的进出所带来的躯体的起伏。

在身体扫描练习中，有时会很容易睡着，练习结束时，为了避免在团体中必须突然起身的尴尬，我通常会引导大伙儿带着觉察搓搓手、按摩脸部、拍打身子，这些由小到大的声音可以温柔地唤醒身心已进入暂歇状态而睡着了的伙伴。

对许多人而言，身体扫描能让身心明显放松，尤其对睡眠品质帮助极大，通过这个练习能有效提升睡眠的质与量，甚至减轻对助眠剂的依赖。 正念不是在练习放松，而是在练习觉察，但常会有放松的"副作用"。原因很简单，要能明白身心的松与紧之间的关键，只有觉察；有觉察才能清楚地领受到身与心的真实样貌，不然我们很容易沉浸在川流不息的想法、情绪或接连不断的任务里。有觉察，才知道身或心哪里紧了、哪里僵了，也才能进一步做出当下的最佳选择。没有觉察，紧绷可以停留在身心里很久很久……在正念减压课程里，大家都很喜欢身体扫描时的温柔、友善、承接、发现、允许、同在。

练习中常见的疑惑与讨论

以下分享的是人们对于身体扫描练习中常见的问题（question，简写 Q），有些也可以援用在其他的练习上。

Q1　很容易睡着怎么办？

练习身体扫描，原则上是保持清醒，但其实很容易睡着，有些伙伴是全程睡，有些则是断断续续。万一发现自己睡着了，不需要有罪恶感或过度强迫自己，这只是回应身体当下的需要，让身体有适度休息正是自我照顾的基础。

许多有睡眠困难的朋友，发现身体扫描练习很有帮助。当这颗心不再一直催促身体时，就已经帮助身体进入一种睡眠所需要的放松状态。睡眠对身体健康的影响很大，因此如果身体扫描练习能够提升睡眠品质，那就欢喜地睡吧。

睡足后，请记得找机会清醒地练习，不论是躺着还是坐着。建议跟着音频练习，不过度用力或太松散，一个部位接着一个部位地觉察身体的感觉，培养一种自我亲近与关照的能力。

Q2 注意力不集中，很容易东想西想，怎么办？

这是身体扫描练习中很容易发生的现象，没睡着但脑袋里不停地东想西想，有时候甚至连自己在想些什么也不清楚，念头就是一个接着一个地来去。这时跟着音频练习的好处就显现了：有个声音持续温柔地陪伴着，随时可以听到，随时可以轻柔地把自己带回来。

脑子里浮现出各种念头是很正常的现象，不需要讨厌，不需要归类为杂念，也不需要给自己贴任何标签（例如：我就是静不下来、我就是……），更不需要分析或解释。持续耐心地练习，只要不再继续习惯性地搅和心中这池水，水中的各种物质自然会慢慢沉淀。

这是自然现象，就跟没有训练的肌肉比较没力一样。因此，唯一需要做的事情，就是在发现心到处游移时，深深地吸一口气，顺着这一口气，温柔地把心带回来，回到领受当下正在觉察的身体部位。这个温柔带回来的动作，许多正念老师称之为训练正念肌肉。因此注意力的跑掉与带回，正是训练正念肌肉所必需的呢。

Q3 领受不到身体的感觉时怎么办？

刚开始练习时，许多伙伴反映领受不到身体的感觉，甚至因而觉得有点沮丧。因此有些伙伴很聪明地想到，也许可以动一动来增加身体的觉察。这也不是不行，只是太快行动了，反而少了探索自己的机会。

如果没感觉，只是还没对上频率，就像听收音机需要调整频道，只有当接收的频道与发送的频道对上了，才会清楚听到。身体扫描的练习也是这样，一开始可能感觉不到某些身体的部位，这很正常，不用刻意移动，不需要给自己贴上任何标签或评价，多给自己一些耐心和爱心，慢慢增加对身体感觉的敏锐度，自然就会对上了。

值得一提的是，许多伙伴经常误以为练习时会有某种特殊或神圣的感觉，因此当没有领受到这种预期中的"特别感觉"时，就觉得什么感觉都没有。实际上，不是什么感觉都没有，只是没出现他所想象与期待的感觉。练习身体扫描，完全没有要追求任何特殊或神圣的感觉，只是学习尽可能地领受当下已经存在的任何身体感觉，这样就很棒了。

Q4　为什么要从左脚脚丫子开始？

身体扫描从最远的脚丫子开始，有助于发展全面熟悉自己身体的能力，才不会熟悉之处越熟悉，而不熟悉处依然陌生，尤其如果做到一半就睡着的话。对多数人而言，熟悉头部远大于脚丫子或脚趾头。毕竟日常生活中一天要照好几次镜子，但很少有人没事会关照需要负荷全身重量的脚丫子或维持平衡的脚趾头。身体扫描是建立和身体的联结，远近都联结得到才可趋向完整。因此虽然有些方法是从头开始，但在正念减压训练中还是从最遥远的左脚脚趾头开始。

有些伙伴对身体很熟悉，然而这份熟悉却是充满评价的，例如经常评论自己的小腿太粗、屁股太大……与其说这是熟悉身体，还不如说是对身体的各种评价。身体扫描要建立的不是对身体的更多评价，而是对身体不带任何评价的觉察能力。活着，何必老用商业模式建构的审美观来批判自己呢？

Q5　不舒服时可以动一动吗？

虽然在练习时不需要动身体来让自己有感觉，但也不是都不能动。上述所说的是，如果为了要让自己有感觉而动，那是不需要的。但如果已经躺得很不舒服了，再不调整，所有注意力都会跟这不舒服展开拉锯战，那就更没必要了。

这时候调整是必需的，只是在调整之前，记得再次关照一下不舒服的身体部位，感觉想调整身体姿势的强烈意图与需求。之后再慢慢带着好奇与觉察移动身体，看看动到什么程度时身体的平衡感会出现。让这移动本身也是带着觉察进行，而不只是全然地被"再不动我就受不了"的想法所驱动。**在觉察而非惯性反应中，选择动或不动，也选择动的范围、方向与幅度。**

Q6 在做练习时，身体感到不舒服怎么办？

当身体感到不舒服时，我们经常迅速对身体进行各种判断或落入惯性反应。举个例子，在身体扫描的练习中，当觉察到腰疼后，

- 惯性的动作反应：翻身或移动。
- 惯性的思维反应：分析、诊断这些感觉的由来，例如：躺的地方太硬、这两天太累、腰会不会受伤了。
- 惯性地思索接下来的行动方案：下课后要去哪家医院、找哪个医师看看。

此时，"思索脑"其实已经接管一切，而"觉察脑"几乎处于停滞状态，没能再继续前进领受身体的变化。

在身体扫描的练习中，我们学习不急躁地做任何事情或下判断，尤其是在资讯根本不充分的情况下，心很容易被恐惧、担忧、欲望所把持，所做的判断或决定经常是大量偏误的而不自知。

此时，我们需要再唤醒觉察脑，请思索脑暂歇。于是，在知道腰疼后，

- 温柔地给身体几个深呼吸，稍微抚慰此躁动不安的心。
- 觉察腰部疼痛的感觉与变化，聆听身体以疼痛形式所发出的声音，在此过程中腰部也许更疼，也许渐渐不疼，也许一下疼一下不疼，**心安住于觉察疼痛本身的变化。**疼痛本身未必要命，真正令人受不了的是对疼痛的抗拒、担忧、厌恶、恐惧，以及满脑子想要驱逐疼痛的欲望。这些，反而让疼痛迅速膨胀并放大很多倍，成为难

以承受的痛苦。

- 面对不舒服时，不急着启动分析、解释、说明等思索脑的惯性反应。**如果已经分析或解释了也无妨，想过后就放下，不需要一直重复地思索。温柔地把心再带回当下，觉察身体所呈现的各种真实感受。**
- 觉察是否因这疼痛而导致全身紧绷，这是身体面对不舒服时几乎都会有的惯性反应。可以的话，放下不需要紧绷的部位。例如腰疼，却肩膀紧绷、眉宇深锁、下腭咬紧、呼吸急促，此时，肩膀、眉头、下腭、呼吸都是所谓不需要紧绷的部位。
- 领受是否需要移动身体或如何移动，例如惯性的反应是翻身，但在觉察中也许发现屈膝更有帮助。
- 如果还是需要，就带着觉察，温柔地移动身体到比较舒服的状态，领受移动前、移动中、移动后的感觉。

当身体不舒服时，经常会引起心情的起伏或大量思索。然而，通常也只有在不舒服时，我们才有机会学习如何把觉察带入，体会如何好好照顾自己。

Q7　我会想象到身体各部位的画面，这样对吗？

有些伙伴在身体扫描时，随着注意到某部位，脑袋中也会浮现或思考某部位的样子。脑袋中所浮现出的部位画面，其实未必真的是自己的身体，更多时候是相片中、印象中或周围人的样貌。

觉察是领受当下的身体感觉，不需要有画面。但如果出现身体部位的画面，其实已经动用到思考了，只是对有些人而言，思考可能进行得很快，毫不费力就浮现，甚至根本没有觉察到自己正在思考。

此时，可以深深地吸一口气，深深地吐气，让内在的卫星导航系统重新定位，再次温柔地把注意力带回身体当下直接的感觉即可。觉察身体感觉不需要看着该部位，也不需要思考该部位的样貌，只要领受该部位的温度、触感等具体的身体感觉即可。

Q8 练习身体扫描的目的是什么？

身体扫描的练习让我们跟身体的关系，从一味地使用与操控的关系，到能够觉察且与身体温柔地同在，对身体逐渐发展出一种友善和慈爱的关系，这其实是在落实本书一开始所提的自我照顾。

话又说回来，这其实是在起跑点，就遥问终点处的问题，是许多人都有的惯性。早期我会很认真地回复有关练习身体扫描的各种好处或科学研究等，后来我深深体会到，这是一个需要练习才会有的答案，答案不在外面，而在自己的练习里。

因此，与其花力气思辨练习身体扫描的益处，还不如回到自身的练习中，由自己来体验、探索与发现。老实说，除非亲身体验，过多的阐述，意义都不大。这也是正念减压训练最核心的地方——取得第一手的经验，而非人云亦云。因此，我会邀请伙伴们先将这个问题放着，持续练习后自己就会有答案了。然后随着练习的深化，答案也会不一样。

我的第一次身体扫描练习

多年前，好友参加某个训练后曾问我一个问题，做身体扫描的时候会不会有"影像"？他的老师说："不会。"对于这个答案我持保留态度，因为我的经验是会有影像的。当时我在麻省大学受训，扫描到某个部位时，就会出现该部位的影像，因此一直不以为意，也没想到要询问老师。

直到有一天当我扫描到鼻子时，心中出现的鼻子影像是高鼻子，不像我的鼻子，"咦，那是谁的鼻子？"再继续到眼睛，心中浮现的眼睛竟然是凹陷的，"咦，这也不是我自己的眼睛啊！"突然间，我明白了，我心中所浮现的眼睛与鼻子是当地人的五官，不是我的！是我从眼睛"看出去"累积最多印象的浮现，而不是"向内"感觉当下身体的呈现。因此，这是"想象或回想"，而不是"领受或觉察"。虽然不致因为思考而没感觉，不过，在此时意识的运作过程中，想象的成分的确是大于感觉的成分。我在班上分享了这个体验，大家笑翻了，我自己也觉得很好笑。然而，欢笑的背后，我明白那位朋友的老师所言，也深刻体会对于"所知"还需要抱持更谦卑的态度。"知之为知之，不知为不知，是知也。"无知，就是不知道自己不知道。

同一天，在受训课堂上，我提出了一个疑问。有一天晚上孩子们入睡后，我开始做身体扫描，我很努力维持清醒，不过实在抵不过周公的召唤，一直恍惚着。为了完成当天的作业，我从躺着到坐着，都不行，于是干脆站着做身体扫描。我心里实在很怀疑当天这样的做法是对的吗？我希望老师可以好好指导我在此过程中需要调整的地方，不论是在做法还是想法上。没想到老师竟然大力赞美这件事，她认为这是承诺与创意的范例，她也提醒我们在做正念练习时不要太僵化。这真是让我傻了眼，原本还以为自己完全走错路了呢。无知，也是不知道自己知道。

04 / 正念瑜伽练习
在伸展中发现自己

在正念减压的训练课程中，卡巴金博士有很多创举，其中之一就是把动态的肢体伸展放入正式的静观练习中（meditation practice）。在传统的静修中多是静坐与行走的交互循环，着眼于心的用功，即便有肢体伸展，也只是为了提升静坐的效能。在正念减压的培训中，身与心的重要性等量齐观，从身体所领悟的智慧可以延伸至日常生活。在传统中国文化中，这部分是相当熟悉的，太极拳是很典型的例子。正念减压的训练最早运用于医院，因此对身体温和友善的态度是很重要的。放到日常生活脉络中，即便是目前没有生病的人，何尝不需要对身体友善呢？

在正念减压课程中的动态伸展采用的是哈达瑜伽练习，当然不是全部的哈达瑜伽动作，仅撷取部分运用于此。当年卡巴金博士非常仁慈地把正念瑜伽伸展分成两大部分，一部分是躺式正念瑜伽，方便所有不能站立者依然可以练习，正念减压课程中肢体伸展的正式练习也是从躺式瑜伽开始。另一部分则是立式正念瑜伽。正念瑜伽的练习帮助身体适度的活动伸展，同时提升对动态身体的觉察能力。虽然在课程中以躺式瑜伽开始，然而为方便读者易于操作以熟悉正念瑜伽练习的要点，本书将从立式瑜伽的说明开始。

许多人在瑜伽伸展中，不知不觉中很容易落入过度用力追求的惯性，因此在开始练习之前，在心里记住下页这三个同心圆（见图5）会很有帮助。

【**最内圈**】是舒适圈或惯性区域，是我们最熟悉或喜欢的状态。一般是能坐着就不会站着，能躺着就不会坐着的区域，但此区域会随着年纪越大而越缩小。

【**第二圈**】是挑战区，在安全的范围内扩展与挑战自我。随着挑战圈越熟悉，自然会转换为舒适圈，因此舒适圈会随之扩大。

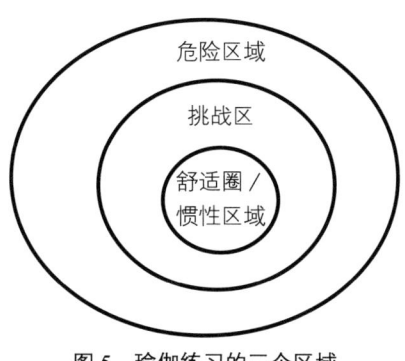

图 5　瑜伽练习的三个区域

【第三圈】是危险区域，对自我要求或期待太高，常希望能一次到位者，很容易因强大的意志力而进入此区，也往往是造成伤害的区域。

正念瑜伽的伸展是适度挑战自己的舒适圈，但又不进入危险区域，这其中的分辨，不是靠专家或老师，而是靠自己对身体的觉察能力。事实上，身体随时都会发布信号，关键是我们是否接收到信号，以及接收之后如何处理，置之不理继续强迫身体，或过度紧张立即放弃所有练习，都是极端。**温柔地在觉察中，探索并发现身体的可能与限制，是最好的策略。**事实上，这三个同心圆不仅适用于正念瑜伽的练习，也可作为自我探索的基本原则。

在正念的练习中，虽然鼓励温柔地在觉察中探索自己，但非常重要的是，如果觉得某些动作真的做不来，就不要太勉强，尤其如果受过伤或身体有病痛。比较好的做法是咨询您的医生、护理师或治疗师，我们得学习为自己的健康负起自我关照的责任。

谁决定伸展幅度

在正念瑜伽的练习过程中，我们专注于也享受于肢体的变化，身体分分秒秒所呈现的各种感觉都不太一样，当然也包括呼吸。很重要的是，身体伸展的幅度不是由引导老师决定的，不是由学习同伴决定的，不是由期望决定的，不是由意志力决定的，不是由过去经验决定的，而是由自己当下的身体状况来决定。通过这些练习，我们重新建立与身体的联结方式，从一种绝对操控式甚至是无情严苛的习惯性使用，渐渐转为高度尊重与温柔对待自己的身体，大量重新开发与探索自己。**贯穿整个正念瑜伽练习过程的核心态度是自然呼吸、不憋气，随时觉察身体的变化。**这件事虽然简单，但大部分人却往往做不到，因此，在这里我想特别提醒一般在伸展运动或平时运动时，我们最容易忽略的两件事：

（1）一心二用，因而忽略身体的信息，例如：即便在伸展或运动中我们依然可以东想西想、跟别人聊天、看屏幕上的画面或者听音乐。此时即便身体发出不适的信息，除非很强烈，不然我们通常听不到或自然忽略，因为这不是我们当下关心的重点。身体在活动，心注意他处，这是典型的身心分离。

（2）有时我们在伸展或运动时太认真、意志力太坚强，一定坚持要做到什么程度才可以，完全不顾身体的限制，那么对身体的信息当然也会听而不闻，甚至反而因为听到身体的限制而深感懊恼或对自己生气，再继续拼命。诸此种种都是运动伤害重要的成因。对身体过度严苛而受伤，到头来受苦的还是自己。

因此，在进行正念瑜伽或日常运动时，试着尽量温柔地把心安住在身体里，真正觉察与体验活动中身体的各种细微变化与影响，让所有动作都在觉察下进行而非仅出于惯性，更不宜仅出于意志力或某种负面情绪。把注意力持续带入所做的动作中，只有自己知道做到什么程度对身体是适度挑战，什么程度是进入危险区域。因此，在整个过程中，不需要跟别人比较，也不需要跟过往的自己比较，把心安住在当下，让身体告诉我们可以伸展的幅度吧。

接下来的这些动作解说示意图是以《正念疗愈力》立式和躺式正念瑜伽动作为基础，再融入日常生活中各种动作，整合成六种大关节伸展、六种全身伸展等立式瑜伽练习，以及十种躺式瑜伽伸展练习。此外，我也想凸显日常生活中的所有动作，本来就可以带入觉察，即便是再简单的动作，带入觉察感觉就会不一样，会更有深度、更滋养、也更舒服。在进行音频练习前，可以先跟着书上的讲解练习，之后再跟着音频练习会更容易操作。那么，如果您选择继续阅读，现在就站起来吧，我们先从立式伸展开始。

立式正念瑜伽练习

◆ 大关节伸展

【练习音频】扫描本书封底的音频文件二维码。
【练习姿势】站着。
【练习时间】无限制，请找到适合自己的练习时间。

1 站立

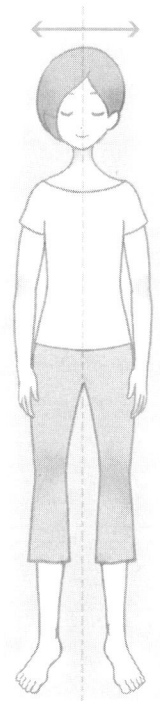

❶ 双脚打开，差不多与肩同宽，脚丫子尽量平行，勿大幅外八或内八。
❷ 重心均匀地放在两个脚丫子上，不前倾也不后仰、不左斜亦不右靠。
❸ 领受站立的大腿是否会不知不觉地紧绷，这是很多人都有的惯性。
❹ 觉察腰直肩松，领受稳稳站着的感觉。
❺ 感受身体里的呼吸，气息进来时身体的鼓胀感，气息离开时身体的松沉感。

2 转头

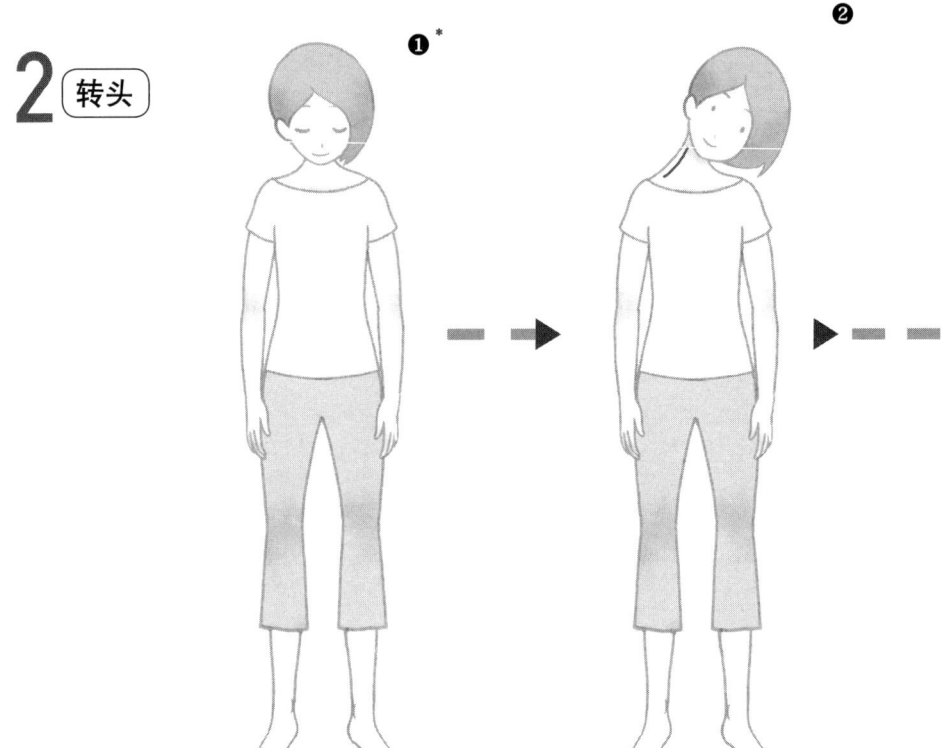

❶ 慢慢地把头往下低,领受脖子后侧的紧绷感。
❷ 头缓缓地按顺时针方向往右转,右边的耳朵靠近右肩,觉察此时脖子与头的感觉,尤其是脖子左侧的紧绷感。
❸ 持续缓慢地转为仰头,领受在此动作下的感觉,例如脖子前侧紧绷而后侧缩挤的感觉。
❹ 再继续让头往左转,左耳靠近左肩,领受脖子右侧紧绷而左侧缩挤的感觉。
❺ 依此顺时针方向,带着觉察缓慢地转头数圈,在此过程中也观察是否在某个角度时容易憋气。憋气,是很多人的生活惯性。

* 图片编号❶即为正文步骤❶的示意插图,依此类推。

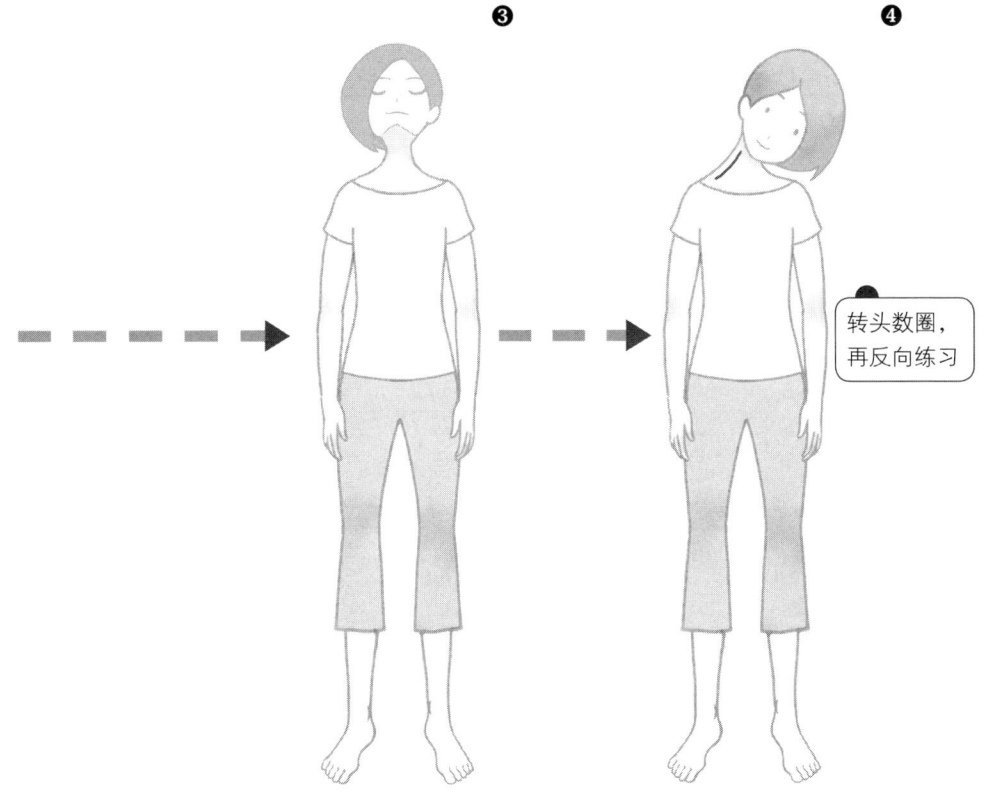

转头数圈,再反向练习

立式正念瑜伽练习

❻不需要以转动的次数来决定转多久,而以身体的觉察,尤其是在这个动作上,把觉察带入正在转动的头,领受一个瞬间接着一个瞬间的变化,比转几次重要多了。

❼当要换方向练习时,先带着觉察停下来,再进行反方向旋转,重复步骤❶~❻。

❽完成后,身体恢复到一般站姿,稍微暂歇一下,觉察做完这个动作后身体的感觉与呼吸。

这个年代许多人因为一些报道,很害怕转头,尤其是后仰的动作。当我们把觉察带入分分秒秒的动作,而非心不在焉的惯性转动时,身体自然会告诉我们,今天转到什么程度是安全的,到什么程度就危险了。关键在于,**此时,我们是否聆听并尊重身体的声音或信息。**

3 转肩

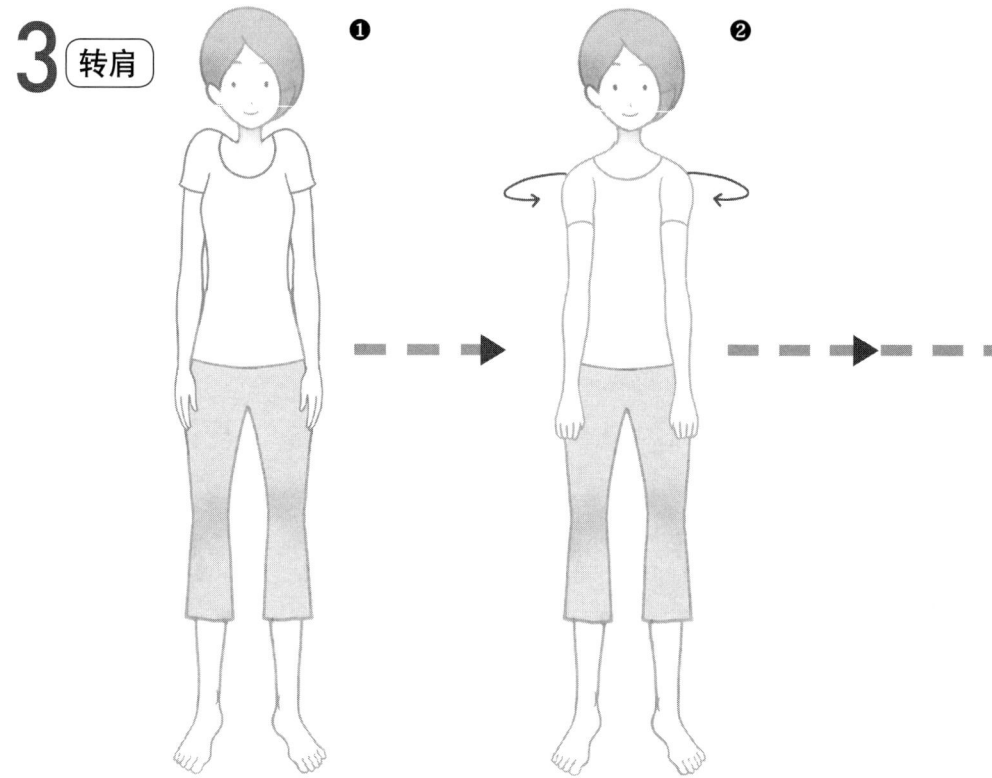

❶ 慢慢地让双肩往上耸,尽可能耸到最高,领受肩膀高耸的感觉。在此过程中观察是否憋气,如果发现憋气了,就自然地呼吸。在整个正念练习过程中,都不需要憋气。

❷ 缓缓地让肩膀全面往前,可以清楚地领受前胸挤缩而后背全然扩张的感觉。

❸ 顺势让肩膀往下,觉察前胸再度扩张而肩膀有力下沉的感觉。

> 在每一个动作完成后,我们会稍微暂停一下,觉察当下身体的感觉,以提升对自己动态身体的觉察能力。让心安住在身体里,领受并享受伸展后身体的舒畅感,一种身心合一的美。

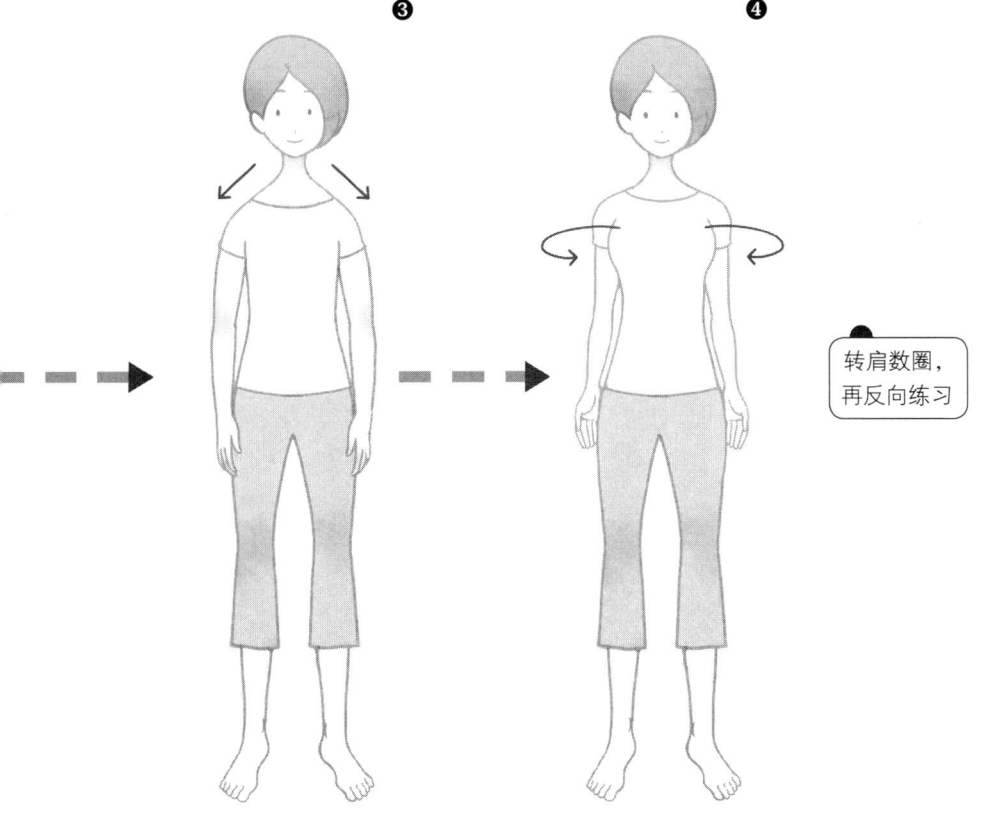

转肩数圈，再反向练习

❹ 顺着这个方向让肩膀向后，领受整个胸膛开阔而后背肩胛紧缩的感觉。
❺ 再慢慢地让肩膀向上，依照这个方向，缓慢地、带着觉察地旋转肩膀。
❻ 膝盖可以微微弯曲，保持身体的弹性。
❼ 当要换方向时，先带着觉察停下来，再进行反方向旋转，重复步骤❶～❻。
❽ 完成后，身体恢复到一般站姿，稍微暂歇一下，觉察做完这个动作后身体的感觉与呼吸。

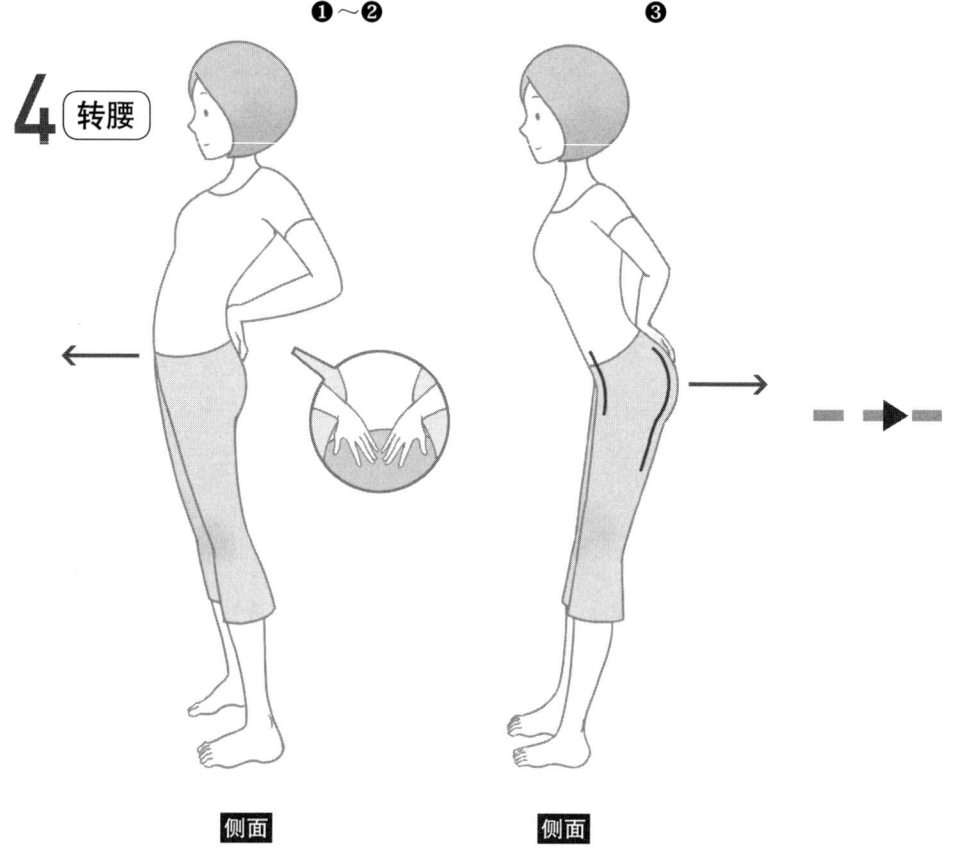

❶~❷　　　　　❸

4 转腰

侧面　　　　　侧面

❶慢慢地弯曲手肘，让双手的手掌心贴在后腰，觉察手掌心与后腰温度的差异，观察肩膀、手臂是否过于紧绷。

❷缓缓地让腹部向前，像大肚子般，领受腹部肌肉皮肤的紧绷，以及后腰脊椎强力支撑的感觉。观察是否憋气。

❸慢慢地让身体回正，头差不多维持在原来的位置，让臀部往后伸展。在这个姿势下，最明显浮现的是什么样的感觉？

❹带着觉察让身体缓慢回正，慢慢地让腰部移向左侧，领受左半边身体整个舒展开来，而右半边身体放松的感觉。

❺慢慢地领受身体回正的过程，让腰部移向右侧，领受右半边身体整个舒展开来，而左半边身体放松的感觉。

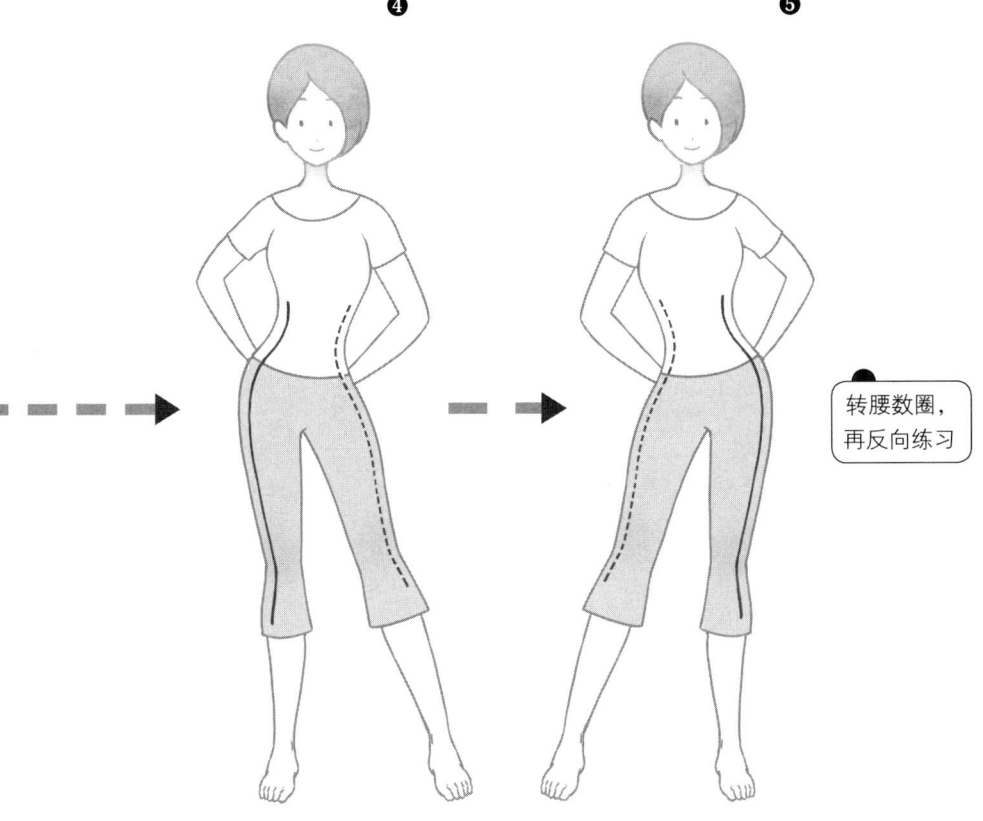

转腰数圈，再反向练习

立式正念瑜伽练习

这个旋转伸展腰部的动作，有点像小时候玩的跳绳。头与脚丫子是跳绳的两端，尽量维持在原来差不多的位置，因此上半身不会太大幅地摇晃。身躯则好似绳子般地旋转，但速度慢很多。速度慢，以提升觉察能力，除了正在伸展部位感觉的变化，也觉察相关联部位的感觉，温柔地对待身体。假以时日，当动态的身体觉察成为习惯，快慢或速度就没什么限制了。

❻ 身体缓缓回正。慢慢地让腹部向前、向右、向后、向左，带着觉察顺时针方向缓慢地旋转，充分领受身体在每一个角度时截然不同的感受。

❼ 当想要停止时，带着觉察停下来，再反方向地旋转，重复步骤❶～❻。

❽ 完成后，身体恢复到一般站姿，稍微暂歇一下，觉察做完这个动作后身体的感觉与呼吸。

5 转膝盖

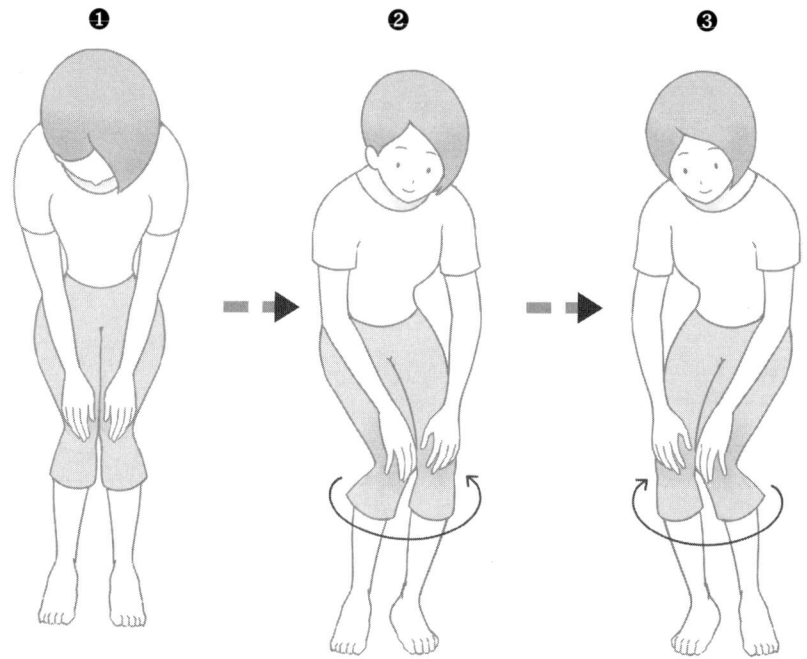

❶ 慢慢地让头往下低，领受颈后侧紧绷而前侧挤缩的感觉。头再持续往下低，带动肩膀跟着向下，双手、头、颈自然放松下垂。脊椎像卷帘般缓慢向下，直到手掌离膝盖很近，掌心贴在膝盖上，领受掌心与膝盖温度的差异，觉察掌心放在膝盖上的触感。观察是否憋气。

❷ 缓缓地微屈膝盖，让两个膝盖顺时针方向旋转。觉察在此过程中：掌心下膝盖的变化、膝盖可能发出来的声音、大腿与小腿的感觉、呼吸速度的变化、身体温度的变化等。

❸ 当想要停止时，带着觉察停下来，再反方向旋转，重复步骤❷。

❹ 完成后，身体慢慢恢复到一般站姿，稍微暂歇一下，觉察做完这个动作后身体的感觉与呼吸。

6 转脚踝

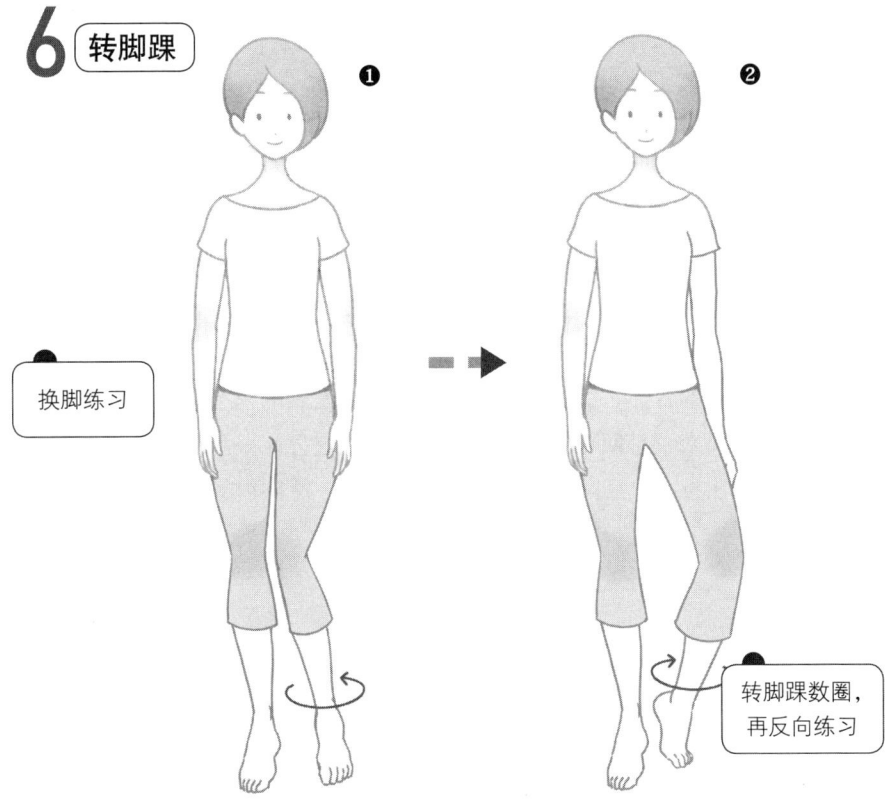

❶ 站稳后,重心慢慢地移向左脚,领受左脚的肌肉与骨骼正在承接身体大部分重量的感觉。慢慢地右脚跟离地,带着觉察缓慢地顺时针方向旋转右脚踝,不急,领受脚踝在每一个角度所呈现的样貌。

❷ 当想要停止时,带着觉察停下来,再反方向地旋转。

❸ 右脚缓缓地踩稳。重心慢慢地移到右脚,觉察右脚的肌肉与骨骼正在承接身体大部分重量的感觉。慢慢地左脚跟离地,带着觉察缓慢地顺时针方向旋转左脚踝,觉察脚踝在每一个角度时身体的感觉。

❹ 当想要停止时,带着觉察停下来,左脚缓缓地踩稳。重心慢慢地移到两脚。

❺ 完成后,身体恢复到一般站姿,稍微暂歇一下,觉察做完这个动作后脚踝与身体的感觉。

当各部分大关节都逐一伸展过后，再度带着觉察，让身体自由地动一动，也许想转转手腕或扭扭腰，都可以，领受每个动作下身体感觉的变化。一般而言，进行这类动态的练习，专注力比较容易集中，因为只要把觉察带进来，身体时时刻刻的变化其实很多，甚至于多到令人目不暇接。但即便如此，在课程中我还是会偶尔提醒："心还在吗？"如果发现心离开了正在伸展的身体，跑去了别的地方，就在发现的当下，允许自己温柔地把心再带回来，带回正在伸展的身体部位，这样就好了。这种持续观察人在心在并让身心合一的习惯，能渐渐发展出一种自我友善的态度。

◆ **全身伸展**

【练习音频】扫描本书封底的音频文件二维码。

【练习姿势】站着。

【练习时间】无限制，每个人有适合自己的练习时间。

1 上半身伸展

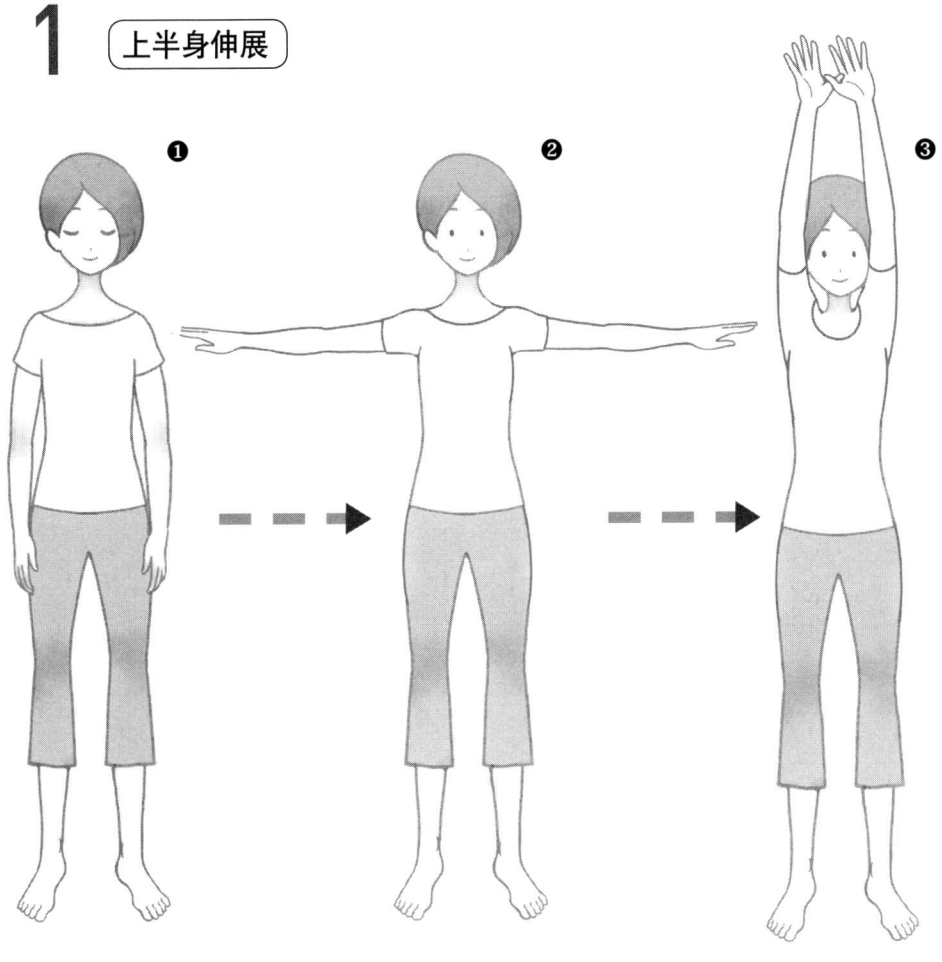

立式正念瑜伽练习

❶ 维持腰直肩松的站姿，腿部、腹部、臀部的肌肉都不需要紧绷。双手放在身体两侧，手臂的重量交给地心引力。自然呼吸。

❷ 双手从两侧缓慢开展，领受此过程中肩膀带动上手臂、下手臂、手掌，舒展开来的感觉。

❸ 双手持续慢慢向上，来到耳朵两侧，两个拇指轻轻互扣。觉察上半身往上伸展，而下半身往下踩稳的感觉。观察是否憋气。

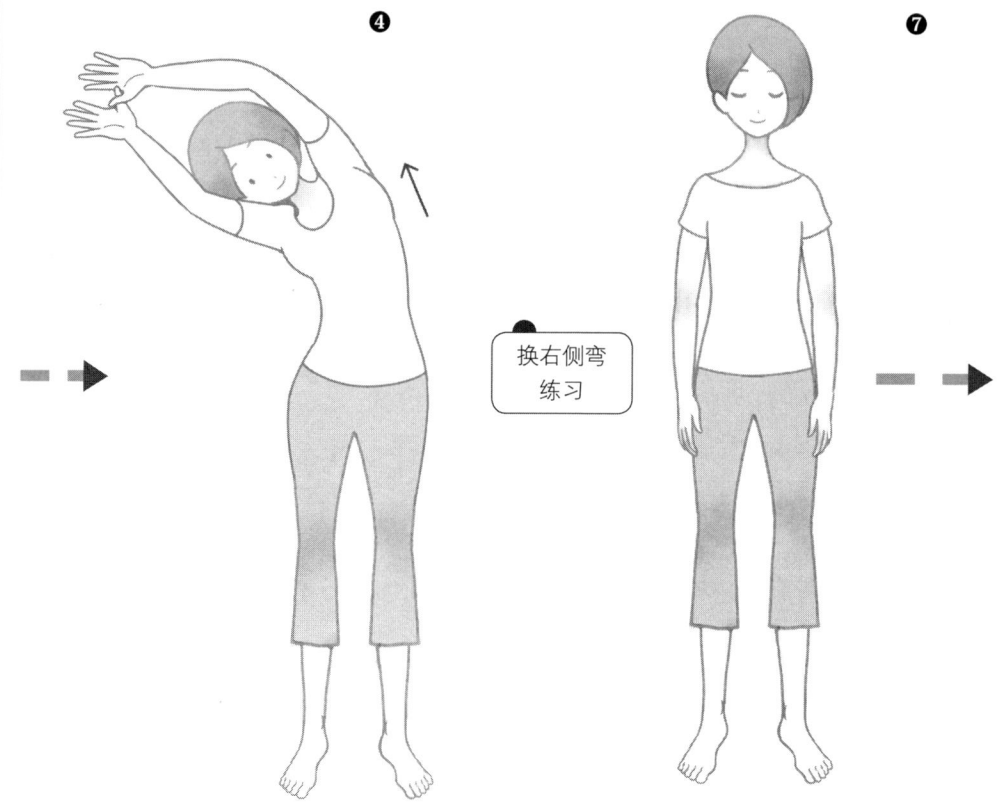

❹ 慢慢地，让腰部带动着上半身向左倾斜，斜到当下可以做到的程度就好，不需要为了更弯曲而让自己痛不欲生。觉察右半侧身躯大幅伸展，左半侧身躯自然承接身体比较多重量的感觉。观察是否憋气。

❺ 带着觉察缓慢地让身体回正，稍微停一下，再让腰部带动着上半身往右倾斜。自然呼吸，领受此时身体的各种感觉：可能手臂感觉到酸麻，可能身体两侧感觉到伸展后的舒畅。

❻ 慢慢有觉察地让身体回正，双手缓缓放下，领受放下的历程，也许可以感觉到手臂的重量，或袖子滑过皮肤的触感，直到双手来到身体两侧。

❼ 身体恢复到一般站姿，稍微暂歇一下，领受做完这个动作后身体的感觉与呼吸。

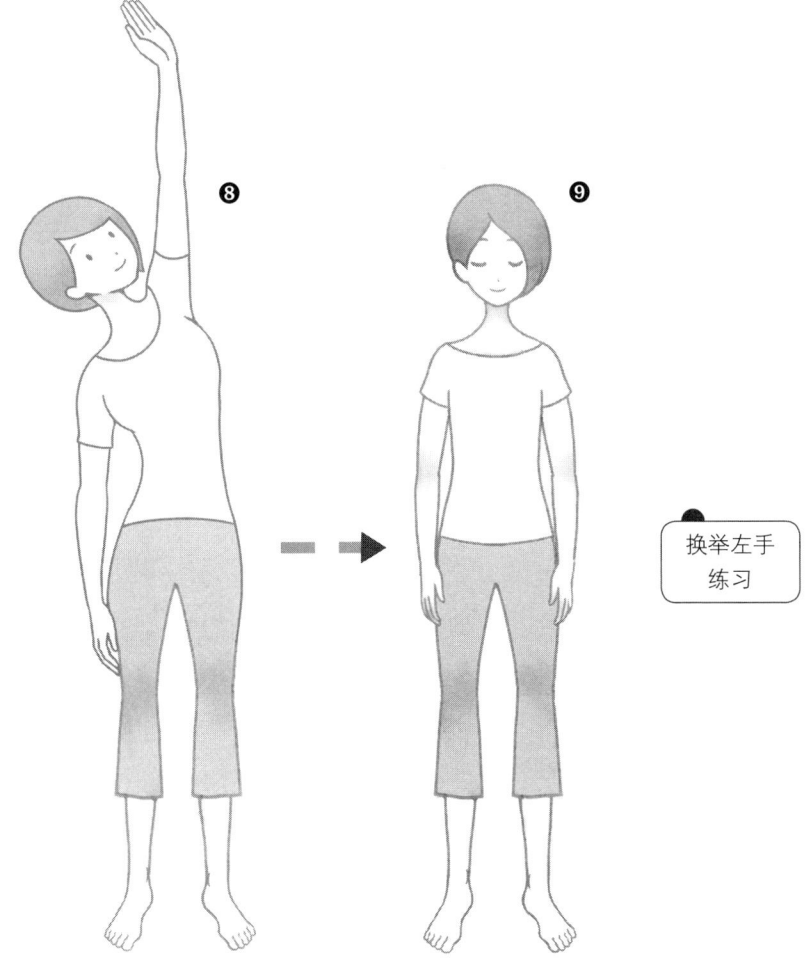

换举左手练习

❽ 右手慢慢地上举，头缓缓向上，看着右手的指尖，让右手手臂继续往上伸。观察是否憋气。领受此时整个右半边身躯大幅舒展的感觉，左半边身躯则是整个放松。

❾ 右手稍微松掉，右手臂带着觉察缓缓地往下放，领受手臂下放过程的感觉：也许是手掌心血液的脉动，也许是整个手臂从紧到松的过程。右手回到身体旁边。

❿ 相同的流程伸展左手臂，重复步骤❽～❾。

⓫ 完成后，身体恢复到一般站姿，稍微暂歇一下，领受做完动作后身体的感觉与呼吸。

立式正念瑜伽练习

2 左右扭转伸展

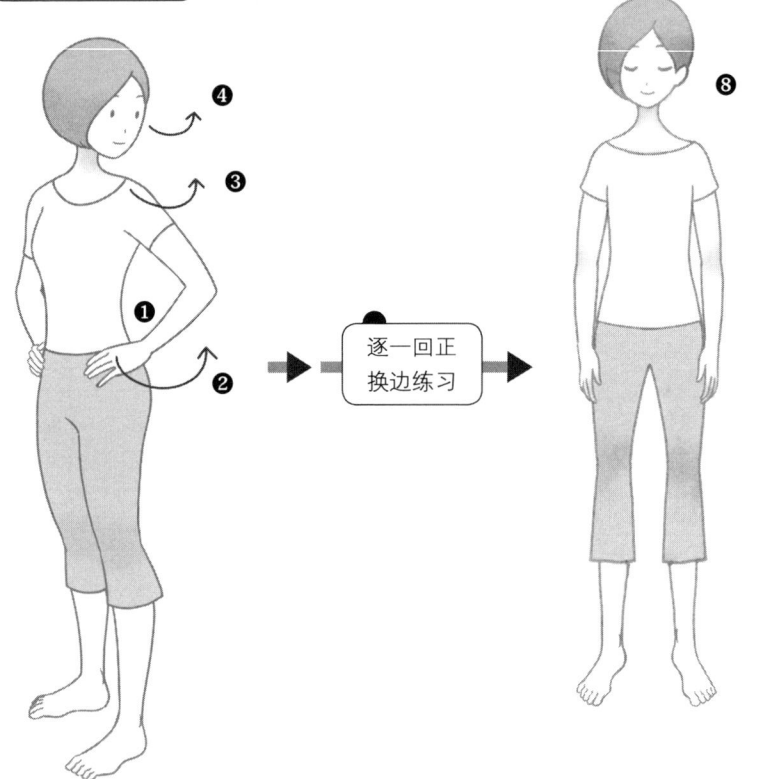

逐一回正
换边练习

❶ 慢慢地弯曲手肘,手掌心贴在腰际,肩膀、手臂放松下沉,不需要用力。

❷ 缓缓地让腰部带动上半身向左转,可能一下子就发现转不动了。

❸ 接着让胸腔与肩膀向左转。也许只转一点点就没办法继续转了。

❹ 脖子与头向左转。转到不能转了,眼珠子向左转。领受整个上半身大幅向左转的感觉。不憋气。

❺ 慢慢地让眼珠子回正→头与脖子回正→肩膀与胸腔回正→腹部与腰回正。全部回正后领受此时左、右侧身躯是否有不同的感觉。

❻ 相同的流程上半身转向右边:腰→胸→肩→头→眼,逐一转向右侧。

❼ 再逐一回正:眼→头→肩→胸→腰,逐一回正。

❽ 完成后,身体恢复到一般站姿,暂歇一下,领受做完这个动作后身体的感觉与呼吸。

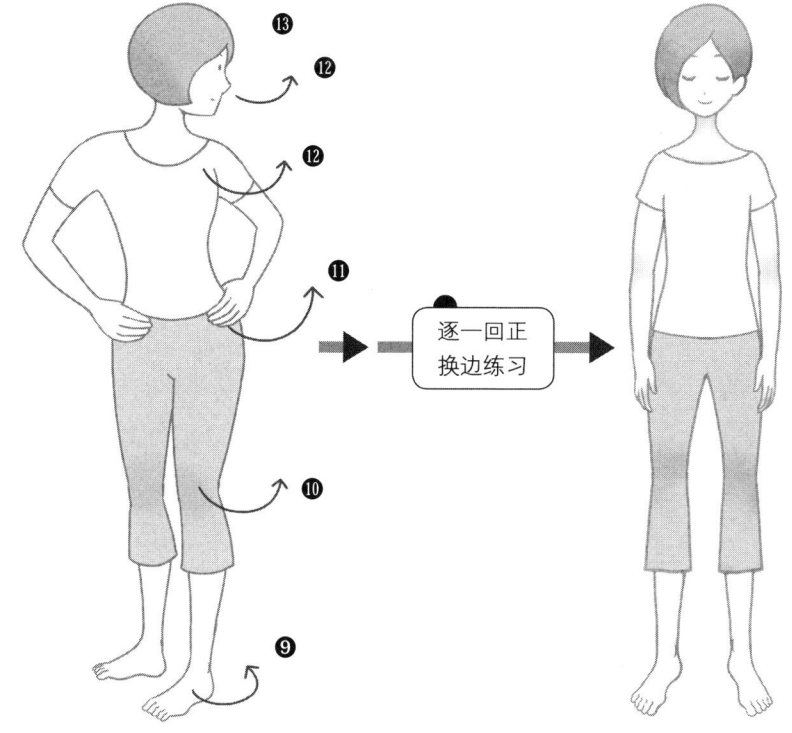

❾ 这个动作的练习与上个动作完全一样,唯一的差别是这次从脚踝启动,向左转。

❿ 转到不能转时,膝盖也许可向左转一点点。

⓫ 转到不能转了,腰接着向左转。

⓬ 转到不能再转了,肩膀接棒向左转➔头向左转➔眼珠子向左转。

⓭ 领受整个身体像扭毛巾般大幅向左旋转的感觉。观察是否憋气。

⓮ 相同的流程,慢慢逐步回正:眼➔头➔肩➔胸➔腰➔膝盖➔脚踝。稍停片刻,觉察当下身体感觉。

⓯ 从脚踝启动身体向右转:脚踝➔膝盖➔腰➔胸➔肩➔头➔眼。觉察扭转过程中,身体感觉的变化。

⓰ 逐一回正:眼➔头➔肩➔胸➔腰➔膝盖➔脚踝,身体恢复到一般站姿,稍微暂歇一下,领受做完这个动作后身体的感觉与呼吸。

立式正念瑜伽练习

97

3 脊椎伸展

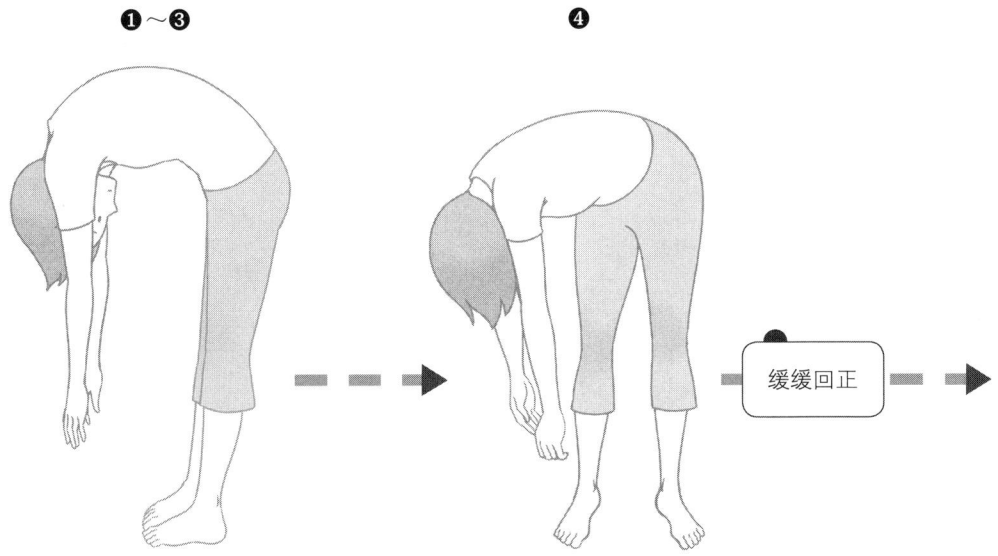

❶ 慢慢地让头往下低，觉察颈椎舒展开来的感觉。

❷ 缓缓地让颈椎再继续往下，胸椎跟着往下。整个上半身的脊椎像卷帘般，缓慢且带着觉察地一节一节地向下弯。在此过程中，头、脖子、手臂都不需要用力，顺势下沉。

❸ 整个上半身放松下弯，完全不需要在意手指头是否碰到地面。领受在这个动作中，身体的感觉：也许是血液冲到头部的感觉，也许是头发与脸部肌肉或眼镜下坠的感觉，也许是双腿后脚筋紧绷微疼的感觉，也许是内在对此有点对抗的感觉，也许是心里很想弯得更下去的感觉……别忘了呼吸。

❹ 慢慢地，让腰部带动上半身往左转。头、脖子、手臂于是也跟着向左转。在这个姿势停歇一下，觉察左腿后脚筋很紧，而右腿相对较松的感觉。

❺ 缓缓地让腰回正，领受左脚筋从紧绷到逐渐舒缓的过程。

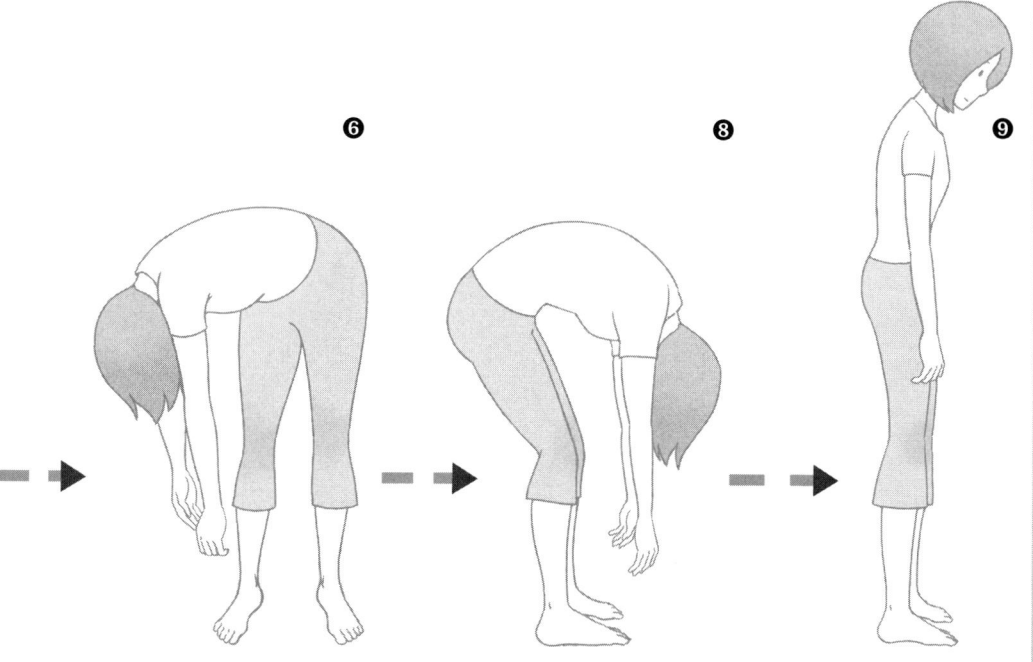

❻让腰带动上半身向右转。领受整个身体动作的变化历程与所引发的各种感觉。

❼缓缓地让腰回正,领受右脚筋从紧绷到逐渐舒缓的过程。

❽膝盖微微弯曲,带着高度觉察,从腰部开始,慢慢地让脊椎从下往上、一节一节地迭上来。过程中,头、脖子、手臂依然放松下沉。注意力大量地放在脊椎回正历程的变化。

❾脊椎慢慢回正,最后才是颈椎回正,整个身体回正。领受此时身体的感觉与呼吸。

立式正念瑜伽练习

4 上半身和脊椎伸展*

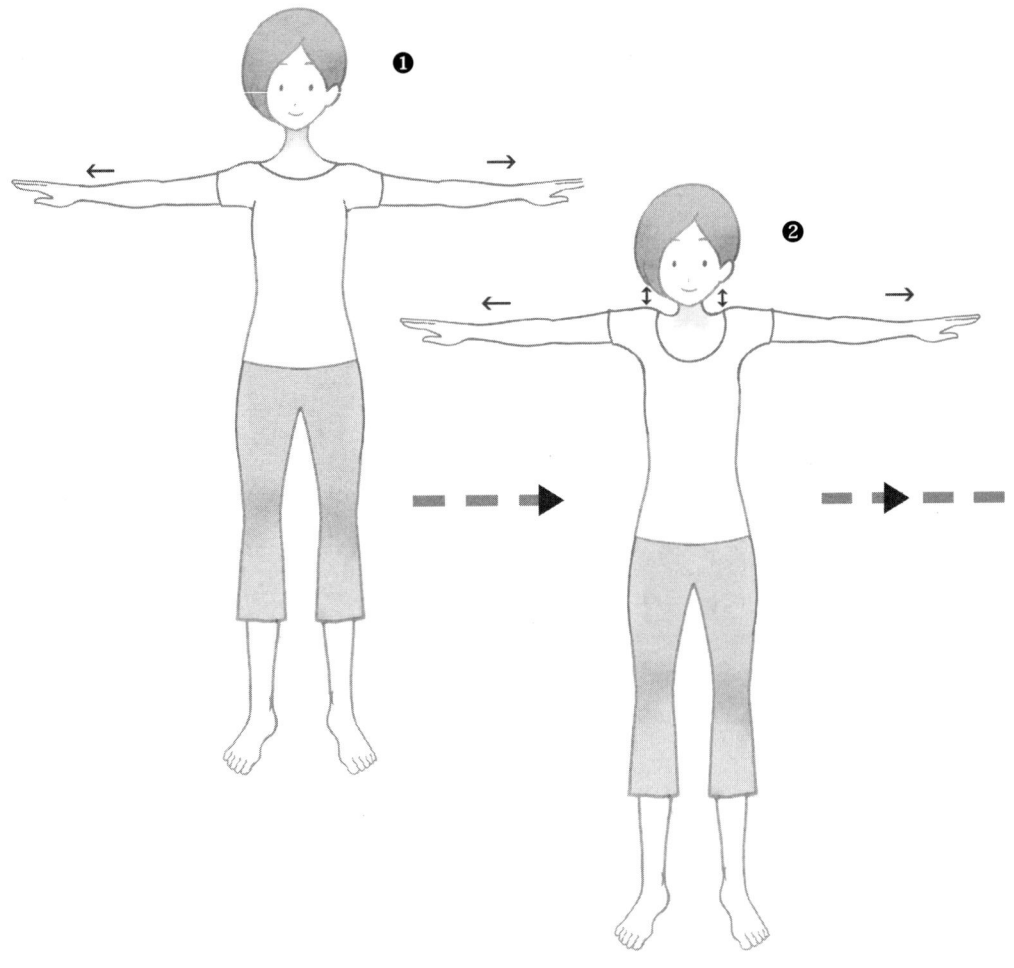

❶缓缓地让手臂往左右两边打开,双手成一直线。领受整条手臂左右延伸的感觉,观察是否憋气。

❷慢慢地让肩膀耸高,觉察此时身体的感觉。

---

* 日常生活中,我们很少会觉察脊椎,但脊椎对身体健康的影响实在太大。脊椎不仅是整个身体的支撑,更含有联结到全身各个器官的神经丛,因此当脊椎的神经丛受到压迫,可能导致的病症几乎上百种。通过正念瑜伽的伸展,我们慢慢学习把觉察带入身体时时刻刻的变化,聆听身体的信息,姿势是否不良,身体自然就会告诉我们。

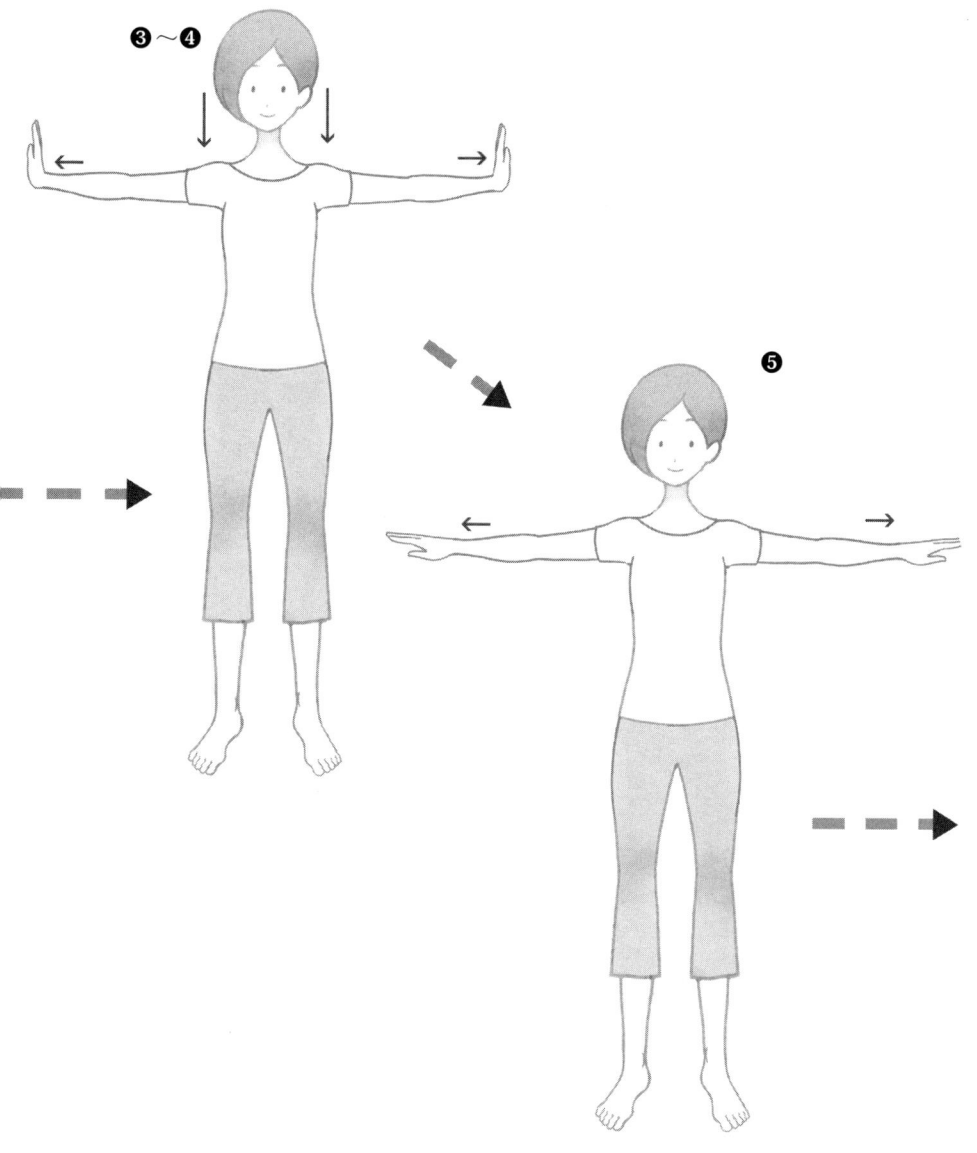

立式正念瑜伽练习

❸ 肩膀缓慢放下,但手臂没有放下来。清楚地领受肩膀与手臂的差别。

❹ 双手手掌指尖缓缓朝上,指向天花板。手臂伸直但肌肉不需要紧绷。领受这个动作下手臂的酸、麻,也觉察肩膀可能动不动就要紧绷起来,并观察是否憋气了呢?

❺ 手掌慢慢放平,觉察此过程中身体感觉的变化。

❻ 手臂缓缓放到身体两侧,领受缓慢放下的历程。

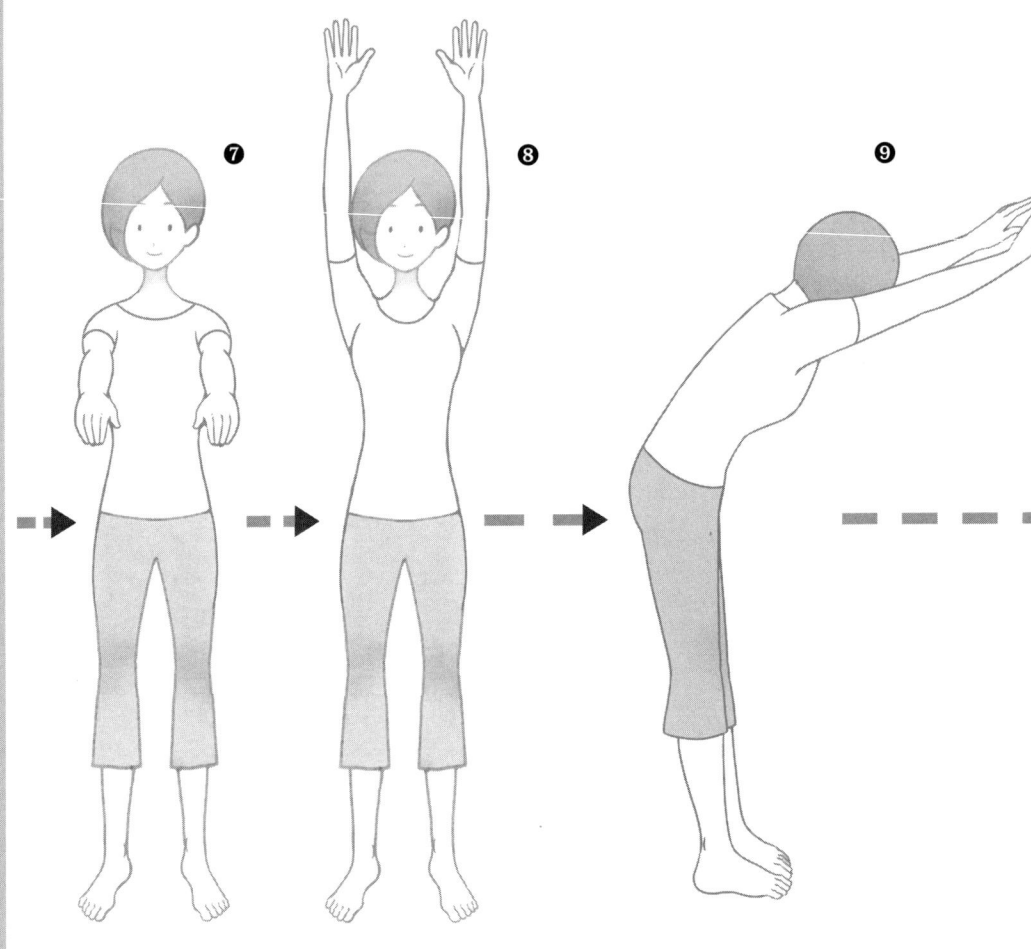

❼ 双手慢慢往前平抬。

❽ 再慢慢往上直举，直到指尖朝向天花板。领受胳肢窝舒展开来的感觉，或者手臂可能有点酸或麻的感觉。

❾ 可以的话背部打直，从腰部的脊椎开始缓慢地让上半身往下对折。

❿ 无法再折时，手、脖子、头，放松下沉。领受此时身体的感觉与呼吸。

⓫ 慢慢地让左手轻轻握住左脚的任何一处，脚踝、小腿、膝盖、大腿都可以。右手缓缓往前伸，再慢慢往上，到身体允许的程度。

⓬ 慢慢地让右手放下来，左手松开，双手再度放松下垂。觉察此时身体的感觉。

⓭ 相同的流程，左右手交换，重复步骤⓫～⓬。

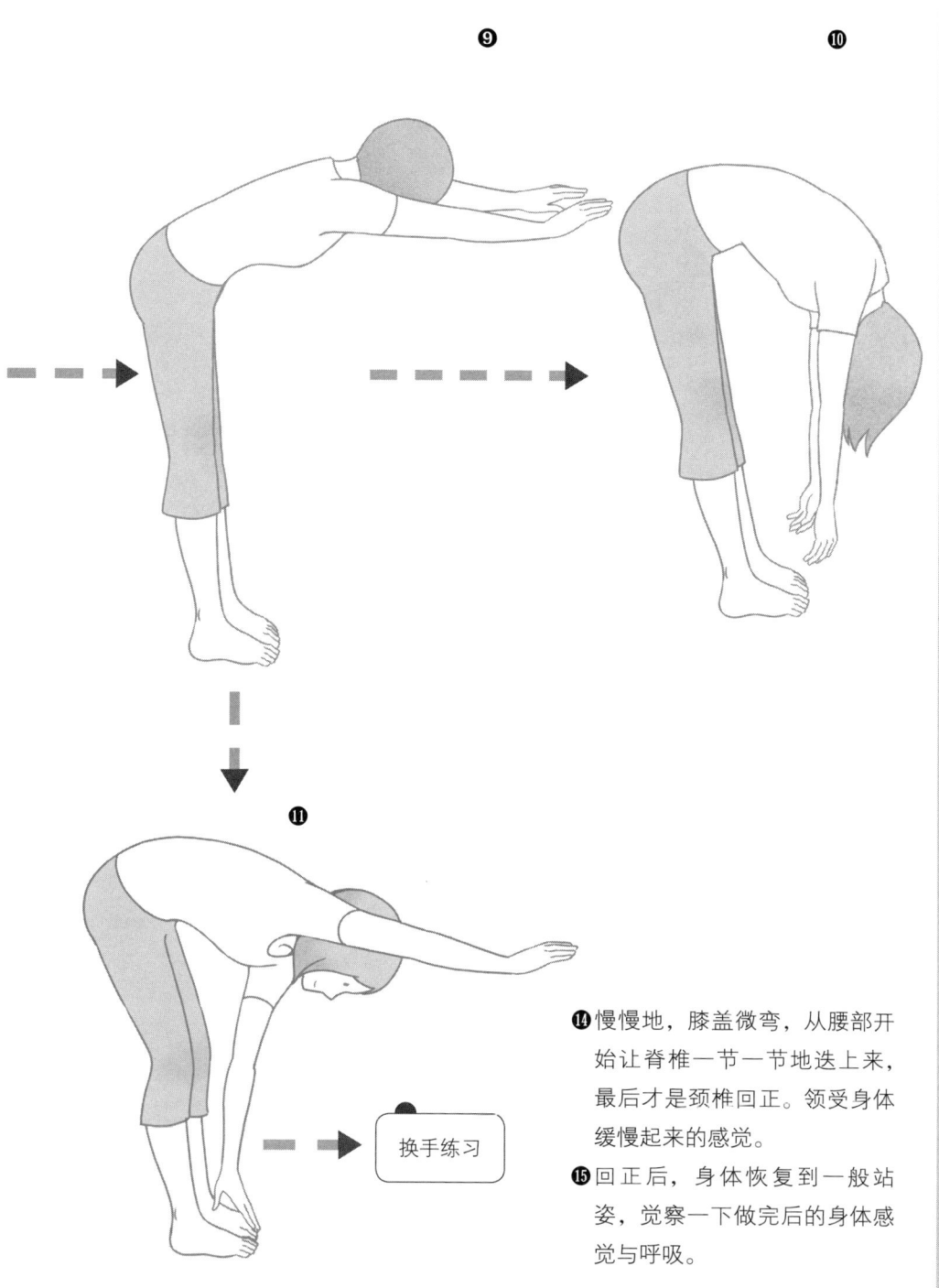

⑭ 慢慢地，膝盖微弯，从腰部开始让脊椎一节一节地迭上来，最后才是颈椎回正。领受身体缓慢起来的感觉。

⑮ 回正后，身体恢复到一般站姿，觉察一下做完后的身体感觉与呼吸。

立式正念瑜伽练习

103

5 全身平衡伸展

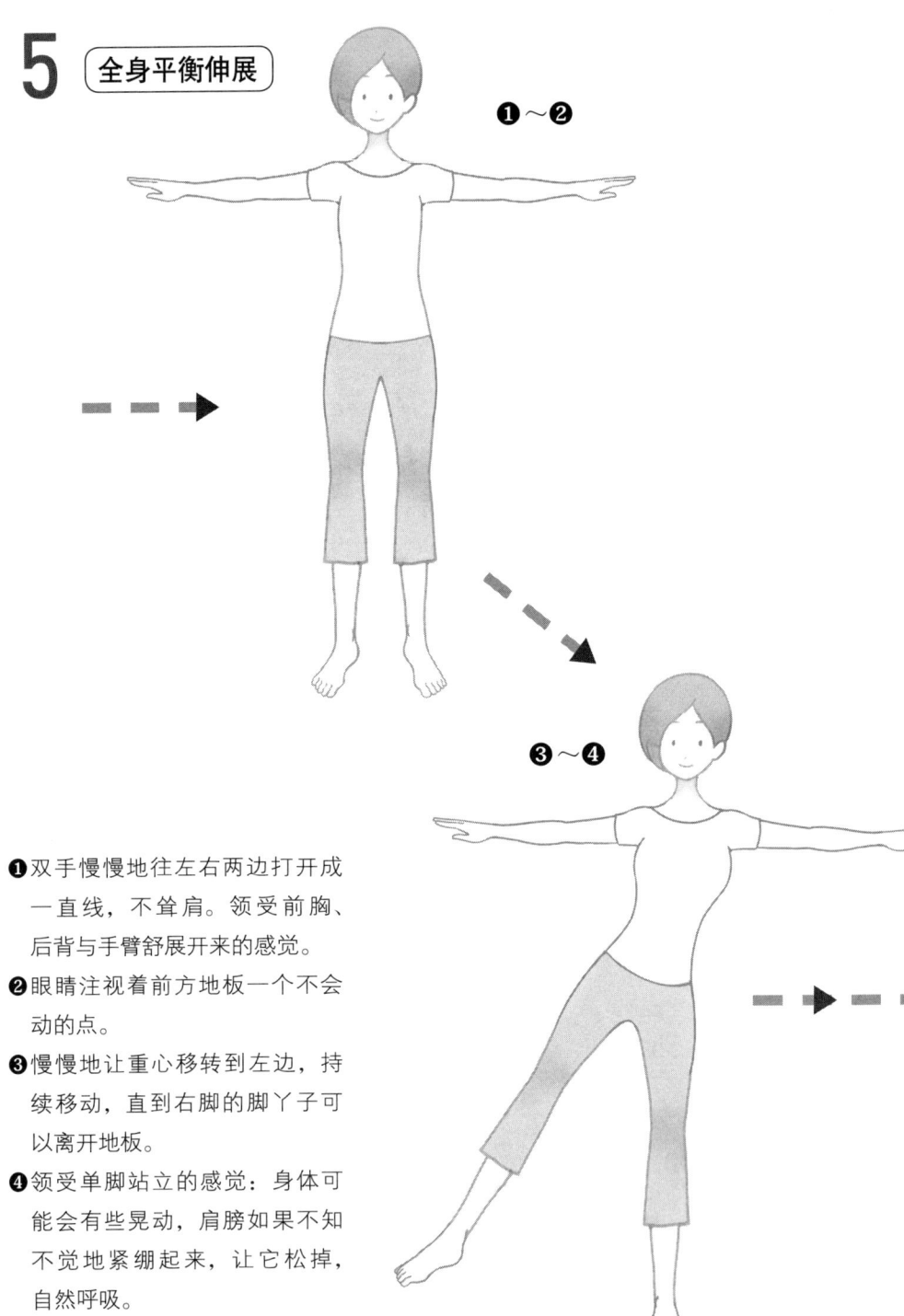

❶~❷

❸~❹

❶ 双手慢慢地往左右两边打开成一直线，不耸肩。领受前胸、后背与手臂舒展开来的感觉。

❷ 眼睛注视着前方地板一个不会动的点。

❸ 慢慢地让重心移转到左边，持续移动，直到右脚的脚丫子可以离开地板。

❹ 领受单脚站立的感觉：身体可能会有些晃动，肩膀如果不知不觉地紧绷起来，让它松掉，自然呼吸。

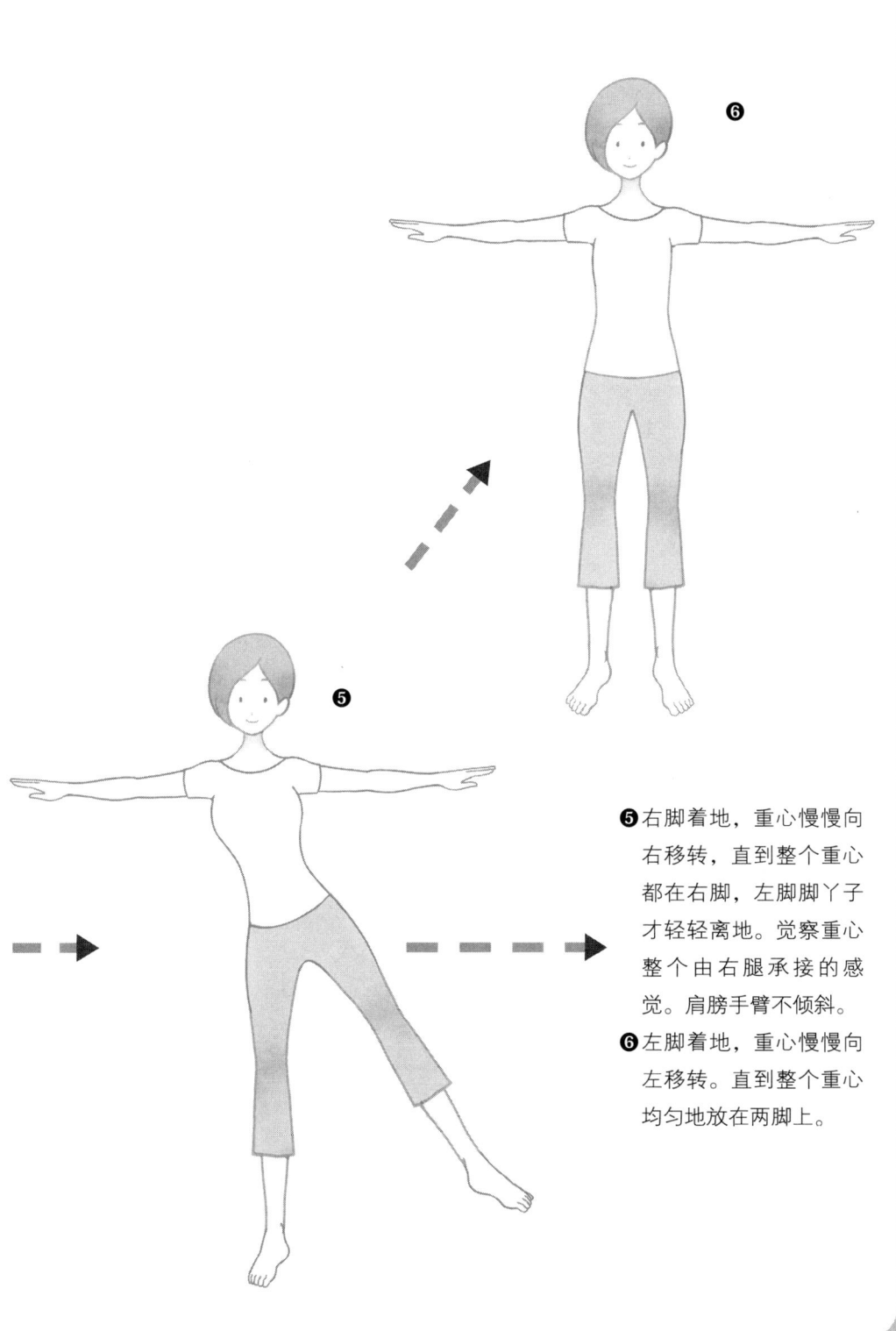

❺ 右脚着地,重心慢慢向右移转,直到整个重心都在右脚,左脚脚丫子才轻轻离地。觉察重心整个由右腿承接的感觉。肩膀手臂不倾斜。

❻ 左脚着地,重心慢慢向左移转。直到整个重心均匀地放在两脚上。

立式正念瑜伽练习

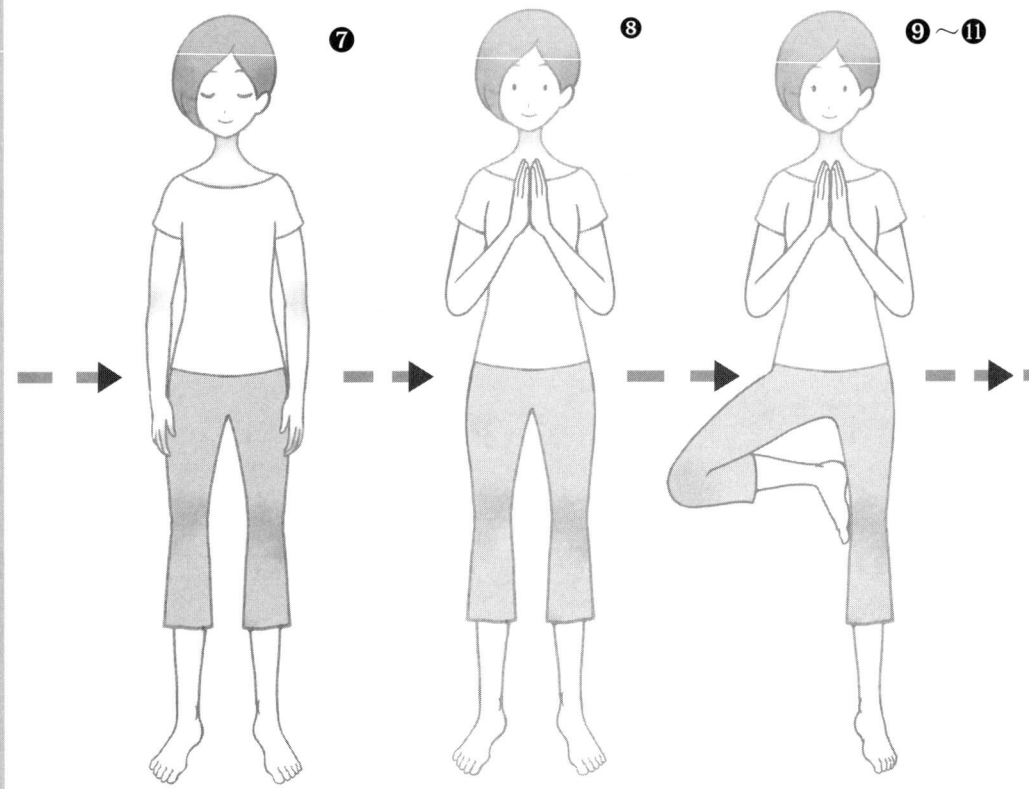

❼ 双手慢慢放下，来到身体两侧。觉察此时身体的感觉与呼吸。

❽ 双手慢慢地在胸前合十。

❾ 重心缓缓移到左脚，直到右脚可以松开，全身的重量交给左脚。

❿ 右脚的脚丫子放在左脚内侧的任何一个觉得舒服的位置，脚踝、小腿、膝盖、大腿都可以。

⓫ 眼睛注视着前方地板一个不会动的点，有助于维持平衡与稳定。不憋气，自然呼吸。

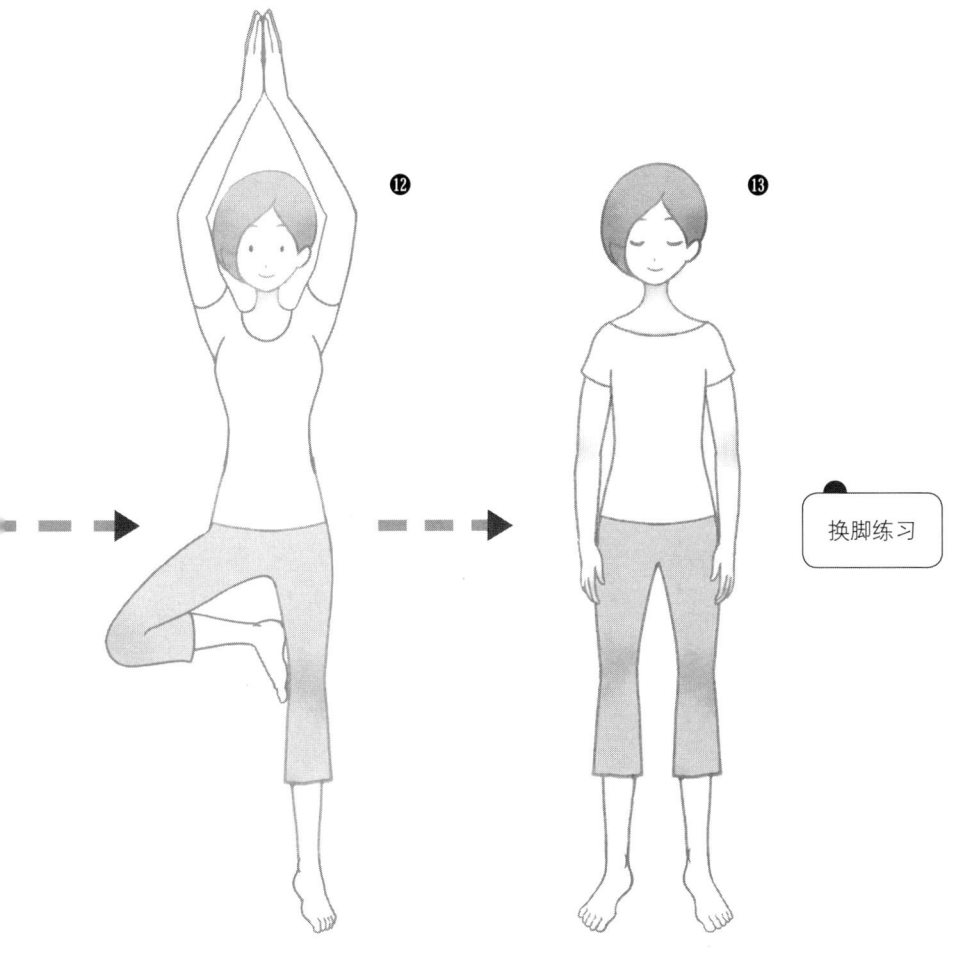

换脚练习

⓬ 让双手缓缓向上伸展。领受身体为了保持平衡所做的努力。在这个姿势中休息一下，领受身体与心里的感觉。

⓭ 双手慢慢放下来，回到身体两侧，右脚松开，右脚着地，重心慢慢移转到双腿。

⓮ 相同的流程，换脚练习，重复步骤❽～⓭。

⓯ 身体回到一般站姿，领受做完这个动作后的身体感觉与呼吸。

6 下半身和髋关节伸展

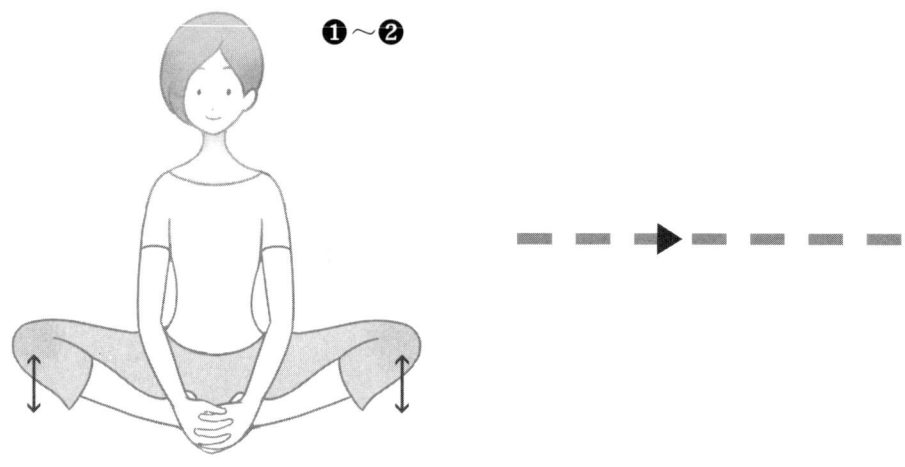

❶ 带着觉察让身体缓缓坐下，双脚脚丫子相碰，双手轻握脚丫子。领受臀部与地板的接触。可以的话上半身挺直。

❷ 双腿上下摇晃，仿佛蝴蝶拍动翅膀。觉察腿部摇动所带来的感觉，例如大腿髋关节的舒展、脚丫子的相互碰触、全身的晃动。

❸ 腿慢慢停下来，左腿向前伸直。右脚的脚丫子贴在左腿任何觉得舒服的位置，大腿、膝盖、小腿、脚踝都可以。双手缓慢直直向上抬，直到指尖朝向天花板。腰挺直。

❹ 从腰部的脊椎开始，慢慢让身体往下对折。到无法再折时，双手轻轻握住左脚任何部位，脚踝、小腿、膝盖、大腿都可以。头、脖子放松下垂。觉察这个姿势时身体的感觉。也许是左脚筋的紧绷，也许是背部的舒展，也可能是呼吸的起伏。

❺ 从腰部开始，让脊椎慢慢由下往上回正。双手自然下沉，不需用力。

❻ 相同的流程，换脚练习，重复步骤❸～❺。

❼ 带着觉察缓慢地躺下来，双手放到身体两侧，双腿打开，领受躺着的身体感觉。

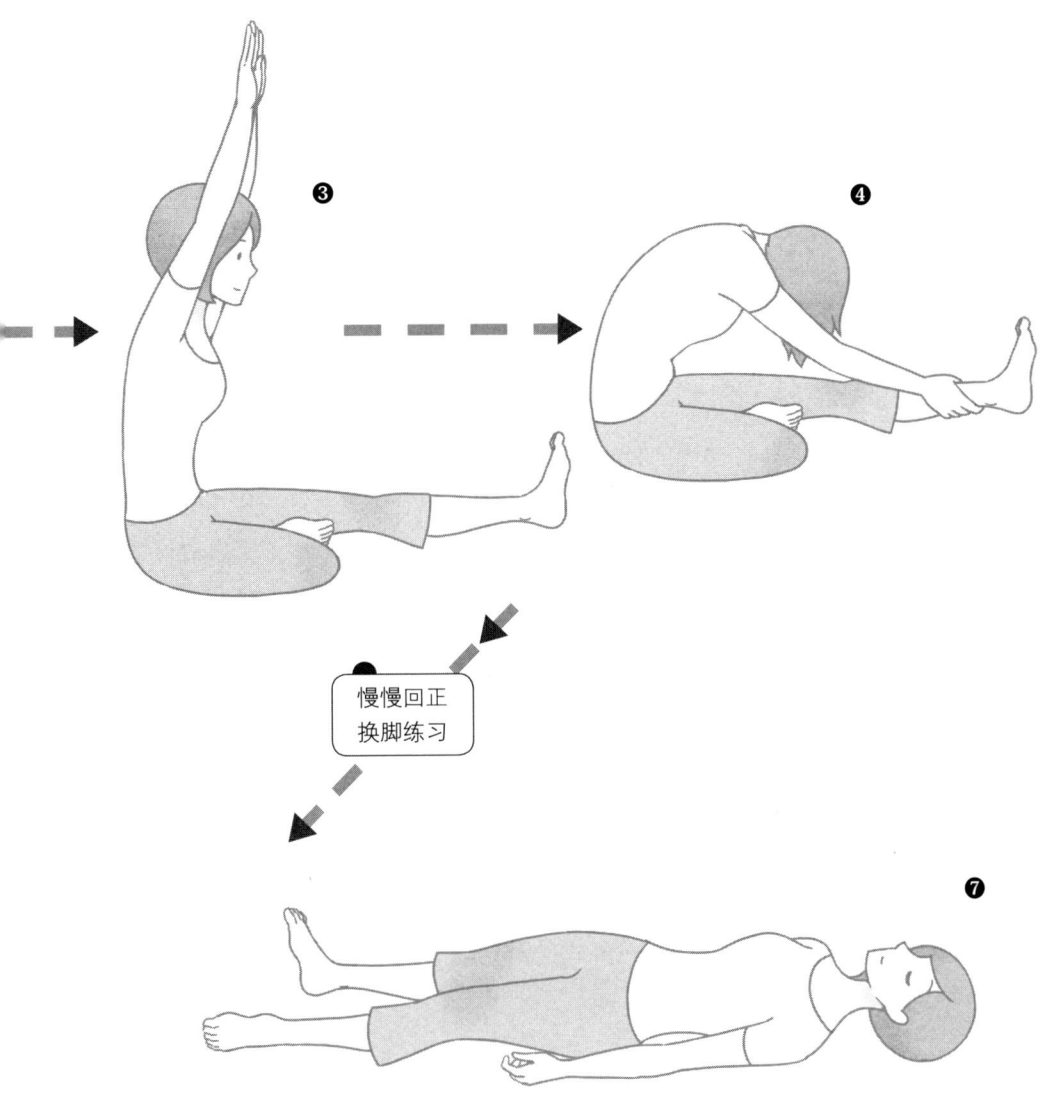

躺式正念瑜伽练习

躺式正念瑜伽的练习，请务必在瑜伽垫上进行，不能在床上，因为床的软硬度不一，做瑜伽练习难以正确使力，反而容易受伤。木板床太硬，铺上被子或毯子又怕滑，因此最安全的方式还是准备厚度至少 0.6 厘米的瑜伽垫。练习的过程中也不能躺在枕头上，基本上是平躺在瑜伽垫上的。如同立式瑜伽，躺式正念瑜伽的练习主要在伸展筋骨、促进健康，同时也增加对动态身体的觉察，促进身心合一。以下练习最大的特性是平衡与流畅，跟着练习可以享受身体的自在与灵活。当然，如果有些动作不适合您，请勿勉强，可以直接跳过这些姿势。如果无法进行某些动作，可以聆听音频文件并在心里观想身体依序做这些练习，或是在觉察中尝试缓慢温和的动作以探索自己。总之，聆听身体的信息，照顾好自己，是最重要的。

【练习音频】扫描本书封底的音频文件二维码。
【练习姿势】躺着。
【练习时间】无限制，每个人有适合自己的练习时间。

1 身体伸展

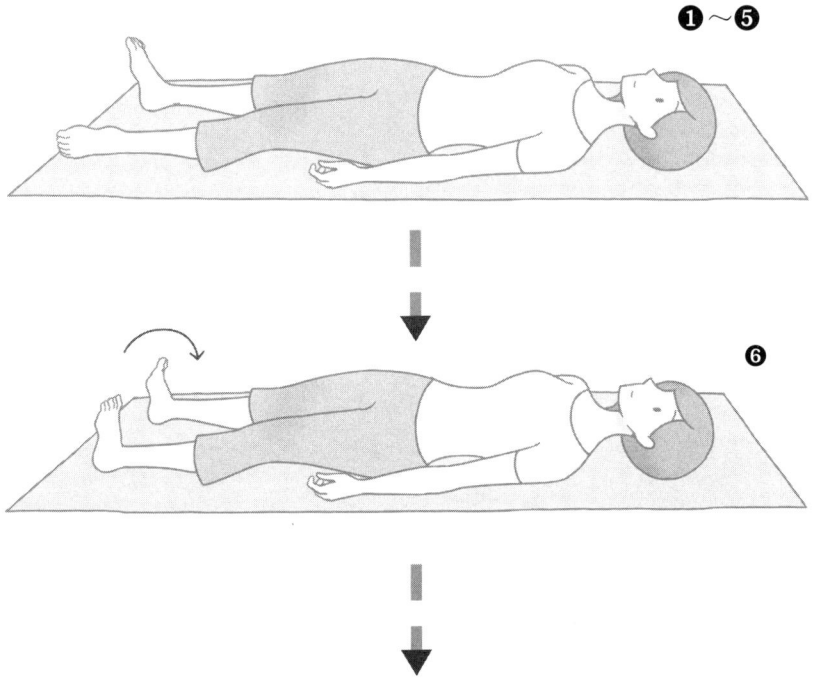

❶ 慢慢平躺在瑜伽垫上，双腿打开，双手放在身体两侧。
❷ 领受整个身体被瑜伽垫与地板承接的感觉。
❸ 觉察身体跟瑜伽垫有接触部位的触感，例如脚跟、小腿肚、大腿、臀部、上背部、后脑勺、手臂、手掌。领受每个部位的触感与温度的感觉都不一样。
❹ 觉察身体跟瑜伽垫没有接触部位的触感，例如身体跟衣服接触的触感，或者身体和空气接触的触感或温度。
❺ 领受身体里的呼吸。觉察身体平躺的感觉。
❻ 慢慢地让脚丫子的十根脚趾头往头的方向拉紧。领受脚跟往下蹬，小腿紧绷的感觉。观察是否憋气。

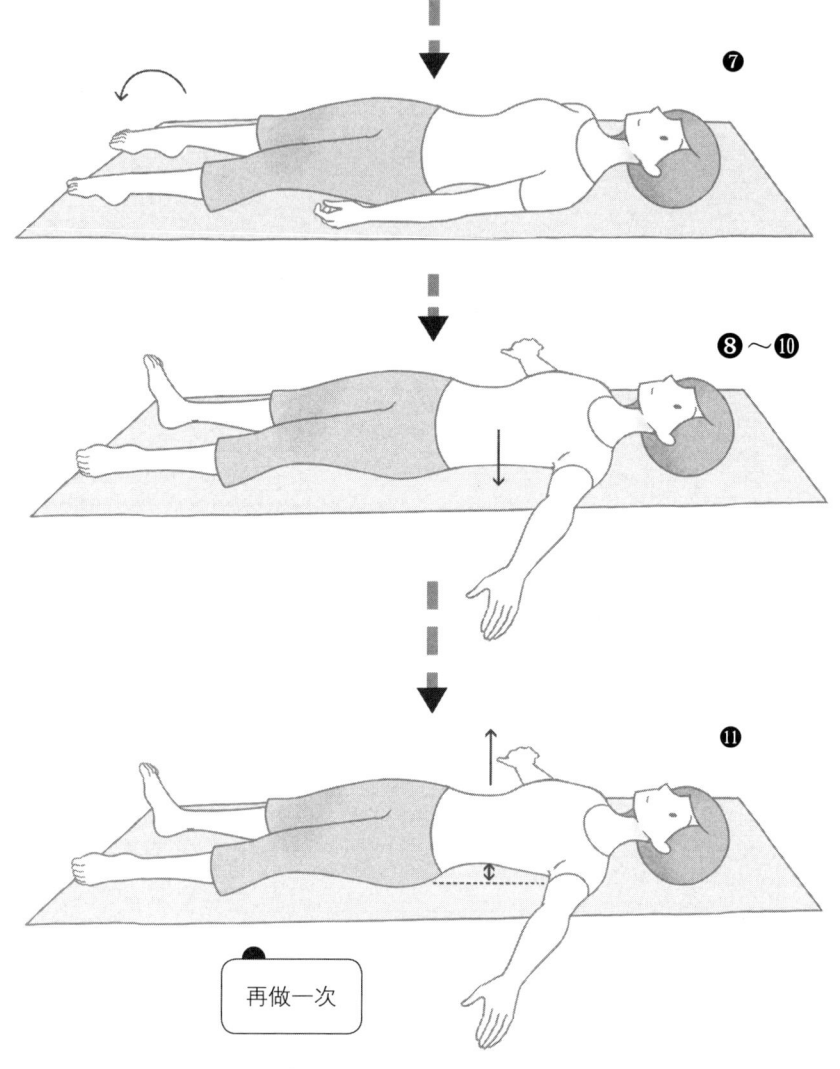

❼ 脚丫子缓缓地放松回正，再让脚丫子慢慢往前往下压。领受过程中身体感觉的变化。

❽ 脚丫子慢慢回正。领受简单伸展脚踝后的身体感觉。

❾ 慢慢将双手打开成一直线，觉察腰部跟瑜伽垫之间的空隙。

❿ 慢慢地腹部往下压，此空隙被填满。觉察腹部的用力。领受臀部与肩膀跟着内缩的感觉。观察是否憋气。

⓫ 腹部放松回正，后腰的空隙再度出现，领受过程中身体的变化。

⓬ 可以的话再做一次。

⓭ 双手回到身体两侧，领受此时身体的感觉与呼吸。

2 左右扭转身体伸展

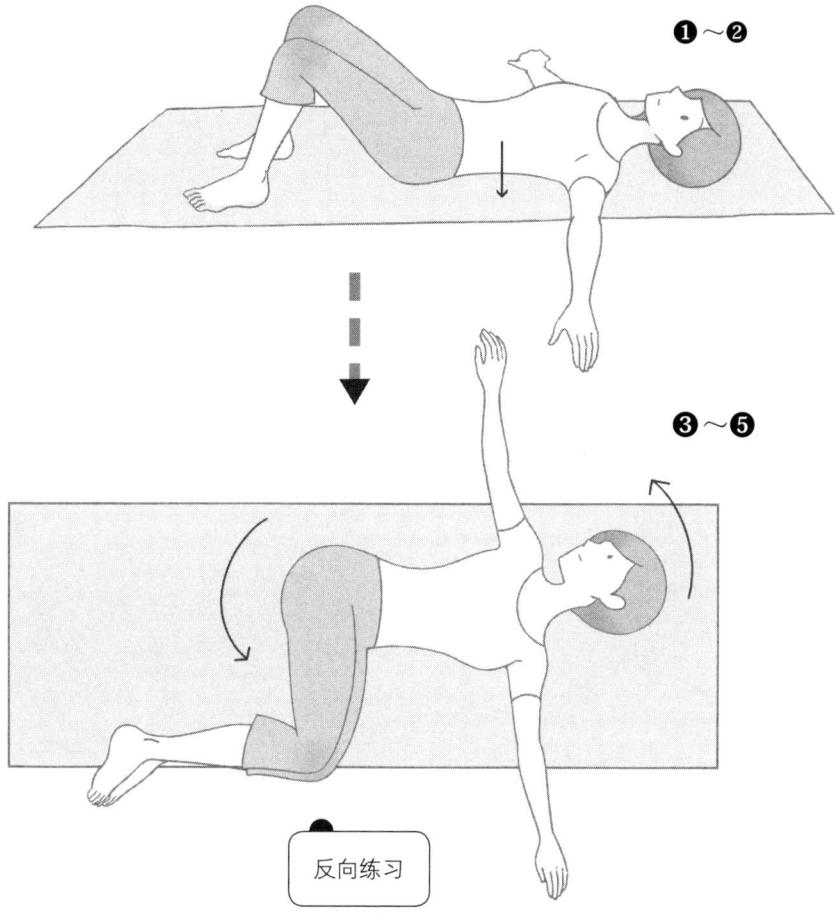

反向练习

❶ 双手往左右两边打开，成一直线。领受前胸与后背整个开阔的感觉。
❷ 双腿弯曲，脚丫子贴地。觉察后腰更贴近瑜伽垫。
❸ 双腿缓缓往左边倒下，到自己身体当下可以的程度。
❹ 头慢慢地转向右边，视线朝着右手的指尖。领受头在转动的过程中，身体的感觉与声音。
❺ 觉察身体大幅扭转的感觉。
❻ 慢慢地带着觉察让双腿与头部回正。
❼ 同样的流程，反方向练习，重复步骤❸～❻。
❽ 回正后双腿伸直，双手回到身体两侧，暂歇一下，领受做完此伸展后的感觉与呼吸。

3 滚压脊椎伸展

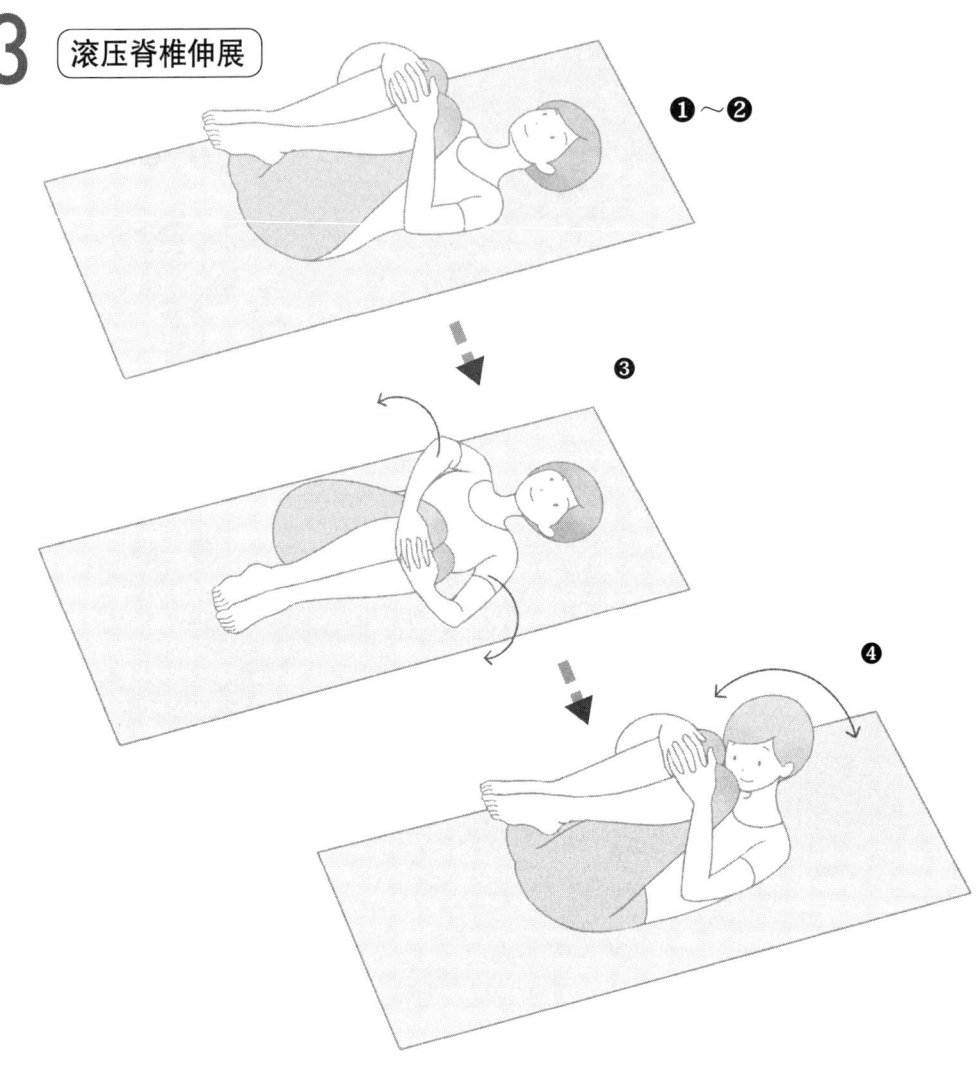

❶ 缓缓地让双腿弯曲，脚丫子离地，让腿靠近身体。
❷ 双手抱住小腿或膝盖的外侧。领受整个身体蜷缩在一块儿的感觉：小腿与大腿紧贴着，大腿与躯干紧贴着，背部和瑜伽垫接触的触感等。
❸ 让全身左右摇摆。领受脊椎以及两侧肌肉被自己重量按压的感觉。
❹ 慢慢停下来。试试前后滚动。觉察滚动过程中，身体的力道以及脊椎被按压的部位与感觉。自然呼吸，不憋气。
❺ 慢慢地让双手松开来到身体两侧。双腿缓缓往前伸直，慢慢放到地板上。领受双腿下放过程的感觉。
❻ 稍微停留一下，觉察做完伸展后的身体感觉与呼吸。

4 抬腿转脚踝伸展

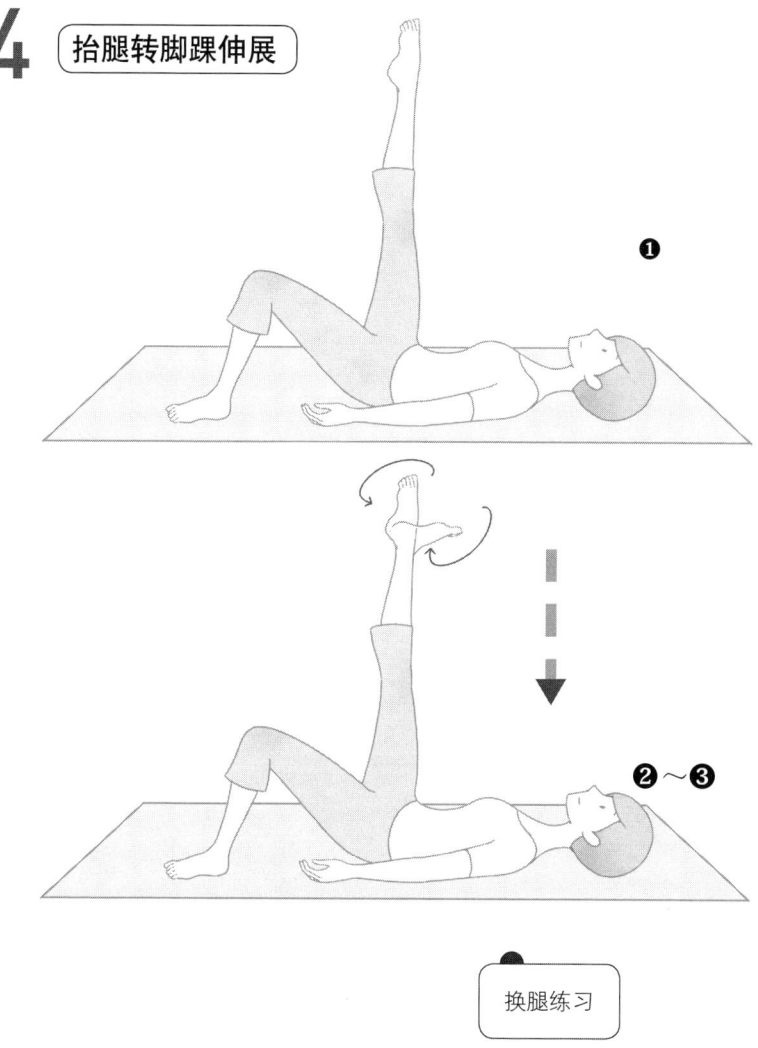

换腿练习

❶ 弯曲左腿，脚丫子贴地，缓缓地把右腿抬起来，抬多高由当下的身体决定，不是由意志力决定，也不是基于过去的经验。觉察右腿上抬的感受。

❷ 慢慢地旋转右脚脚踝，速度慢，幅度深。领受脚踝转到每个角度时所带来的身体感觉。

❸ 稍微停一下，反向旋转脚踝。

❹ 左腿伸直，右腿慢慢放下，领受腿下放的过程。不憋气。觉察腿降落到地板时的舒畅感。

❺ 觉察此时身体的感觉，尤其是左右腿的差异。

❻ 相同的流程，换腿练习，重复步骤❶～❺。

❼ 做完后，不急着做下一个动作，稍微停留一下，觉察当下身体的感觉与呼吸。

5 脊椎拉长伸展

❶ 慢慢地让双手往上举，再往后伸展，直到放至头上方的地板。领受此时整个身体伸直拉长的感觉。

❷ 膝盖弯曲，脚丫子贴地，尽量让脚跟靠近臀部。觉察大腿与小腿紧贴着。领受背部整个贴在瑜伽垫上的感觉。

❸ 借由腹部的力量，让腰往上抬，离开瑜伽垫。可以的话持续向上，到身体当下可以做到的程度。

❹ 觉察脊椎大幅伸展的感觉。领受臀部与腿部的紧绷，领受脚丫子紧紧地踩在垫子上。自然呼吸，不憋气。在此过程中，肩膀与手臂放松不需要绷紧。

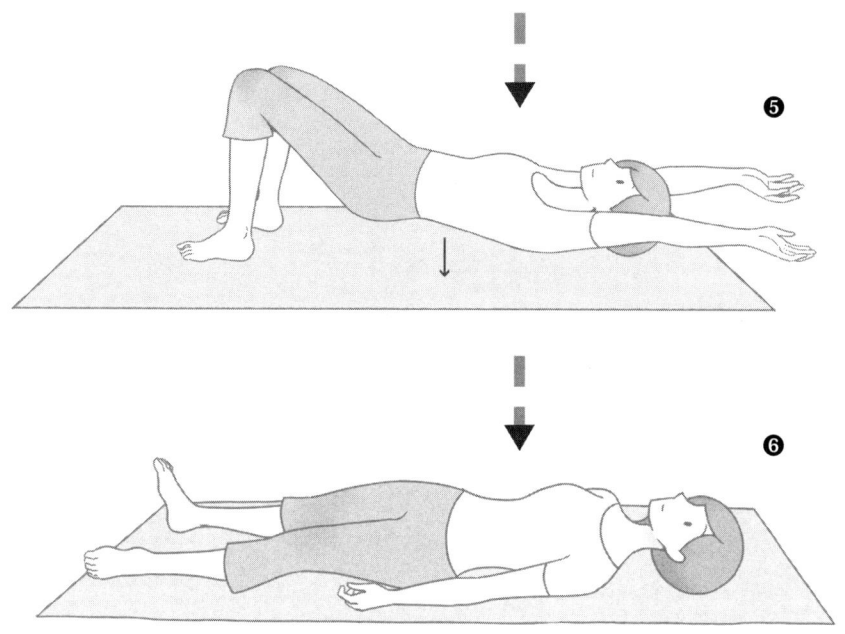

❺让脊椎从上往下慢慢一节一节地贴回瑜伽垫上。清楚地领受脊椎逐步下放的过程。

❻双腿慢慢向前伸直,双手缓缓回到身体两侧。稍微停一下,领受完成此动作后的身体感觉与呼吸。

6 左右屈腿伸展

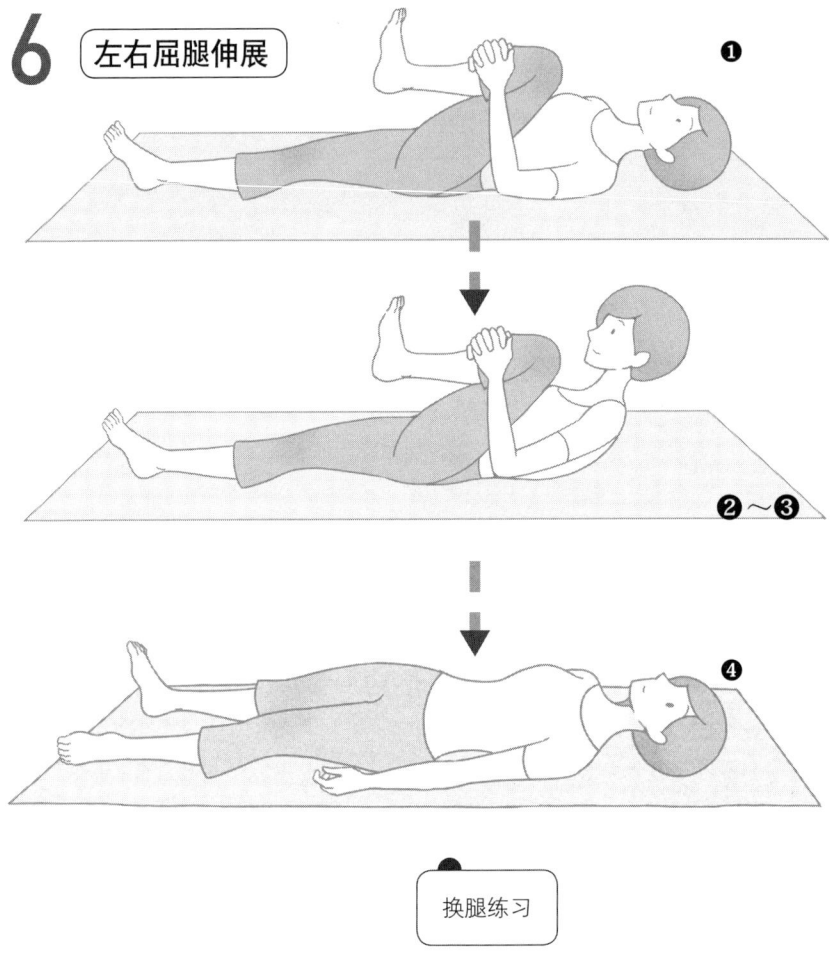

换腿练习

❶ 慢慢地弯曲左腿，左手轻轻抱住左小腿外侧。领受这时左半边身体的紧缩，右半边身体的放松。

❷ 借由腰部的力量，把上半身带离瑜伽垫，头往膝盖的方向靠近。不需要勉强自己的头要碰到膝盖，能做到多少算多少。觉察这时身体的感觉。自然呼吸不憋气。

❸ 观察右腿会不会很紧绷？会不会已经离开地面浮起来？如果会，右腿就太用力了。此时右腿是不需要用力的。

❹ 头慢慢地下来。双手松开来到身体两侧。左腿往前伸直，放到瑜伽垫上。领受此时身体的感觉。

❺ 相同的流程，带着觉察换腿练习，重复步骤❶～❹。

❻ 完成后，稍微歇息一下，领受当下身体的感觉与呼吸。

7 侧身左右抬腿伸展

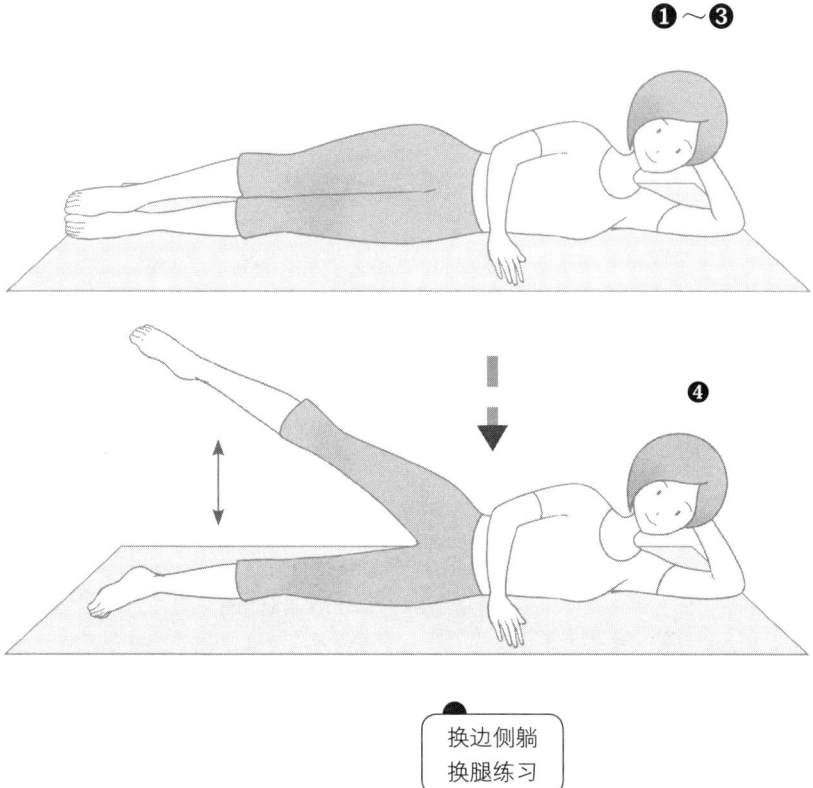

躺式正念瑜伽练习

❶~❸

❹

换边侧躺
换腿练习

❶ 带着觉察慢慢地让身体往左边侧躺，左手臂弯曲，左手掌撑着头，左胳膊与身体成一直线，不向前倾。身体成一直线，膝盖不弯曲。

❷ 领受左半边身体和瑜伽垫接触的触感，以及整个身体的重量压在左侧身的感觉。平常我们不太会觉察侧边身体的感觉。

❸ 右手不费力地放在身体前方的地面，协助维持平衡。

❹ 慢慢地把右腿笔直地抬到当下身体可以做到的高度。领受这时的身体感觉：也许右腿开始酸，也许不需要使力的左腿不知不觉地紧绷了，也许呼吸变得急促。观察是否有任何想法或情绪升起。稍微停留一下。

❺ 缓缓地降落右腿，迭放在左腿上。觉察身体的感受与呼吸。

❻ 带着觉察让身体回正，往右边侧躺。相同的流程，换腿练习，重复步骤❶~❺。

8 大幅度脊椎伸展

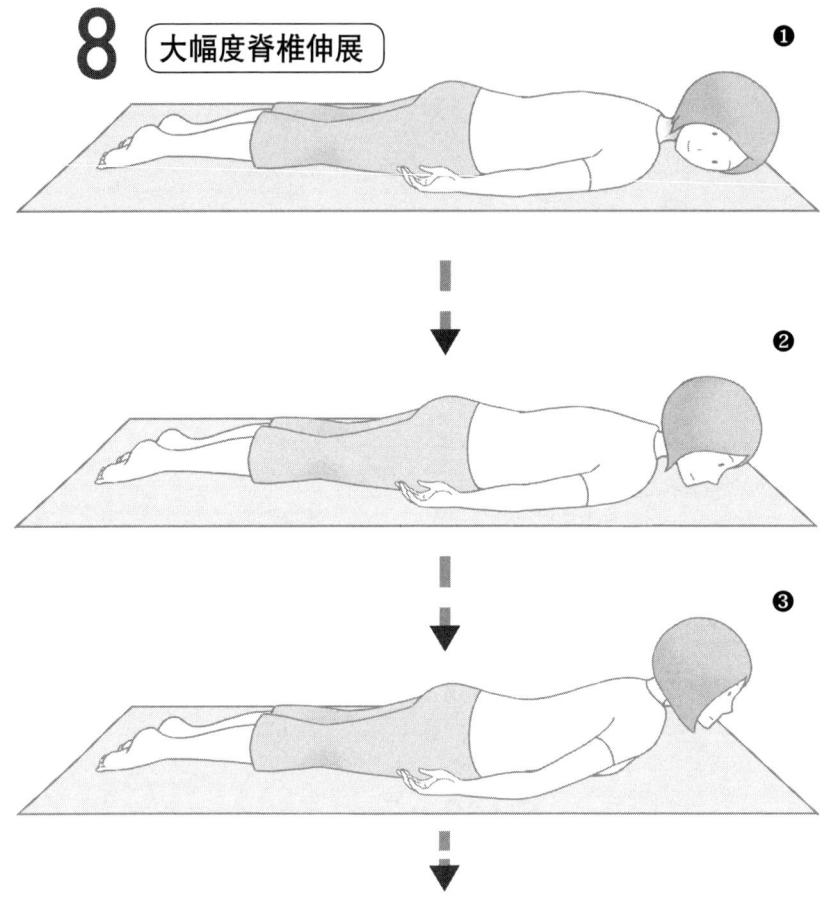

❶ 带着觉察让身体趴下，一边的脸颊贴地，领受趴着时身体的感觉。也许成人后，我们就很少趴着了。觉察身体跟瑜伽垫接触的部位：脸颊、胸部、腹部、手臂、大腿、膝盖、脚丫子的脚面，这些都是平躺时不会有的感觉。领受趴着时身体的呼吸，气息的起伏会相当明显。

❷ 慢慢地让头回正，下巴贴地。领受牙齿紧咬的感觉，觉察头的重量沉甸甸地压着下巴的感觉。

❸ 缓缓地让头抬起来，离开瑜伽垫。觉察此时身体的感觉。自然呼吸。

❹ 慢慢地让头放下，换另一边的脸颊贴地。

❺ 头慢慢回正，下巴贴地。慢慢地让双腿笔直地上抬，离开瑜伽垫，膝盖不弯曲。

❻ 再让头也跟着抬起来，离开瑜伽垫。领受此时身体的感觉，以及身体里的呼吸。

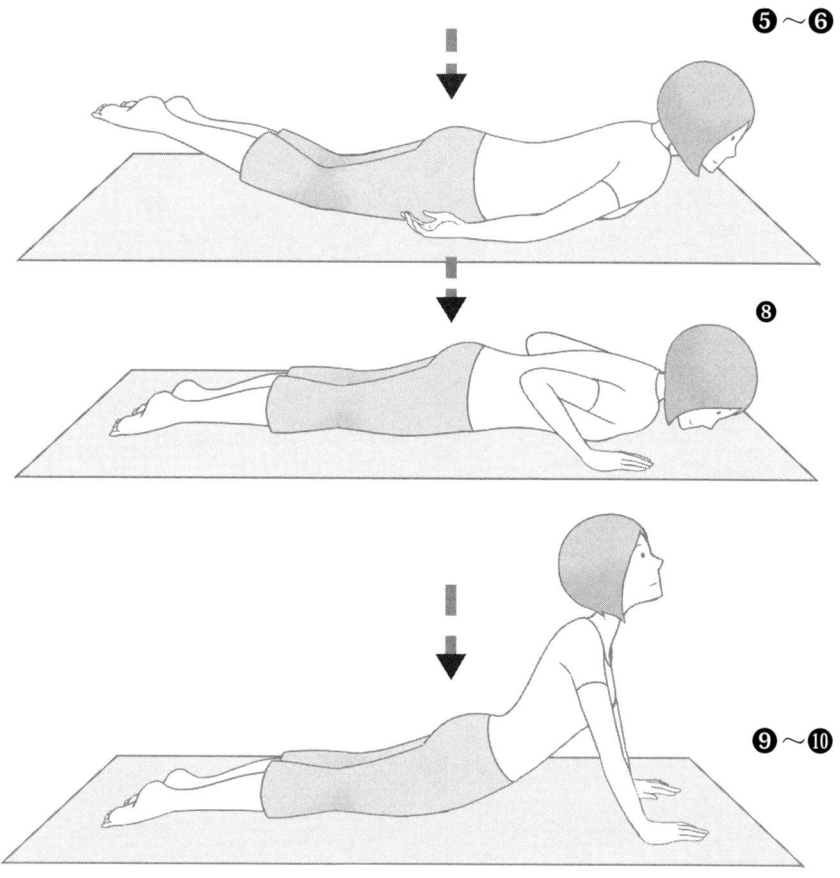

❼ 头慢慢地放下来，另一边的脸颊贴地。腿也缓缓地降落地面。觉察此时身体的感觉与呼吸。

❽ 头慢慢回正，下巴贴地。慢慢地让双手的手掌心紧紧贴在肩膀两侧的瑜伽垫上，借由双手往下压的力道，让上半身从头部、胸部、腹部缓缓升起。

❾ 可以的话，手臂渐渐伸直，不耸肩。手臂伸多直、上半身抬多高，请交由当下的身体决定。如果觉得太吃力，千万不需要勉强，带着觉察温柔渐进地探索，才能适度挑战又不让自己陷入危险。

❿ 可以的话，头慢慢往上抬。领受脊椎大幅伸展的感觉以及手臂的支撑。观察有没有憋气，是否过于勉强。

⓫ 慢慢地让手肘弯曲，领受上半身从腹部、胸部、头缓缓触地的感觉。另一边脸颊贴地。双手放回身体两侧，掌心朝上。

⓬ 觉察做完大幅伸展后身体的感觉与呼吸。

9 拱背沉腰伸展

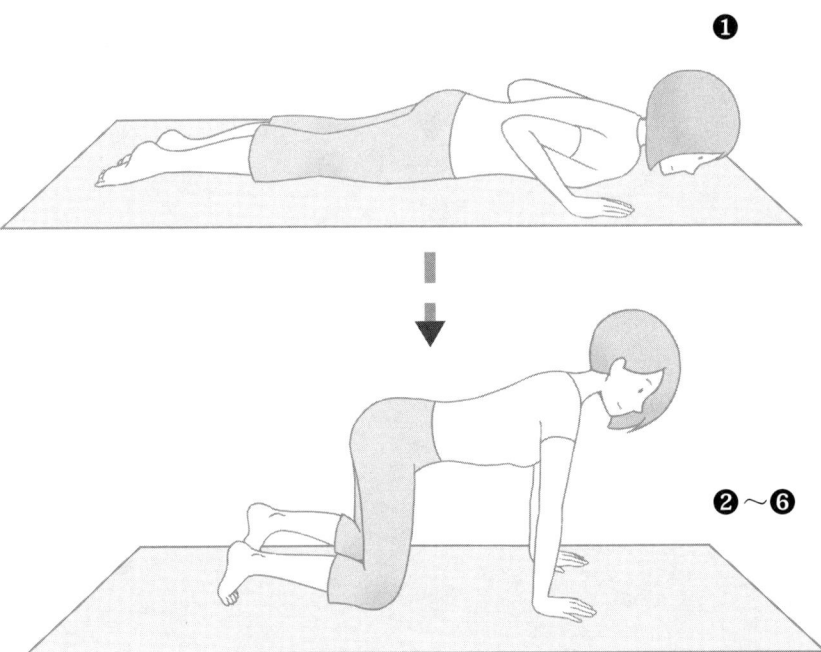

❶慢慢地让双手手掌心贴在肩膀两侧。

❷缓缓地让上半身以及大腿离开瑜伽垫，膝盖贴地。身体呈现如桌子般的姿势。头不往下坠，头的高度跟身躯差不多一致。

❸双手与肩膀同宽，手臂与地板成90度角，手臂与身躯也约莫成90度角。

❹贴地的膝盖与肩膀等宽。大腿与小腿成90度角，大腿与身躯成90度角。

❺觉察重心，让重心均匀地放在两手掌与两膝盖这四个点上，既不太前也不太后，太前面，手腕很吃力，太后面，膝盖受力多。

❻觉察一下，如果手腕很不舒服的话，手可以改握拳支撑。现在许多人每天使用电脑太久，手腕的支撑力需要多加入觉察，以免受伤。

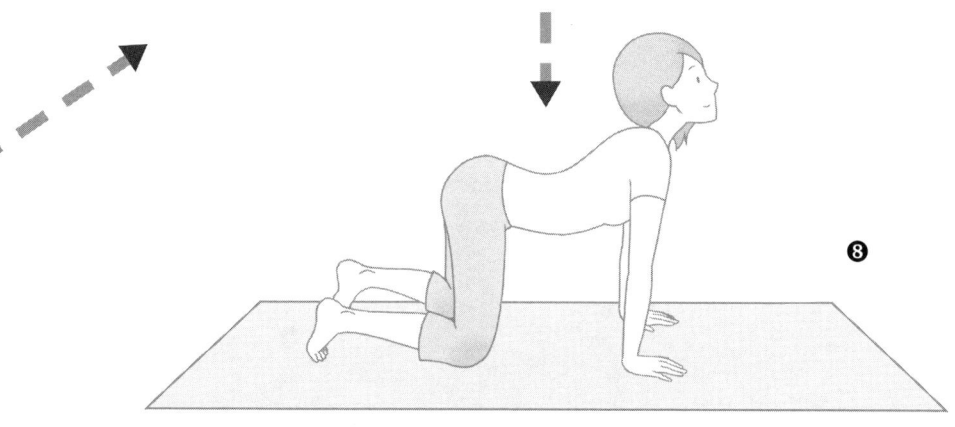

重复
多做几次

在日常生活中，即便在不需要用力或者根本使不上力的地方，我们经常会惯性地使力。在能量有限的前提下，如此挥霍很容易就耗尽力气，在真正需要用力的时候，反而没力了。通过躺式正念瑜伽的伸展，我们更容易觉察与体会身体哪些地方需要使劲，哪些地方可以保持放松不用力。经常练习，就可以将这样的精神与态度慢慢引用到日常生活中，在觉察中把力气与能量用到当下最需要的地方。

❼ 慢慢地让背部往上拱，头与臀部内缩下沉。领受脊椎大幅弯曲的感觉。

❽ 背缓缓地放平，腰下沉，头与臀部上提，视线朝向前上方的天花板。觉察脊椎相反方向大幅伸展的感觉。一样要留心身体当下可以做到的程度，负起照顾自己身体的责任。

❾ 如果可以的话，多做几次。

10 左右平衡伸展

❷～❸

❹

换边练习

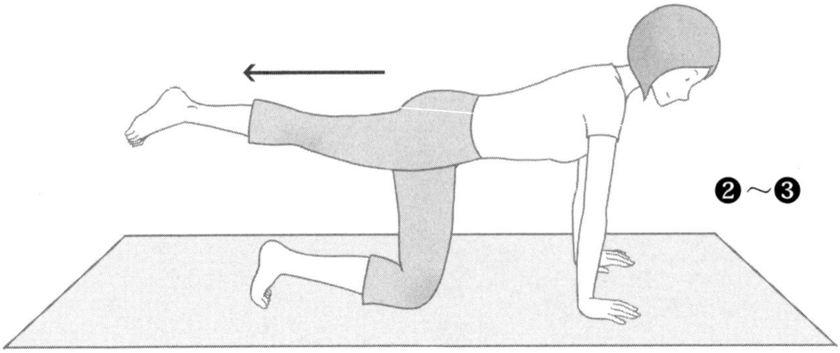

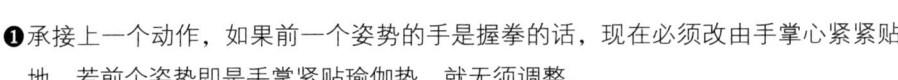

❶承接上一个动作，如果前一个姿势的手是握拳的话，现在必须改由手掌心紧紧贴地。若前个姿势即是手掌紧贴瑜伽垫，就无须调整。

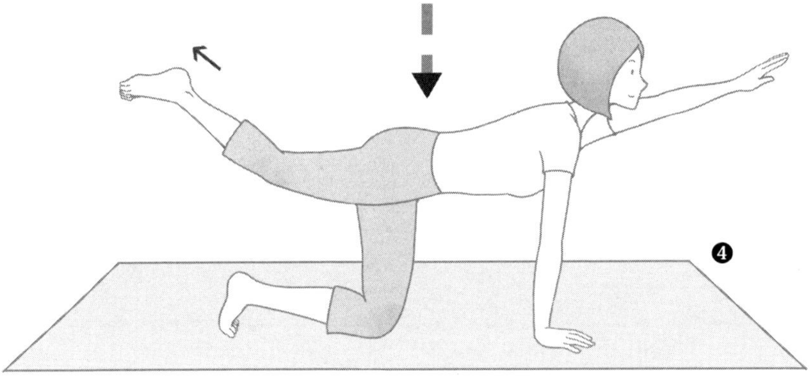

❷再度检视身体的重心，让重心均匀地放在四个点上：双手手掌与两脚膝盖。

❸慢慢地重心往左移，让右脚膝盖离地，右腿往后伸直，抬高到跟身体差不多的高度即可。

❹重心再缓缓向右移，左手松开，慢慢向前、向上伸直，视线看着左手指尖。觉察这时身体的感觉：可能为了维持平衡会有点晃动，可能不知不觉中憋气了。

❺左手慢慢收回，掌心着地，重心移转到三个点。

❻右腿缓缓收回，膝盖着地，重心均匀回到四个点上。领受此时身体的感觉与呼吸。

❼相同的流程，带着觉察，慢慢换边练习，重复步骤❸～❻。

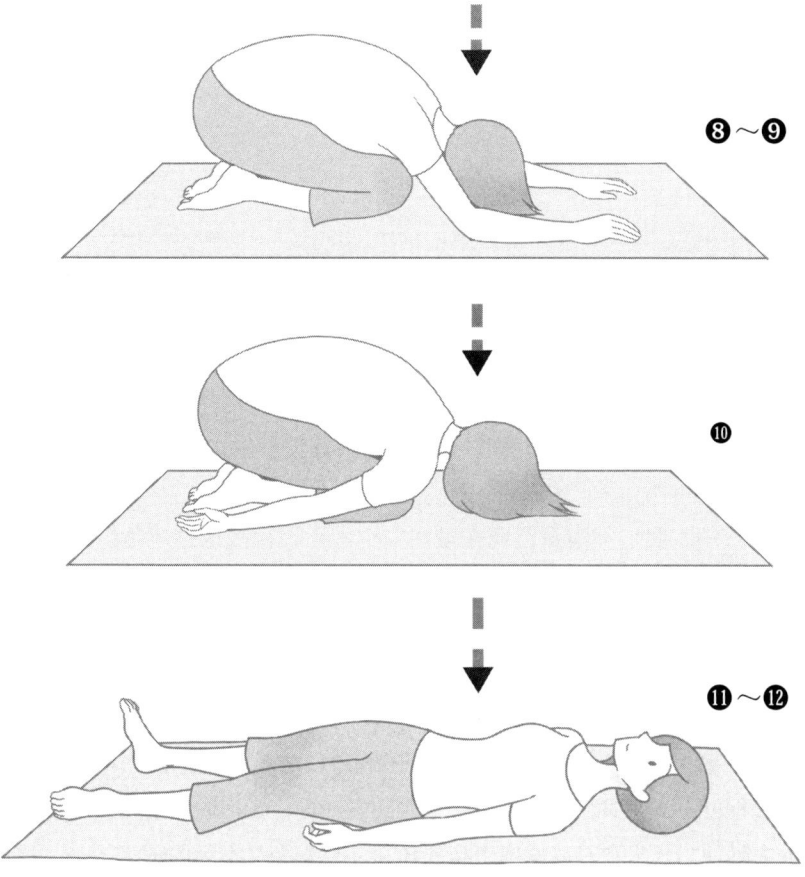

❽ 承接上一个动作,让臀部缓缓坐下,坐到后脚跟。

❾ 整个上半身放松下沉,双手在身体前侧伸展,领受这时身体的感觉,气息进出的起伏会格外显著,停留一下下。

❿ 双手慢慢回到身体两侧,掌心朝上。觉察整个身体像婴儿般蜷曲下沉的感觉。

⓫ 最后,带着觉察,仔细领受身体每个部位的变化,慢慢地让身体整个展开,平躺在瑜伽垫上,双脚打开,手放在身体两侧。

⓬ 领受做完躺式正念瑜伽伸展后的感觉,身体的感觉,心里的感觉或想法,觉察身体里的呼吸。

⓭ 稍微休息一下,请留心别受寒。慢慢地再带着觉察侧躺,起身。

正念瑜伽的练习是温和且友善的，姿势是否到位并不那么重要，反而着重于历程的觉察，并关注自己身体当下的感觉与动作的历程，在保证安全的情况下探索与发现自己。有趣的是，动作做到什么程度，不再是以老师为模范，所以不需要看到老师，只听声音就好了（因此带领者能精准地描绘动作与觉察要点格外重要）。在此过程中不需要追求任何外在的目标，全是内在的觉察与探索。

在觉察中，我们知道自己现在是在安全区、在挑战区，还是已经进入危险区。没有觉察，只是一味地模仿老师或觉得"应该"如何，这些都是把自己的身体交给别人，希望别人为自己的身体负责。老实说，这是很不切实际的做法，虽然很多人如此。毕竟我们总是习惯相信专家或权威大于自己，习惯于聆听想法远多于感受身体，而这也是运动伤害的重要原因。

因此，温柔地把照顾自己的权利，还给自己吧。带着觉察练习，自己可以做到什么程度，当下身体的回馈系统会如实告知你，学习聆听身体的声音，学习在该使力处使力，为自己的健康负起责任，才是安全又实际的做法。

05 层层开展的静坐练习
从蒲团垫到日常生活的修炼

正念减压中的静坐练习相当友善而且完全没有任何宗教色彩,所谓的"静坐"就只是安静地坐着,然后开始练习觉察*。觉察的对象都是自己的身体里面本来就有的,我们只是练习从不知不觉到有知有觉。持续练习,可以学习如何安然地与自己同在,尤其是在身体或心里不舒服时。

正念静坐训练温柔稳住自己的能力,在此过程中完全没涉及任何的崇拜或想象,是安全、可靠、稳当又不神秘的练习。正念减压课程中的完整静坐练习(第五堂课),在45分钟的音频里有五个觉察对象,分别为:

(1)觉察呼吸;
(2)觉察整个身体;
(3)觉察声音;
(4)觉察念头;
(5)开放的觉察,又称无选择或无拣择的觉察。

需说明的是,在正念减压课程里,静坐是从第一堂课就开始进行的温和的、短时间的练习,慢慢拉长时间与觉察幅度,而不是第一堂课到第五堂课就全部一次到位,那会吃不消的。在下面的文章中,我将逐一分享这五项练习的方法,因为每一项练习真的都很重要,也很有帮助,而这些练习是可以

---

* 近二十多年来的科学研究显示,静坐对身心的帮助很大,是一辈子可以从事的自主练习,让每个人得以获得身心的平静与和谐,而不必汲汲营营地外求。话说回来,在教育中,有些老师会以"去静坐"来惩罚小孩,这在不知不觉中会让孩子对静坐有不好的联结与制约,反而断了孩子的潜力。因此,个人恳求有这类习惯的老师改个用词,例如"去教室后面坐着好好反省",这应该才是老师们的原意。静坐,练习得宜,是一种身心联结的温柔训练,请千万不要将其和惩罚绑在一块儿。

整合也可以分别或交错进行的。

觉察可练习专注力

第一项的呼吸觉察静坐,是练习专注力很好的方法,许多人以为只有读书时期需要专注力,因此我们经常告诫小孩读书要专心。但在这个智能手机盛行的年代,成年人的专注力可能比就学中的孩子差,但我们可能不愿意承认与面对这点。专注力缺失不但影响到学习能力与工作成就,甚至影响到情绪调节能力。著名的情绪智商的开创者之一丹尼尔·高曼(Daniel Goleman)指出,情绪智商包含四个层面:自我觉察、自我管理、人际觉察、人际技能,每一个层面都需要有专注力做支撑。专注力,这个我们曾经视为理所当然的能力,正快速地严重流失中,流失于各种社群媒体、线上游戏与无边无际的网络搜寻中。

我家有个不成文的默契,家人团聚或一起吃饭时,除非一时需要查某个资料或必须使用,否则是不用手机的。即便用,也是用完就收起来。专注,是在此时、此地、此人、此景、此物。活生生的人在面前,不跟他好好互动,看着自己的手机,尽跟彼人、彼地、彼景、彼物互动,这样的人际互动怎么可能有品质?没有品质的互动,彼此的关系怎么可能良好?没有良好的关系,人生怎么可能会快乐?因此,请不要小看手机对专注力与互动品质的影响,也不要低估专注力这件事情,它是成长与幸福的关键根基。

尤其在这个人工智能方兴未艾的年代,许多人预测未来很多工作会被大数据运算或机器人所取代,甚至包括我们一向景仰的专业人士如医师、会计师、律师等。面对这个问题,《深度工作力——创造价值的关键能力》一书提出:"当你从 A 任务转到 B 任务时,注意力很难立即跟着转换。你的注意力仍会残留在原本的任务上……注意力残留越严重,表现就越差。"书中导出了一个重要的公式,也是在未来人工智能充斥下的生存之道:

高品质的生产工作＝花费的时间 × 专注的程度

由此可知，专注力不但是智能智商（IQ）与情绪智商（EQ）的基础，更是快乐人生与成功所必备的。一切学习、成长、互动都需要靠专注力，也是大人小孩都需要的。

觉察可培育内在稳定力量

当建立起基本的专注能力后，第二项至第四项练习是观察能力的培育，观察日常生活的三大面向：身体、声音与念头。第一项至第四项都有清楚的觉察聚焦，一个层次接着一个层次地开展，到了第五项时反而放下任何刻意专注的焦点，培育一种没有特定对象也能保持觉察的状态，一种允许自由流动的觉察力。

以下将分别说明第一项练习到第五项练习的方法与应注意事项。至于静坐的姿势，请参阅本部分的第二篇文章，坐在地板上或椅子上都可以。一开始时间不需太久，五分钟、十分钟、十五分钟都可以。然后逐步增加，二十分钟、三十分钟、四十分钟、五十分钟等，慢慢温柔地增加练习的深度与广度。请记住，所有正念练习都不需要让自己痛不欲生，不论是静坐、瑜伽或其他练习均是。如果很努力后的满分是十分，那么做到七八分就好了，从练习中学习自我平衡的生活方式，不需要一直拼命以做到最好，这样反而很快就会放弃。而且拼命只能偶尔为之，或者隔一段时间来一次，若拼命成为一种长期无觉察的惯性，拼命就会成为要命了。

练习静坐时，请把手机设定为静音且勿震动，也可以用手机来设定练习时间。所设定的提醒时钟请选择小声、柔和的铃声，不要用大声的嘈杂铃声，这样很容易给自己无谓的惊吓。练习时如果有其他电话声响，除非真的有急事需要处理，否则建议不要起身接电话，练习结束后再回电即可。潇洒一点，人生总是要练习放下，总是要学会与自己一个人安然地同在，而且最好平时常常练习。

正念练习犹入宝山，练习越多，收获越多。因此如果时间允许的话，非常鼓励大家跟着音频进行标准45分钟的练习，这在正念减压的课堂上是非常必要的。不过如果实在很难凑出规律的 45 分钟送给自己，每天 10 分钟的练习也是很有帮助的。可以每次练习一个主题，每次练习一段时间，例如一个礼拜，可参考以下形式：

（1）身体觉察＋**呼吸觉察**（主要练习）

（2）身体觉察＋呼吸觉察＋**身体觉察**（主要练习）＋呼吸觉察

（3）身体觉察＋呼吸觉察＋**聆听觉察**（主要练习）＋呼吸觉察

（4）身体觉察＋呼吸觉察＋**念头觉察**（主要练习）＋呼吸觉察

（5）身体觉察＋呼吸觉察＋**开放觉察**（主要练习）＋呼吸觉察

上述练习中，每次都以身体觉察开始，假设您会从站或躺的姿势，转换为坐的姿势，不论是坐在椅子上或地板、瑜伽垫上；即便原本是坐着的，当要练习静坐时身体姿势也会有所调整。当身体姿势大幅转换时，都是觉察身体最好的时机，因为此时身体的内在波动可能相当明显。正念练习是时时刻刻的觉察，这样的好时机当然不能错过，不要忽略它而径自进入心里所设定的目标专注对象。这样的觉察练习其实很有趣，也很舒服，有种随时温柔地承接自己的美感。

觉察身体变化一小段时间后，再轻柔地转向，领受身体里的呼吸，以呼吸觉察作为温柔培育内在稳定的力量。中间穿插的是当次练习的主要觉察对象，因此这部分的时间会比较久。以下所描述的方法，除了静坐时可以练习，其实也可以落实在时时刻刻的日常生活中，帮助我们减少无谓的自我对抗，培育更清晰、舒适与自在的身心状态。

06

联结身心最直接的方法
静坐练习1：觉察呼吸

呼吸，联结了身与心，从出生到死亡形影不离。不论是欢乐、悲伤、愤怒、焦虑、恐惧、狂喜或愉悦，呼吸总是不离不弃，是我们一辈子最好的朋友。而觉察呼吸的练习，则是培育专注力与自我稳定力最简单直接的方法。

有关呼吸觉察静坐练习，更多阐释可参阅本部分第一篇文章《呼吸觉察——最简单的正念练习》一文，以下仅为简单的摘要说明：

复习：觉察呼吸的静坐练习重点

【姿　势】腰直肩松地坐在地板或椅子上，在臀部下方放个坐垫会比较舒服。腿部如果觉得紧绷或不舒服，可以在膝盖下方垫个枕头协助支撑。手，自然地下沉，放在腿上或脚上，任何觉得舒服的位置均可。身体不僵硬，肌肉不紧绷，眉头不深锁，下巴不咬紧。

【重点1】鼻吸、鼻吐，自然呼吸，过程中完全不需要憋气，也不用刻意把气息拉长。在心里数呼吸的次数（俗称数息法），是传统教导观呼吸静坐很好的方法，一般都是从一数到十，再从一开始。但在这里我们不做数息的练习，也不需要告诉自己"吸、吐"，就单纯"觉察"气息的进与出即可。

【重点2】在此过程中如果发现到念头的访客，稍微知道一下那访客是什么就好，不要跟着它跑掉了，更不要期待放空，没有念头或想法。

只需要深深地吸一口气，温柔且不带评价地，再把自己带回对呼吸的觉察即可。通过这样的练习，发展一种随处可得的专注力。

【方法1】**觉察气息单点的进出**。选定一处，温柔地专注其一段时间，例如"鼻腔内侧"气息的进出，或者"胸腔"或"上腹部"气息进出时所带来的起伏。单纯领受气息进来、气息离开，持续循环。

【方法2】**觉察气息在体内的流动历程**。觉察气息从鼻腔内侧进来，身体随之微微鼓胀的感觉；当气息要离开时，身体会自然放松下沉，气息从鼻腔内侧往外送出。持续循环。

【方法3】**觉察气息进出给全身带来的感觉变化**。觉察气息从鼻腔内侧进来，观想与领受身体的每个细胞都受此气息的滋养，身体多一点能量的感觉。气息离开，观想与领受身体每个细胞把不需要的送出来，身体多一点松沉的感觉。持续循环。

> 练习结束后。
> 在分享练习体验时，多数人感到呼吸觉察很容易，练习的时候心里很平静。专注在气息的进出，比较不会东想西想。练习后感觉很舒服，有种平静愉悦的感受。
> 您也一起练习了吗？

有些伙伴做完这个练习后反映："可是我觉察呼吸的时候感觉就不会呼吸了。因为会不自觉地想要控制它，好像觉得深呼吸才是好的，短浅的呼吸是不好的，所以就很想控制呼吸。但又说不要控制呼吸，只是觉察呼吸。这样我好像就不会呼吸了！"

这其实很正常，毕竟长期以来我们所熟悉的模式是控制而非觉察。如果发现自己一觉察呼吸，就忍不住开始控制呼吸时，可以试试把左手轻放胸部，右手轻放上腹部。觉察气息从鼻腔内侧进来，观察是左手还是右手会微微鼓起？哪一只手的幅度比较大？哪一只手的感觉比较清楚？持续感觉一小段时间，借由手的帮忙，觉察气息的进出带给身体的变化，之后再慢慢地把手放下来，单纯领受气息的进与出。或者，也可以温柔地观察那个一直想要控制呼吸的惯性，以及这样的惯性给身体带来的影响，例如可能在身体的某个部位有微微的紧绷感，然后看看呼吸是否受到影响，例如变得稍微短浅一些。观察身体的变化，包括呼吸。

一如本部分第一篇所述，正念减压里的呼吸觉察，完全不用控制呼吸的速度或深浅，也没有要改变或掌握气息的意图，只是把注意力带到**本来就已经存在的气息进出**，采用自然呼吸，鼻吸鼻吐，完全不需要屏住气息，也不用刻意拉长或缩短气息，允许气息自由流动。这样的练习方式，让我们学习尊重已经存有的呼吸频率，而不会落入一旦开始注意就想要管控的惯性。所以在过程中，如果某次的呼吸是长的，知道这是长的呼吸就好；某次的呼吸是短的，知道这是短的呼吸就好。**温柔地觉察呼吸，跟呼吸同在，不去干扰它，以"尊重、觉察、同在"的态度来练习呼吸觉察**。

有些伙伴会困扰于以下问题："呼吸觉察是要用腹式呼吸吗？需要气沉丹田吗？"

我常常觉得呼吸是活着的祝福，自然呼吸即可，无须期待气息是否吸入横膈膜或丹田，无须担心气息的长短或深浅，只要有呼吸就是好的呼吸，不用对呼吸充满评价，那会把自己搞得又累又苦。腹式呼吸或横膈膜式呼吸，通常大口吸吐就是，甚至在躺下来时的呼吸，本来就是横膈膜式呼吸。练习久了，呼吸自然也会变得较为深长些，因为在觉察中会发现这样比较舒服（在惯性中我们可能连如何让自己舒服一点都不知道）。不过**在初期阶段用自然呼吸就好，养成觉察呼吸的习惯，比希望有更好的呼吸表现来得重要**。

最后，在觉察呼吸的过程中，一定会遇到很多念头想法，一般称之为"杂念"。早期我也用这个词，现在都不用了，因为我深深感觉到杂念似乎意味着不好、不佳、不妥而需要尽快去除。但实际上念头就只是念头，没有好，没有坏；没有杂，也没有纯。而当我们用比较负面的字眼时，无形中会有正向的渴望，有时反而给自己制造无谓的压力或激起自我负评的涟漪。因此现在我都**改用"念头的访客"概括式地标记心中浮现的任何念头或想法**。对待访客我们通常是友善的、温和的、慷慨的，何不把这些特质，也送给这颗漂泊疲惫的心呢？让静坐的呼吸觉察尽量单纯，就只是觉察呼吸，与呼吸温柔地同在，没有要去哪里，没有要改变什么，没有要获得什么，也没有要到达什么境界，放下所有对呼吸的想法与对练习的期待，纯粹地觉察和享受呼吸吧！

07 / 训练与痛苦和平共处的能力
静坐练习 2：觉察身体

觉察身体的练习，顾名思义是聚焦在身体变化的感知，练习的方式很简单，温柔地把注意力停留在**整个**身体的觉察上，好像窗子看出去领略到的是整体样貌，不是个别区域。个别区域的静态身体觉察，主要是指身体扫描练习，而这里培育的是纵观的觉察。若说身体扫描是见到一棵一棵的树，这个脉络下觉察身体的静坐就是领受整个树林。

觉察身体的静坐练习引导

（1）先做呼吸觉察的练习，帮助稳定自己。有关呼吸觉察的坐姿、练习方法或重点提示等，请参阅前文。

（2）慢慢地把注意力带入身体的感觉，领受整个身体，包括弯曲的双腿、骨盆到头的上半身、放松下沉的双手。

（3）持续地关注全身，觉察体内的变化，不论是细微的还是显著的。

（4）保持就只是观察。观察、放下、观察、放下……放不下，就无法观察。

（5）不需要分析、解释、说明身体为什么会产生这些变化，减少内在的碎碎念。

通常假如只练习 10 分钟，身体的不适感可能不太明显。但若跟着 45 分钟的音频练习，在进入这个觉察身体的阶段时，差不多也开始酸、麻、疼了，可能是在后腰、大腿、小腿或其他任何部位。身体的不舒服虽不致使我们陷入昏沉，却容易落入想法的战场，这是很好的练习时刻。在正念练习七大原则中曾提到的非评价、接纳、非用力追求、耐心等，此时也是实践的好机会。

在面对不舒服时，我们的重点一向只放在如何去除不舒服，然而认真地检视生命，很多苦根本是如影随形，越想去除它，就越会挥之不去，仿佛把我们抓得更紧更牢。更何况生活中的很多不舒服，尤其是慢性病，真的不是我们想去除就会消失的。也许，**我们应该学习转向，重点不只在如何去除痛苦，也要发展如何与痛苦和平共处的能力，至少这两者应该受到同等的重视。**而此阶段的练习，就是在温柔地培育这种能力。因此下文将探讨在静坐时，如果遇到身体不舒服，可以如何把觉察带入，发展面对不适时内在不压抑、不强忍、不逃跑、不假装没事，而能温柔地接受变化的能力，这是迈向身心健康很重要的方向。

练习时，如果只是酸麻还好，但若会疼痛那么就不宜勉强，比较好的策略是在觉察中让身体能维持平衡，然后再一点一点地向前推进。我知道有些人在禅修营中面对身体的若干疼痛，因为勇敢地接受与稳定的觉察，在经过一些历程后，身体的疼痛竟然慢慢消失，甚至有些痼疾也因此自愈。但我也知道有人在禅修营中过度轻视疼痛而一味忍耐，希望通过努力练习来突破限制以疗愈自己，太急且用错力，最后导致严重受伤。

因此，如果有疼痛的状况，还是建议保守一些，一样可以练习，但帮自己找到安全也能保持清醒的姿势，例如坐椅子上。此外，在《正念瑜伽练习——在伸展中发现自己》一文提到的三个同心圆（舒适／惯性、挑战、危险），在这里也同样适用。以下的练习将由浅入深一层一层地开展。

三阶段面对身体不适的练习引导

阶段 1　定位不适，与不适同在

（1）静下心来观察不舒服的部位主要在哪里，在觉察中进行清楚地定位，例如右大腿好麻或后腰很酸等，尽量不用"全身都很不舒服"这种笼统的语句。清楚定位的好处是，不舒服的感觉会比较聚焦而不会太快扩散或蔓延全身。

（2）界定出不舒服的位置后，试着观想气息进入不舒服的身体部位，因而有一点点鼓胀的感觉；当气息离开时，观想气息从那不舒服部位离去，因而有一点点松沉的感觉。

（3）持续循环进行，带着好奇、开放的心，温柔地与其同在，观察不舒服部位是否有任何变化。也许会发现不舒服的感觉会移动，也可能发现不舒服的强度会产生变化，练习全然地承接与领受，不憋气、不逃避、不压抑，也不用忍耐。

经过练习后，不舒服的感觉也许会获得舒缓，也可能没有或甚至更不舒服。切勿期待带入觉察后，春天就来了，带着此般幻想练习，通常只会落入失望。这只是练习安住，练习心平气和地与不舒服同在，不急躁地升起任何惯性反应。毕竟在真实生活中，更多的不舒服不会因为我们不喜欢就消失，更不会因为许多急躁下的行动而更好。所以界定不适的范围，透过呼吸安住、同在、观察，是重要的修炼。

阶段 2　停止无谓虚耗

练习一段时间后，如果发现那种不舒服的感觉还是很强烈，以右腿感觉到很麻为例：

（1）进一步观察左腿会不会紧绷、呼吸会不会憋住、眉头会不会皱在一起、肩膀会不会在不知不觉中已经耸起来了……这些都是身体很容易产生的惯性反应，也就是一个地方的不舒服，连环引起全身性的紧绷，身体细胞全都处于高度警戒的备战状态。但此时其实没什么战斗的对象，因此不知不觉中是在跟自己战斗，能量在无谓地虚耗。

（2）如果观察到身体一个地方的不舒服，已经引起了全身的紧绷，那么在发现的时候，就可以放松那些不相干的部位。例如右腿虽然很麻，但左腿其实还好，就不需要来凑热闹，允许放掉无谓的紧绷，允许呼吸自由流动，允许眉头可以松开，允许肩膀可以放下。

（3）然后我们会发现，右腿依然很麻，但因为没有激起全身性的紧绷，那麻的感觉比较不具有威胁性。不舒服的部位有清楚的范围，就不会到处乱窜或渗透弥漫而导致全身性的大紧绷。

（4）接着，可以深深地吸气，观想气息吸入全身，充满了舒服与不舒服的部位，全身因此而有些鼓胀与能量。深深地吐气，气息从舒服与不舒服的部位同时送出，全身因此而有些松沉与释放。领受气息如阳光般没有分别地滋养全身，循环进行，直到你想停止这样的练习为止。

阶段3　觉察下的选择

也许那种不舒服的感觉经过上述练习后，会变得比较不具有威胁性，或者没那么令人难以承受；但也可能经过这些练习，不舒服的感觉越来越强烈，甚至强烈到再不变换姿势，整个注意力、甚至整个人感觉就快被不舒服的感觉淹没了。如果是这样的状态，千万不要觉得自己很差。

在课堂上很多人这时候会偷偷睁开眼睛，瞄一下大家的状态，如果发现有人在打瞌睡或者姿势已松动，心里会暗暗高兴。但如果看到大家都做得很好，面带祥和之气，就会觉得自己很差，所以这时候很重要的是不用跟别人比较。如果是自己练习，也不需要跟过去的自己比较，尤其是当过去曾经有很棒的经验时。当我们执着于过去的美好经验时，那美好反而演变为一种枷锁，紧紧绑住了这颗心，让这颗心活在过去。与此同时，也不要强迫自己一味地忍耐，认为要拼才会赢，想用意志力战胜身体的不适。**练习正念不需要拼命、不需要跟别人比较、不需要跟过往的自己比较，只需要真正充分地觉察当下，与当下同在，毕竟这是唯一真正活着的时刻。**

同样以右脚很麻为例：

（1）此时只需要给自己三个深呼吸，觉察那需要移动的强烈需求与动机。

（2）然后带着高度的觉察，微幅、轻声、缓慢地往前移动右脚。

（3）一点一点地移动右脚，清晰地感受这个过程中大腿酸麻渐渐释放的感觉。也许右脚只要往前移动五厘米，那强烈的麻胀感就会释放，那么就不需要把整条腿伸直。

（4）重点是让整个移动过程本身都是有觉察的，而不仅是直冲式的惯性反应。

（5）当调整身体并获得舒缓后，再回到调整前的觉察对象继续练习。

面对身体不适的关键态度：从惯性厌恶到好奇开放

在这个历程中，通过身体的智慧，我们真真实实地练习与不舒服同在，邀请自己好奇地探索不舒服，而不是满脑子厌恶那个不舒服，只想除之而后快。在此过程中不逃避、不压抑、不忍耐、不假装没事，因为这些都是长期无效的应对策略。相反地，我们练习在觉察中，尝试不同的可能，选择更合适的行动，渐渐学习如何从惯性反应（react），到有觉察地回应（respond）。这样的练习，从身体出发，建立一种适应良好的新习惯。慢慢地持续实践，便会逐渐渗入日常生活中。整个历程如下所示：

惯性反应 ➡ 正念觉察 ➡ 有觉察地回应

除了身体的不适，在觉察身体练习的过程中一定会遇到各种念头的访客，不论是自己找来的或是不速之客。此时如何对待念头的访客，也是练习的重要观照。

（1）我们可以讨厌这些念头访客，然后观察这样心生厌恶会给身体和心理带来什么变化。

（2）我们也可以稍微选择好奇一下有哪些访客，然后观察这样的心生好奇会给身体与心理带来什么变化。

（3）之后允许自己深深地吸一口气，顺着这口气再把注意力温柔地带回身体的觉察。

（4）做一小段时间的呼吸觉察，当觉得比较稳定后，再返回身体的觉察。

不管什么时候，呼吸觉察都是帮助自我安定的好朋友。不管什么时候，身

或心的不舒服都是信差，帮助我们更认识自己，帮助我们看到可能已经长期忽视且缺乏关照的层面，开启温柔的自我照顾的大门。

　　觉察身体的练习，可以是正式练习中的静坐，也可以是非正式练习，例如在一个人安静坐着的时候，坐地铁、公交车时，开会或上台前的等待时间里均可进行，时时刻刻都可以感受当下身体的感觉，即便只是五秒钟或三分钟。在这种情境下的身体觉察，是一种身心联结的练习。在静坐时的身体觉察，因为坐的时间较久，除了领受身心的联结，还有机会学习与痛苦和平相处，减少对痛苦的厌恶。同样都是觉察身体，着眼点会有点差异，您可以慢慢品尝与体会。

08

分辨生活中无谓的添油加醋

静坐练习 3：觉察声音

　　觉察声音是个很特别的练习，这个练习让我们清楚地看到在日常生活中，声音对我们的影响是多么无形又巨大。愉悦的声音带来愉悦的感受，愤怒的声音激起愤怒或防卫，嘈杂的声音带来身体内部的强烈波动，尖叫声让人心生疑惑与恐惧。声音对身体、情绪和想法的影响是相当快速的，日常生活中总是充满了各种声音，但我们却很少觉察声音对自己的影响。因此，在有机会选择对自己身心有益的周围的声音时，我们经常放弃了。在没有机会选择时，我们也不知道如何保护自己免受声音的毒害。这个年代声音毒害最多的就是到处充斥的商业广告，人与人间不和睦的声音，这些直接影响到我们的身体与情绪状况。声音，尤其是噪音，与焦躁或心血管疾病、睡眠品质都息息相关。

　　在带领课程中提到声音觉察时，有时候我会用一种高昂愉悦的语调说："嗨，你好！"之后用平淡的语调再讲一次同样的话："嗨，你好。"然后问大家："第一种与第二种有什么不一样，大家会如何假设这两种状况？"

　　"第一种感觉你是开心的，可能有愉快的事情发生，也很高兴看到我。第二种感觉你心情好像不太好，比较冷漠，我最好躲远一点。"

　　由此可见，声音除了对身心有负荷外，还会让我们在不知不觉中顺着声音编故事，对声音的意义添油加醋，所编的故事可以让自己迅速落入地狱或升到天堂，这是很多人都有的惯性，过去的我尤其擅长。从小我对声音十分敏感，通常也能精准使用声音做合宜的表达，对声音是相当有意识的。但我没注意到的是，所听到的声音极迅速地在我心中转换成各种想法或想象，不知不觉中越想越多，尤其容易联结到过去的不悦经验，然后整个串联起来编篡成一个我觉得好真实的内容。**这些因声音所产生的诠释被我视为事实，让我心烦、让我忧虑。另一个麻烦则是声音挥之不去，分明已经没有那个声音了，可那个声音还在脑中不断盘旋，甚至连带相关影像也如影随形。**如果是开心的事情，那就算了，然而会记得的多半是不开心的。在练习正念之前，我根本不知道需要去验证或核对来自对声音内容或语调的诠释，以及所衍生的想法和情绪。声音觉察的练习帮助我开启了一扇大窗，我像只小鸟飞向天空，释放因过多诠释而自我囚禁的惯性。

觉察声音的静坐练习引导

（1）先做呼吸觉察的练习，帮助稳定自己。有关呼吸觉察的坐姿、练习方法或重点提示等，请参阅前文。

（2）慢慢地把注意力带入声音的聆听。安静地聆听周围的一切声音，不刻意去搜寻任何声音，也不排斥任何已经浮现的声音。

（3）不用分辨好听与否，悦耳与否，喜欢与否，就只是单纯地聆听。

（4）不抗拒任何声音，允许声音来，允许声音停留，也允许声音消失。

（5）聆听声音与声音之间的宁静。

（6）聆听左边耳朵方向的声音，聆听右边耳朵方向的声音。

（7）不用给声音添加任何情节，让声音就只是声音。

通常当我们听到声音时，它也结束了。如果心在每个当下，就可以听到这一刻的声音，而这一刻的声音跟前一刻的声音是不一样的，尤其当处于非密闭式空间时。但如果心停留在某个点上或者开始编故事，就听不到当下的声音，听到的只是自己心里的声音，而不是周围环境真实又即时的声音。因此如果发现实质的声音结束后，心里的声音还继续播放着，那么就表示心还滞留在过去。这时，深深地吸一口气，温柔地把自己再带回当下，聆听每个当下周围的声音。

（8）在聆听声音的同时，也观察声音是否引起了某种情绪或想法，引发了身体内在的波动。

（9）如果有的话，观察这个历程，不去强化拥抱，也不去弱化排挤；不用分析，也不需要解释；允许这种感觉波动自由地来，也自由地去。

（10）然后再继续聆听这一刻的声音、这一刻的声音、这一刻的声音。

当我们慢慢练习听声音的觉察后，对于声音带来的迅速影响，就能保持觉察，不被声音所控制或绑架，停止因为声音所引发的想法、情绪、编故事或骨牌效应。持续地练习可以创造出宁静开阔的心灵空间，不太会经常莫名其妙地被声音淹没。

案例分享
专注聆听，让声音就只是声音

记得有位正念减压课程的伙伴，他母亲有些失智，老人家脾气越来越不好，经常骂人，讲话很难听，这位伙伴总是很难过。每次去探望母亲，回家后总要好多天才能复原；不去探望，心里又过意不去，觉得自己很不孝。理智上他知道应该放下母亲的谩骂，但就是做不到。所以他经常处于相当挣扎的状态。他很爱母亲，但也真的很讨厌她的言语攻击，即便他知道这攻击是没多大意义的。

有一天，他从母亲家离开后，脑中还是不断萦绕着喋喋不休的话语，他带着沉重的步伐走着，阳光洒在他身上，他抬起头，树叶随风摇曳。他深深地吸了一口气，突然有个声音出现"让声音就只是声音"。在那个当下他领悟到，失智母亲的谩骂就只是声音，没那么多意义，不需要更多解释或寻找解决方案，也不需要哀伤地觉得母亲的爱消失了。回到这个当下，那声音其实真的也结束了，是自己过多的想法让它无法消失，是心执着在过去让自己痛苦。他刻意地把注意力带回当下，深深地呼吸，感受每一口气息的进与出，感受行走中身体的感觉，感受周围的阳光与微风。此后，他更知道如何面对与接受这非理智的谩骂，从此，母亲的声音不再控制或左右他一整天的情绪了。

另一位伙伴的情况几乎相反，他在练习中才发现要好好专心地聆听，原来这么不易。

在日常生活中大多数的状况都是随便听听，自认为掌握到重点后就不再专心听了。尤其身为高管的他习惯发号施令，大多是别人听他的，哪轮得到他听别人的。但这种惯性让他的亲子关系是紧绷的，伴侣关系是相敬如宾的。他也发现，在听别人讲话的过程中，自己心里有很多想法，聆听的品质其实很差，可能不到二分之一的专注度吧，这让他非常惊讶。听声音的练习，让他温和稳住这颗惯于躁动的心。听着一瞬间接着一瞬间的声音，而不对声音升起任何惯性反应，对声音的内容也不太快赋予过多评判或意见，就只是不偏不倚地听着。他开始重新学习聆听，也重新启动、转变和家人间的关系。

其实觉察声音的练习，即便在日常生活中也很容易进行。例如乘坐大众交通工具，或是开会前、会议中、跟家人或同事讲话时，**仔细地聆听，听声音、听内容，也听到底自己是否真的在听。**

09

温柔地消融内在的喋喋不休

静坐练习 4：觉察念头想法

前面所提到的几项练习，觉察时都有个清晰的对象，例如呼吸、身体、声音。在觉察过程中如果有念头的访客来到，通常我们会深深地吸一口气，顺着这口气温柔且不带评价地把自己带回来，回到正在觉察的对象上。这个阶段的练习，既然是觉察念头想法，表示心中的念头或想法转而成为觉察的主角，于是我们欢迎它们在脑袋里浮现、停留、消失，或者转换到下一个念头上。

觉察念头想法是个很妙的练习，需要有前面的基础之后才能开始，因为这个练习相对是比较困难的。在日常生活中，念头想法对我们的影响超级大，几乎是我们的主人。对于自己的想法，我们经常在没有核对与验证的情况下就深信不疑；对自己、对他人、对周围一切的想法，构成了各类观点，引导着我们如何看待人、事、物。想法带出观点，观点犹如眼镜的颜色，决定了我们所认为的这个世界的色彩或样貌。生活中各种念头想法经常充斥在脑袋里，有的反复出现，有的转瞬即逝，有的持续牵连到更多、更多的想法……**念头或想法很少单独存在，几乎都会引发行为、情绪或身体感觉，即便我们可能没有觉察到。**

通常当我们有想法时，很容易在想法的内容里打转，不管是理性的思考还是非理性的思考。想很多，有时候甚至会停不下来，尤其是在状况不佳时。这时候我们几乎变成了想法的奴隶，未能驾驭的想法如脱缰野马，拖着我们到处乱跑，此时"想法等于我"，甚至"想法大于我"，整个人困在想法里，这其实是非常痛苦的。觉察念头想法的练习，能拉开我们与想法之间的距离，也许想法还是如脱缰野马，但那根拉着我们到处乱跑的绳子，会渐渐松脱。

随着练习的深化，我们可以看着想法到处奔驰，却不致全然受其摆布。

四阶段觉察念头想法的静坐练习引导

阶段 1　欢迎所有的想法

（1）先做呼吸觉察的练习，帮助稳定自己。有关呼吸觉察的坐姿、练习方法或重点提示等，请参阅前文。

（2）慢慢地把注意力带入观察脑袋里浮现的任何想法，对每个想法都"欢迎光临"。

（3）温柔地观察念头或想法的变化历程：升起、停留、消失或转换成下一个想法。

（4）如果发现自己已经越想越远了，好像不是在观察想法而是在演绎想法，就先暂停一下，用几个深呼吸帮助自己回到当下。稳定后再重新开始。

觉察想法的练习仿佛独自静静地坐在河岸边，观察河水的流动，而不跳入水里。河里也许有鱼、有虾、有落叶、有浮木、有喜欢的或不喜欢的，但都允许河水与河中物自由地流动，不刻意抓取任何河中之物，也不截断或改变航道。若我们不慎落入河里一起上下漂泊，在发现的时候，还可以让自己爬上岸边；觉察当下的身体感觉与呼吸，稍微暂停一下，再继续观察想法之流的变化。

觉察念头的练习也很像在看电影，看着屏幕里上演的任何剧本，即便很多时候这些影片都是我们自编、自导、自演，但在这段练习的时间里，我们就只是**观察员**，而不用成为导演、编剧、演员或评论家。任何时候如果发现角色错乱，例如跳入屏幕大展身手，记得把自己恢复成观察员的角色就好。

阶段 2　观察想法就只是想法

允许念头来来去去犹如空中浮云，而我们也确实觉察到念头的变化无常，有些也许跟事实有关，有些也许实中有虚、虚中有实，有些则是全然的想象。想法会飘到过去，也会飞到未来，到处穿梭、随机串联……当我们清楚地看到想法无定性的本质时，就会领悟到"**想法就只是想法，想法不一定等于事实，也不一定跟真实有关**"。

（1）当有念头或想法出现时，无须解释或进一步思索"为什么"会有这些想法。不用去分析想法的内容或合理性。也不用归类或演绎想法成为一套理论*。

（2）暂停我们对这些想法的惯性反应，或者说学习不对想法或念头起惯性反应，就只是观察它们的升起、停留、消失或转成另一个念头想法。

（3）想法犹如瞬息万变的云朵，觉察是广阔无垠的天空，能涵容所有一切想法。

（4）慢慢地让念头与想法成为可观察的对象，如此一来，想法与自己之间长期那种"你泥中有我、我泥中有你"搅和在一块儿的现象，才能稍微有些区分——"我是我，想法是想法"。

通过持续的练习，在想法与自己之间开始有些空间，这空间随着练习而持续扩大。

渐渐地，"我是我，想法是想法"会越来越清晰。我们有机会成为想法的主人，而不再是奴隶。我们能从想法的掌控中脱身，我们越来越明白，"我不等于想法"，甚至于"我大于想法"。这是非常强有力的领悟，就像许多癌症患者在练习中领悟到"我不等于癌症"，或焦虑症患者领悟到"我不等于焦虑症"一样，那是一股由内而生、不假外求的力量。同样这句话，别人讲，就只是听起来很有道理的一句话，没太大影响。但如果这句话是通过自己实践练习所得到的领悟，那就步入疗愈大门了。

华人正念减压中心的伙伴陆美惠曾有这样的分享。有一次在骑车时她临

---

* 这点很重要，但对大多数人是陌生的。多数人也包括许多助人的方法，着眼于想法的"内容"，会在想法的内容上多加琢磨、分析、解释、溯源等。但正念的练习更关注的是自己与想法之间的"关系"。

时想到一件事情，越想越难过，越想越难过，胸口好闷，呼吸急促。多年正念的练习让她知道这时候不能再继续骑了，她找了个安全的地方停下来，让奔驰的身与心都停下来。就在这时候，她突然领悟所想的东西一部分是事实，一部分其实是因为担忧而对未来产生的虚构，原来，这颗心已经在编故事了，越编越远、越远越不愉快。然后她调皮地想道："嗯，这个剧本不好，我来改写一下剧本好了。"幽默的方式透露出她对想法已能自主决定的力道，仿佛航行海上，她回到船长的位置掌舵，而不再是任由想法的强风决定船的方向。带着平静与淡定的喜悦，美惠再度出发，安全地骑到她要去的地方。

有时候，当我想一件事情，越想越揪心时，我会稍微暂停一下，问自己："现在这颗心被什么绑得透不过气来？"可能是被愤怒绑住、被担忧绑住、被评价绑住或被恐惧绑住，各式各样的，脑海中浮现出一颗心被紧紧绑住的痛苦画面。然后我深深地吸一口气，自己把绳子松开，让心免于被捆绑而僵硬，恢复正常的弹性。我告诉自己："想法就只是想法，想法不一定等于事实，也不一定跟真实有关。"烦还在，但至少没那么恼人。痛还在，但至少没那么苦。事情还是急，但至少不需要躁*。

阶段 3　观察想法所产生的影响

想法其实很少单独存在，想法很容易瞬间勾起情绪、行为、身体感觉，甚至是另一个想法，想法繁衍的速度与影响的幅度其实非常惊人。这些影响有时候是显著的，更多时候是相当隐微的。因此在日常生活中时时觉察这颗心在想什么、带来什么样的影响，也是很重要的练习。例如当心中升起不喜欢某人的想法时，肚子可能就感觉一阵紧缩。又如，坐在公车上才稍微觉得有点太凉时，手可能已经在调整冷气孔了。在静坐觉察想法的练习时，让我们有机会仔细地观察到：

(1) 想法与情绪经常是孪生兄弟，觉察想法如何勾动情绪，或者情绪如何勾动想法。

---

* 烦而不恼，痛而不苦，急而不躁，这些一辈子惯用的语词竟然是可以分开的，有种破解密码的喜悦，真不禁深深敬佩前人的智慧，也感谢能生长于如此充满智慧的传承中，即便只是啜饮其中的一瓢。

（2）想法与行为息息相关，现在的行为许多是更早之前的想法所种下的种子，觉察想法与行为的关联性。

（3）想法，尤其是不愉悦的想法一定会带动身体的感觉，但对于这个层面我们经常处于不知不觉的状态。试着当想法出现时，观照当下连动出什么样的身体的感觉。

（4）想法繁殖想法的速度可能比世界上任何生物的繁殖都快，观察如何从看到一个影子就生出一个孩子，如何从一个想法扩散为令人难以承受的威胁或不悦。

此外，想法很多与评价息息相关，练习正念并不是要做到不评价，这是不可能，也不切实际的，毕竟所有的选择与决策都需要有评价才能进行。但正念练习可以做到非评价，让我们清楚地看到内心的评价如何影响了自己的思路、立场与价值观，让我们更容易看透想法中的虚与实，也分辨什么要勇敢提起、什么该潇洒放下。觉察想法所产生的影响，才有机会终止这般迅雷不及掩耳之势的骨牌效应。

阶段4　验证想法的真伪

在日常生活中有太多太多的想法或信念，引领着我们生活的方式，但这些想法或信念很少被拿出来检视。例如，如果我们深信，小孩子要考上好学校才有好的出路，才有美好的未来与人生。那么我们就会把逼孩子读书视为理所当然，成绩至上的想法也在所难免了，孩子真实的身心状况会在这样的想法下被合理地忽视。人，都会选择性地关注，对于所相信的事情，不论是开心的还是不开心的，我们都会更容易找到相关佐证资料来证实自己是对的，因为这些与我们想法相符的信息，比较容易被我们接受和吸收。

因此在这个阶段，我们邀请您：

（1）经常且特意地检视自己的各种想法、信念和价值观，甚至特意地找些不同的观点来玩玩。

（2）不需要太严肃，抱着好奇与开放的态度，让自己试试从截然不同的角度看待熟悉的人、事、物。

（3）温柔地邀请这颗心多点弹性，减缓僵化与固着化的速度。

心，其实容易被我们视为理所当然的各种想法、信念和价值给困住。为了免除心受困所导致的不舒服，这个年代最容易的方法就是躲入手机里，用别的刺激来掩盖那强烈的不适。长期而言，这种自我忽略对身心健康和成就发展肯定是不利的。因此，除了特别挪出时间进行的正式练习，所有上述练习也可以运用零碎时间操作，例如坐公交或坐地铁时，多多进行观察想法的练习。

观察想法的升起、停留、消失或衍生其他想法。
观察想法神速的繁殖力与牵连力。
观察心被什么给绑住了。
观察想法中的评价……
然后深深地吸一口气，轻轻地告诉自己："想法就只是想法，我是我，不需要被想法或信念给绑架了。"

让心自由，自己也自在。

10/

无所依赖的觉醒

静坐练习5：开放的觉察

前面的几项练习，我们都有清楚的觉察对象，从专注于呼吸、身体、声音到想法，一个层次接着一个层次地开展，练习专注单点的能力，也练习观察变化或历程的能力；增加注意力的弹性，也提升内在韧性。此外，这些练习同时培养对身体、声音和念头的觉察能力，如此才能不受其全然控制，促进整体身心的平衡、喜悦与自在。

开放的觉察（open awareness）是正念减压课程中有关静坐练习的最后阶段。不同于上述练习，在开放的觉察中没有特别选定的对象，因此也叫无选择的觉察或无拣择的觉察。在此过程中，就只是单纯地与自己、与周围环境同在，心是清澈的但无所依。此时如果呼吸是比较明显的存在，就觉察呼吸。如果声音较清楚，就觉察声音。如果情绪或想法浮现，就觉察它们的出现、停留和消失。全然地允许与开放，允许一切自来自去，心依然保持一瞬间接着一瞬间的觉察，但身体是松的。这是一种没有任何依赖而仍保持清醒觉察的状态，一种单纯的同在（being）。对于习惯抓住些什么才有实在感的现代人而言比较不熟悉，因此一定需要前面的基础。

常有伙伴对这项练习提出疑惑："这是不是放空？"

开放觉察的练习很容易与放空搞混，这需要先界定什么是放空。对一般人而言，放空是一种昏沉不觉，有点像白日梦，对周围的感官暂时封闭的状态。在这个定义下的放空，与开放觉察或正念练习是没什么关系的。正念训练清晰、稳定、不紧绷的觉察力，开放的觉察培育无所依的清醒能力，感官是处于开放接受状态，既非向外追逐，亦非浑噩关闭。

正念减压训练的静坐练习有 45 分钟，有多种不同层次。五层次的练习层层开展，每一项练习的时间其实不长。老实说一开始我很不习惯，觉得时间太短了，来不及一个一个慢慢觉察；此外，大量的指导语也需要适应。但经常练习后发现，这样的方式对现代人来说十分友善且好处多多。现代生活中的各种刺激已经疯狂到二十四小时毫无停歇地强力播放，让许多人很难长时间集中注意力。这样短时间且融入生活的觉察练习，确实更容易做到。此外，练习的层面广，从呼吸、身体、声音、念头等，都是与生活息息相关的层面，于是，练习就在生活里，生活本身就是练习。所有的练习都镶嵌在生活里，不与生活脱节，这是我最喜欢正念减压课程的地方。

最后要强调的是，静坐练习后一定要记得不需要给自己打分。每一次的练习都是好的练习，即便念头纷飞、到处酸麻，这就是当次练习的样貌。不管怎么样，都要鼓励自己。不需要练习完之后还射自己一箭，觉得"练得真差"。好吧，万一真的有这样的现象，就停下来觉察一下，看看自己是如何惯性地严厉地对待自己，然后记得送给自己温柔的慈心祝福。**当我们慢慢学习慈爱地对待自己之后，才知道如何友善地对待他人，不然很多时候，我们自以为的好，背后其实都隐含许多的期待、恐惧、担忧和投射，很多伤害会隐藏在爱里面，**隐藏在"我是为你好"里面。通过正念练习，真正落实活在当下而不只是嘴巴说说，大量减少胡思乱想的惯性，这样心会越来越清澈，脑袋也会比较清楚，由此开展出新的良性循环。

第 4 部分

成为自己的主人
——觉察情绪与想法的正念练习

觉察并直视情绪,虽然不是我们所熟悉的,但长期而言是比较能带来身心平衡与成长的策略。通过觉察练习,你有机会真正地看到自己的情绪与想法,温柔地与其同在,不排斥、不抗拒、不躲闪、也不受其绑架或勒索。然后,学会从惯性反应到有觉察地回应,你就可以改写自己的人生剧本。

开启心的探索之旅

情绪与想法对身心健康的影响很大,而且经常是孪生兄弟,本部分并没有要讨论一般常见的归类、分析、解释、提供解决方案,而将采用纵观的方式,开展对情绪与想法的深度观察与探索。因此,这里不会提供特定症状的教战守则,例如治愈焦虑的十个方法或面对忧郁的七个步骤等。然而,通过练习,你有机会真正地看到自己的情绪与想法,温柔地与其同在,不排斥、不抗拒、不闪躲、也不受其绑架或勒索。

通过练习,你有机会体悟原来负面情绪是生命的重要信差/使者,来告诉我们需要探索或尚待成长的地方。

通过练习,你有机会不再老把自己当成受害者,而看到所有的关系都是共同相互建构,分辨哪些地方可以施力而哪些地方只能放下。

通过练习,你有机会在觉察中发现更多的选择,为自己打造开启自我监禁牢笼的钥匙。

不过,我不建议单独只阅读或实践本部分的练习,请务必记得搭配第3部分身体觉察的练习。在正念练习中身体觉察是基本功,是稳住自己最快速直接的方法,之后再觉察情绪或想法才能事半而功倍。毕竟想法与情绪的本质就是飘忽不定,不受时间空间限制,以身体觉察为基底,照顾好身体,心也会比较容易安顿。

本部分所讨论的,有些需要持续的练习,有些是观念的说明。各篇重点都是在提升对情绪和想法的觉察程度,当我们有机会不偏不倚看清楚当下一切后(身体、情绪、想法、行为、环境、整体脉络),会更知道采取什么样的行动是明智的选择,也许是向后退,也许是向前进或暂停。至于如何选择,老实说都需要有弹性地因时、因人、因地、因整体环境脉络而制宜,对甲有利的方法,用到乙身上可能刚好有害。

因此，与其学习枝微末节的技术，不如好好扎实强化自我内在亮度，也就是提升觉察力，以植树为例，正念练习就像直接施肥于根部一样。

本部分的练习是来自于我所知道的正念减压培训课程，当然觉察情绪与想法的练习，不会只有文中叙述的几项，但这些确实很好用，尤其是有表格的部分，例如愉悦或不愉悦事件记录练习，建议至少跟着连续做一到两周，你会对自己与周遭人事物有新的发现与认识。

觉察情绪与想法的三个练习与三大根基

下页图表为本部分的逻辑与呈现架构，现逐项说明：

（一）**觉察普遍的想法陷阱**。在日常生活中，行为几乎都受想法所决定，这些年练习下来，我发现再小的起心动念都可能影响到日后的想法或行为，因此对脑袋里所出现的想法保持高度觉察实在是有必要的。然而，即使是很有创意的人，都会有习惯性的思维模式，在"九点连成一线"的练习中，通过简单游戏来探索影响我们至深的思维惯性。详见本部分第一篇——《觉察惯性思维的正念练习——九点连线游戏》。

（二）**觉察愉悦与不愉悦的练习**。情绪，对有些人来说是颇为陌生的，尤其对相当重视工作效率的人来说，情绪经常被视为没意义或太私人化，许多男性也常觉得情绪太难以捉摸而避之唯恐不及。记得有次我在医院给医护人员上课的时候，多数人在面对不愉悦事件时，竟然只有认知想法而没有情绪心情，对情绪的高度忽略可见一斑。这种现象不会只出现在医院，大多数的职场几乎都是如此，尤其是在高压的环境下。虽然可以理解这种只重视事情而忽视心情的现象，但这对个人或机构长期而言，终究不是好现象。毕竟没有妥善处理的负面情绪，很容易演化为敌意或消极的抵抗。

习惯性忽略情绪的其中一个重要原因是：人们以为一旦重视情绪，情绪就会变得高涨、复杂、强化而难以控制，因此忽略或催眠自己时间可以冲淡一切是最安全的。然而，未适当重视情绪，在面对情绪突然涌现时，因急于压抑或掩饰，一时或短期间也许可行，长期下来反而容易被情绪控制或绑架，甚至做出令人震惊或匪夷所思的行为。

| （一）觉察普遍的想法陷阱——九点连成一线的练习 | （二）情绪绑架是因为都混在一块儿了——觉察愉悦与不愉悦的练习 | （三）没有良好的沟通品质，哪来好的人际互动——正念沟通的练习 |

【根基1】养成善意，减少敌意/怨恨/切割/封闭的惯性：慈心静观练习

【根基2】在没完没了忙碌中的自我滋养：行动中嵌入同在模式

【根基3】改写人生的剧本：从习惯性反应到有觉察的回应

觉察并直视情绪，虽然不是我们所熟悉的，但长期而言是比较可能带来身心平衡与成长的策略。在愉悦与不愉悦事件记录表的练习中，我们有机会温柔安全地深入觉察情绪、想法与身体感觉，观察到我们的心到底被什么勾住了而不得自在。详见本部分第二篇和第三篇。

（三）**正念沟通的练习**。在八周正念减压课程中，沟通练习安排在第六堂课，是比较晚出现的一堂课。原因主要是，前面几堂的训练帮助我们先有效地关照与稳定自己。毕竟，需要进行沟通都是双方意见不一致时，此时如果以平衡的态度和觉察的心智来面对，一定比焦躁对立或紊乱波动的状态好。混乱的双方搅和在一起，除非奇迹出现，不然还是一片混乱。然而，双方只要有一个能保持觉察，不跟着乱了方寸，局势就有机会改变。在正念沟通的练习里，我们学习把觉察、尊重和同在，带入日常生活大大小小的人际互动中。详见本部分第四篇、第五篇、第六篇。

除了上述的觉察练习，在情绪与想法的觉察中或者更广义地说在正念练习中，还有三个很重要的共同根基，在这些根基下，上面的各项觉察练习会更有效能。

【根基1】**养成善意的习惯**。老实说，即使是很善良的好人，都很可能在

跟别人意见或想法不一致时，内心深处充满敌意、怨恨或傲慢，很想要跟对方切割并封闭自己，即使是对自己所爱的人。这样的惯性相当隐微，有时候外表很难看出来，甚至于当事人自己也不知道。然而这样的惯性会像个小蛀虫，慢慢侵蚀着内在的平安、祥和与宁静，当然也侵蚀着彼此的关系品质。慈心静观，练习把美好的祝福送给自己，也送给他人，在无声无息中培养内在的温柔、善意与平静。详见本部分第七篇。

【根基2】能滋养身心的同在模式。随着网络与全球化的快速发展，人们越来越忙。所有完成任务的效率与效果，其实都取决于行动模式（doing mode）的执行效能。行动模式指的是从思考规划、执行、追踪到达成目标的过程。优异的行动模式带来达成任务的成就，但任务越来越多时，思维与整个身心都会紧绷，达成任务的开心程度可能越来越少。如何在忙碌生活下自我滋养？经常性地回到与生俱来却被长期忽略的同在模式，是安全、可靠、有效的方法。同在模式（being mode）就是正念练习，温柔地让身与心合一，调节不断地做、做、做的紧绷，让身与心在动态甚至动荡中，仍有适度的和谐与平衡。详请参阅本部分第八篇。

【根基3】选择有觉察的回应。当我们把觉察带入情绪与想法时，就会观察到大多数行为惯性背后都有某些想法或感受支撑着。个人生命之流顺着这些或隐、或微、或大、或小的惯性错综复杂地推演着。当我们大量开展对情绪、想法和身体的觉察后，视野变得开阔清晰，更多的可能随之开展。在有觉察下做出明智的选择，并回应一切人、事、物，相对于充满自以为是的惯性反应，当然可以因此而改写自己的人生剧本。详见本部分第九篇。

后文将依循上述的说明次序，逐项详述练习方法。

01

觉察惯性思维的正念练习

九点连线游戏

正念减压的课堂中有个很好玩的家庭作业,我有时简称为连连看,比较正确的名称是九点连成一线的练习。如图6的九个点,要用四条、连续的、直线串联起来。以英文字母T为例,是两条直线,但没有连续;L则是有连续的两条直线。

当初这个练习我做了一个礼拜,还是没画出来,但有人琢磨琢磨就出来了。建议您先暂停阅读,一起来玩玩看。不用担心画得正确与否,就只是好玩试试看,如果你不想在书上直接画,也可以拿一张纸自己标示距离一样的九个点,练习看看。能不能解出所谓的标准答案不重要,重要的是允许自己动手尝试。其实所谓的标准解答也不止一个,所以何不放胆地在纸上比画比画呢。

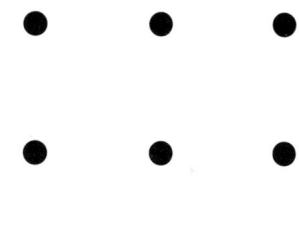

图6

再提醒一下,连连看的重点有三:(1)四条线,(2)直线,(3)连续,也就是一笔完成。试试看啰!

课堂中,我会邀请两三位伙伴,在白板上画出自己的图。大家的反应很有趣:

有伙伴说以前做过这个练习,所以已经知道答案了。

有伙伴说都想不起来,就上网找答案了。

有伙伴说都想不起来,干脆就不做了。

大伙儿七嘴八舌,其他伙伴认真看白板上所画的图形,也核对一下自己所画的。

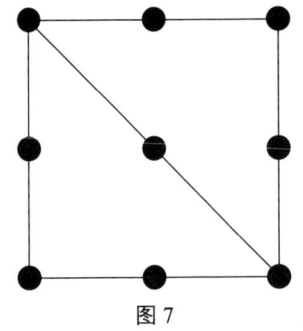
图 7

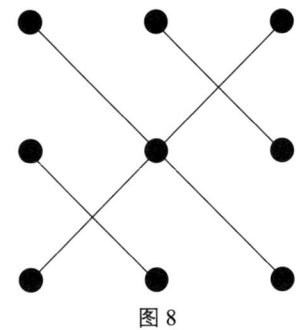
图 8

通常会有伙伴画出图 7 这样的图形（你的也差不多是长这样吗？）。

这个像盒子般的图确实用连续的直线把所有的点都串联起来的，但多画了一条线。我开玩笑说如果这伙伴是卖东西的，一定要跟他买，因为他很大方，会买四送一。其实我当初也是这么画的。

也有伙伴画出图 8 的图形。

这很像我小时候电视天线的图形，规律中带着突破，确实只用了四条直线，只是每一条都不连贯，也就是彼此都没有衔接着。画出这个图形的伙伴大笑："哎呀，我只听到说要用四条线，没有注意到线跟线之间需要连贯啊。"我也笑着回应他："没关系啊，信息接收不完全，是每个人多少都会有的状况啊。"

在游戏中练习突破自我设限的框架

一般而言，也会有伙伴画出图 9 的图形。

这个像风筝般的图形，用四条连续的直线串起每一个点。（你的图形也是长这样吗？）

仔细看，能分辨这图形跟前两个图形最大的差别在哪儿吗？一般而言，当我们看到这九个点，很容易感觉到有一个正方形的框框。

然而，在图 10 中我们会发现至少有两个区块是在框框之外的（左下方与右上方的三角形）。换言之，要顺利完成这个练习，需要能超越框架，超越我们心中所设定的框架，也就是超越思维的框架或惯性。然而，超越思维框架

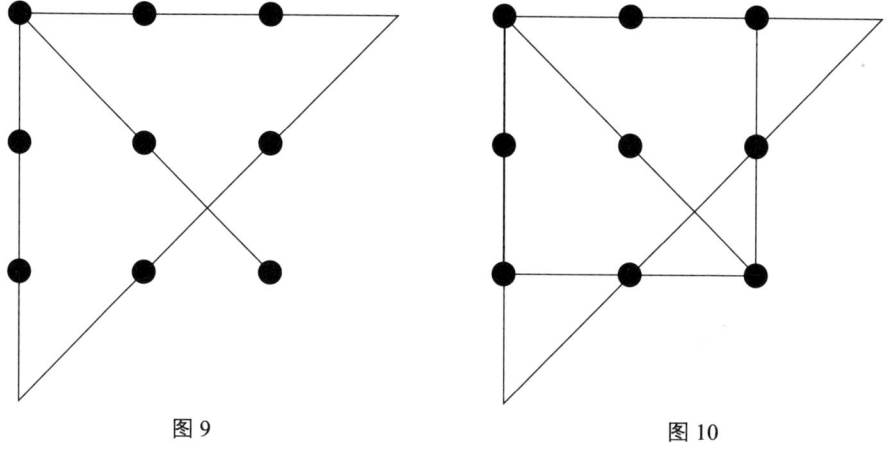

图 9　　　　　　　　　　图 10

很多人都会讲，但如何着手？这情况犹如不识庐山真面目，只缘身在此山中。

我们再来仔细看这九个点：

对多数人而言，这九个点几乎显现出一个完美的正方形。

然而，真实的状况是原图只有九个点（如图 11），并没有点与点之间的线条，这些线条是我们的心自动画上去的（如图 12）。这四条原本不存在的线，透过心以光速的推论或假设而自动存在，推论速度太快几乎没引发任何的怀疑，我们理所当然地认定它们的存在。换言之，心的假设或推论在未经验证下，立即直接成为事实。于是：

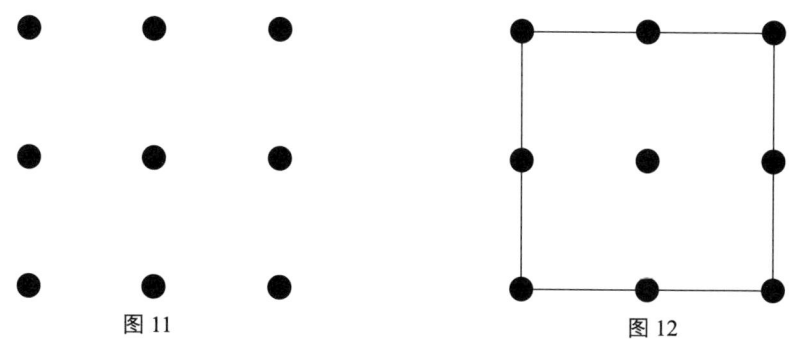

图 11　　　　　　　　　　图 12

假设＝事实

这样的思维惯性处处可见，台湾有句俗语："看到一个影子，生出一个孩子"，就是典型的例子。这是关于想法很重要的自我觉察训练，因此下面再举几个例子：

- 面对一个很能表达自己或外显强势的人，我们心底可能就开始嘀咕，这家伙一定不好对付。
- 面对一个重病诊断，立刻觉得这辈子完了。
- 面对一个爱读书的孩子，自然而然地觉得这孩子未来一定很有前途。
- 同事今天对我冷淡，心里嘀咕："不知道他对我有什么不满意的？"瞬间感觉自己对他也不满意。
- 面对一个态度很好的人，我们很容易就认为他是好人。
- 练习静坐时，念头纷飞、静不下来，就快速下结论：这练习我做不来。

生活中有太多这种把假设直接等于事实的例子。这样的思维惯性，来自不自觉地编故事进而上演内心小剧场，也来自欠缺分辨假设与事实的训练。让我们一起来区分这些例子中的假设与事实。

- 面对一个很能表达自己或外显强势的人（事实），我们心底可能就开始嘀咕这家伙一定不好对付（假设）。➔也许这个人没心机、不加掩饰，是个能推心置腹的朋友（不同的可能）。
- 面对一个重病诊断（事实），立刻觉得这辈子完了（假设）。➔在临床上我们看到很多罹患癌症者，因生病反而反转了生命（不同的可能）。
- 爱读书的孩子（事实），自然觉得这孩子未来一定很有前途（假设）。➔这孩子遇到读书无法解决的重大困难时，可能很难跨越（不同的可能）。
- 同事今天对我冷淡（事实），认为他一定有所不满（假设），导致自己对他也不满（因假设所引发的行为）。➔也许他是身体不舒服（不同的可能）。
- 面对一个态度很好的人（事实），我们很容易就认为他是好人（假设）。➔也许他别有用心（不同的可能）。

- 练习静坐时念头纷飞、静不下来（事实），就快速下结论：这练习我做不来（假设）。➔假以时日也许会有不同的体会（不同的可能）。

从这些例子讨论来看，我们明白：

假设 ≠ 事实

假设后，有太多可能可以开展，但如果我们误把假设当事实，就会无知得不知不觉，不知道自己不知道。年轻时善于思考的我很容易把假设当事实，还笃信不疑，这给我带来了很多苦头，尤其是结婚、生小孩后，很容易小事变大却还自以为是。学习并教导正念多年后，通过这个游戏，有一天我领悟到，**原来好多导致不悦甚至是痛苦的想法，问题在于我们习惯性地通过编故事，错把假设当事实。**

因此，分辨想法中哪些是假设、哪些是事实，其实是很重要的。好消息是，分辨的方法其实很简单：所有的事实都是建构在过去或现在，而假设大多与未来的推论有关。再回头看看例子的分析就清楚了。

- 面对一个很能表达自己或外显强势的人（事实，过去或现在），我们心底可能就开始嘀咕这家伙一定不好对付（假设，未来的推论）。
- 面对一个重病诊断（事实，现在），立刻觉得这辈子完了（假设，未来的推论）。
- 面对一个爱读书的孩子时（事实，过去或现在），自然觉得这孩子未来一定很有前途（假设，未来的推论）。
- 同事今天冷淡（事实，过去或现在），认为他对我一定有所不满（假设，现在）。
- 面对一个态度很好的人（事实，过去或现在），很容易就认为他是好人（假设，未来）。
- 练习静坐时，念头纷飞静不下来（事实，过去或现在），下结论这练习做不来（假设，未来）。

下次当你有不舒服的想法出现时，可以试着依照这样的次序"这是属于过去或现在的事实，还是属于未来的假设"梳理一下心里所想，也帮助自己看到思维的惯性与框架。平常没事时若能多加练习，遇到困难时会比较容易看穿思维惯性，避免后续所引发的痛苦。

练习写写看看（尽量写）
- 心中有哪些想法浮现：
  _____
- 上述想法中哪些是事实：
  _____
- 上述想法中哪些是假设：
  _____

这个书写练习在正念减压课程里不会有，基本上是我个人的领悟与实践，课堂中我通常也不会让大家写这个，只有在这本书里提供了这个练习方法。

当我开始对心中的烦恼想法能分辨出哪些是事实而哪些是假设后，接着练习"让假设就只是假设"，我可以选择相信多少，也可以选择暂放一边，等待验证。而针对事实，我则可以选择存而不论或者在适当的时机再来处理。

区分假设与事实犹如明辨虚实，不会被自己太多的想法兜着转。

区分假设与事实还有另一个更大的好处，就是烦恼会少很多。

事实，差不多就是那个样子，已经是过去式，也改变不了。

烦恼，多建构在假设上，既然是假设，就可以天马行空，烦恼自然也跟着无边无际了。

当我有能力区分出假设与事实时，许多消耗在假设的精力省了下来，这时恍若乌云散开，朗朗晴空，便毫不费力地自然呈现。

也许有朋友会说："我们之所以会如此假设，就是因为有过去的事实支持啊。"

确实，大部分的假设都有过去若干的事实做基础，也许之所以有这样的假设，80%是基于过去的某些经验或事实。然而，别忘了还有20%仍然只是假设。换言之，我们至少要保留20%的空间给未知，允许不同的可能与弹性。

正念是练习觉察。通过身体扫描、瑜伽、静坐，我们提升对身体的觉察能力。通过身体的觉察，可以直接有效地训练这颗惯性飘移不定的心，安住于当下。接下来，我们开始练习觉察心中的念头与想法，慢慢分辨清楚什么是假设，什么是事实，才不会以假乱真或真假难辨。慢慢分辨清楚我们给自己哪些框架、哪些牢笼，才有机会跨出框架、走出牢笼。有觉察且了了分明的脑袋，才能时时刻刻帮助我们做出明智的选择，相对于浑浑噩噩的脑袋，日子会轻松愉快许多。

02

愉悦事件记录练习
提升觉察愉悦情绪的敏锐度，储备情绪存款

经过数十年的努力，现在大家比较重视食品安全，于是越来越多的人开始留心栽种或养殖的方式，进而选择有机、添加物少、营养且较无负担的食物。毕竟所有吃进身体里的东西，不是成为身体的养分就是成为负担。如果吃进太多垃圾食物，身体不但无法汲取养分，还会对消化与吸收上形成负荷。因为很多善心人士的推动，大家开始对这些有形的食物有更多的觉察、分辨与选择能力。

辨别会透支身心存款的不良情绪毒素

然而，除了有形的食物，我们每天其实吃进更多无形的食物，包括耳朵所听的、眼睛所看的、嘴巴所说的、心里所想的。对于这些自己或他人喂给脑袋的食物，如果没有觉察、分辨与选择的话，无形中就会吃进很多不良或有毒物质，例如：冷嘲、热讽、愤怒时所说的话、无根据或随意的批评、无意义的酸言酸语等。这些毒素光听到就足以大量损耗我们身心的能量，此外，也很容易塑造我们如何看待别人、如何看待这个世界的观点，严重性实在不低于有形的有毒食品。

有形食物我们可以从它的颜色、外观、形态、栽培方式等外在特征，进行分辨与选择。但是对于无形食物的分辨与选择，就困难许多。不管真实与否，我们很容易照单全收而不自知。例如听到某人对自己的批评，感到难过、无辜、气愤，深陷在复杂的情绪里。但我们很少花力气分辨某人对自己真的了解多少、他的话有多少真实性、需要照单全收吗？也许这些话只是他的内在投射，或者是他有自己的立场或利益考量等。

如果用银行存款的概念，这些无形的不良或有毒物质是身心的提款，提到无法再提的时候就透支。麻烦的是，这类透支没有底线，所以通常自己也不知道正处于透支状态。因此在发展出对情绪和想法有高度觉察之前，学习能累积身心的无形存款是有必要的。在正念减压课程里，最有意思的练习就是书写"愉悦事件记录表"。

累积心情"存款"，从记录愉悦事件开始

【练习时间】　每日填写一则愉悦事件，至少持续一周。

问题是，什么叫愉悦事件？如何认定愉悦事件？如果心中的愉悦事件是：小孩听话、老公主动帮忙做家事、老婆温柔体贴、老板自动加薪……虽然这些事情的确也令人开心，但发现了吗？这些愉悦事情发生与否的决定权，几乎都在别人手上，如此一来，愉悦的概率自然较低。在这种情况下，生活越来越贫瘠乏味，"没什么好值得开心的"成为越来越熟悉的感觉。然而，每个人都需要为自己的生命负责，因此愉悦事件千万不要只系在别人身上，不论那个别人是老公、老婆、小孩、父母、公婆或工作伙伴。愉悦事件也千万不要只系在外在物质、成就、声望等方面。如此一来，无形中我们已经把快乐的能力寄托在外，请他人保管。但事实是，没有任何人有义务要负责我们自己的快乐。**快乐不假外求，不是靠别人赋予，而是需要自己培育的能力。**

还记得有一次我在外面办事情，当时很想上厕所，但一直找不到，只能憋着继续寻寻觅觅。然后有个店家愿意借我使用厕所，哇，当时超开心的。从此以后，只要在我想上厕所时有干净的地方可以方便，我心底都感到愉悦，不论是在家里、办公室或购物场所。这是典型的短暂愉悦，但通常不会留在我们的记忆中，好像这没什么，像这样严重惯性忽略大小愉悦的倾向，让我们的情绪存款很少。最惨的情况是，外人都觉得这个人很幸福，但这个人自己一点感觉都没有，心中还哀怨不断，像是坐拥金山喊没钱。

原来，真正贫瘠的是心，没有刻意练习的心很容易只关注并记住不愉悦的事情，愉悦事情却如过眼云烟般地挥霍。轻视愉悦的惯性让生活越来越乏味郁闷，越来越需要靠外界刺激，渴望别人帮我们制造快乐，让我们满足。但我们所寄望的人，可能也正贫乏地等着别人给他们快乐啊。

如何能停止一味向外追求快乐的惯性，如何自主积累情绪存款？每日填写"愉悦事件记录表"大概是最简单的方式之一了。通过天天填写"愉悦事件记录表"，一段时间后，我们开始对愉悦经验从不知不觉到有知有觉，才会不只在意不愉悦的经验。当我们的注意力也能觉察到生活中的愉悦时，这颗心开始练习平等地关照时时刻刻，而不再被不开心所绑架。然后我们会发现生活中可以开心的点滴还真多，再忙碌都不会错过，例如：夕阳的光芒、微风的吹拂、真心的微笑、树枝的摇曳、花朵的绽放、鸟儿的啾叫声、伙伴的成长、工作完成小段落、生活的新体会、饿时有东西吃、困时有床铺睡、渴时有水喝、想上大小号时有厕所、讲话有人在乎、天冷洗澡时有热水、垃圾有地方丢、脚可以走路、躺下去睡得着……

有觉察的愉悦事件，才能培养自主喜悦的能力

原来，生活中充满大大小小的恩典，这些都是愉悦的，我们却不以为意，总是视之为理所当然。这些年浸泡在正念的领域里，让我深刻地体会，没有任何一件事情是理所当然的。幸福不会理所当然，健康不会理所当然，好的关系品质不会理所当然，工作能力与场所不会理所当然，反之亦然。每一个人事物不论多么微小，都需要很多、很多、很多的条件充分配合与良好运作。拥有的时候没有觉察，哪谈得上珍惜；失去的时候又怎么可能没有遗憾、悔恨或懊恼。**记录愉悦事件让我们逐渐建立起不假外求的喜悦能力，积累自己的心情存款**，让开心能真正进入脑袋，存入保存记忆的海马回资料库里。生活依然忙碌，病症依然存在，困难依然烦心，但至少可以平等地看待而非全然沦陷，身心的平衡亦得以维持。

需要说明的是，在参阅"愉悦事件记录表"（见表3）时会发现，表格的第三栏有"是/否"的选项，这其实是在提升对愉悦事件觉察能力的提问。如果在事件发生的当下，能觉察到这是一件开心的事情，就填"是"。如果当下不知道，在写此表格时才想到，那么就填"否"。一开始也许"否"多于"是"，慢慢填写一段时间后，"是"会增多而"否"减少。这表示我们能对当下的愉悦有所觉察和体会，生活色彩将随之丰富。填完"是/否"之后，表格接下来的栏位分别书写：

（1）在那当下身体的感觉。

（2）当时心里的感受、情绪或心境。

（3）伴随感受而来的想法为何。

将此细分成三个层次能帮助我们觉察、检视与区分一个事件或经验的内容与影响。通常我们对这三个层面很少理会，任其交互作用、相互影响而毫无觉察，无形中它们也塑造了我们所认定的一切。因此，在积累心情存款的同时，也学习分辨什么是身体感觉、什么是情绪、什么是想法。这是重要的练习，尤其之后在面对不愉悦时，这三类的区分会很有帮助。

最后一栏"记录此经验时，脑子里浮现出什么想法"，再把注意力带回此时此地，觉察当下的念头，训练把心再带回当下的能力。

通过刻意训练对愉悦事件的觉察，我们从不知不觉到有知有觉。让我们从经常只记住不开心事情的惯性，在脑袋里开放一些空间，留给本来就存在的愉悦状态。这个练习不是刻意要去做些什么事情来让自己开心，而是觉察生活中本来就存在却被忽略的愉悦。这是很有趣的练习，不用多花任何金钱或精力，也不用特别去哪里或跟谁在一起，就可以发现生命中本来就存在的各种喜悦。如果可以的话，让自己每天至少记录一则，至少持续一两个星期。如果能继续练习，养成时时觉察愉悦经验的习惯，那么积累的情绪存款会越来越多，不假外求的开心能力就这么无声无息地建构起来了。

表3 愉悦事件记录表

日期	描述事件的内容	*	当时身体的感觉	当时心里的感觉、情绪或心境	伴随感受而来的想法	记录此经验时浮现出什么想法
		是/否				
		是/否				
		是/否				
		是/否				
		是/否				

＊：当下是否觉察到这是一个不愉悦的经验

注：本表引自《正念疗愈力》。

03

不愉悦事件记录练习
提升觉察与处理不悦情绪的能力

上文我们讨论到觉察日常愉悦事件的重要性,但生活绝对不会只有愉悦,一定也有不愉悦,而且有很多,本文我们要来讨论如何觉察、接受、面对不愉悦。正念,让我们学习好好照顾自己,我们也将讨论到在面对不愉悦时,如何照顾好自己。在大多数情况下,压力几乎都是不愉悦经验的累积:一开始也许只是一点不爽的情绪,没管它。之后再增加一点,还是没管它,也没处理。再持续累积,依然视而不见。直到有一天受不了,火山爆发,伤人伤己,伤身又伤心。

练习觉察不爽苗头,才有机会处理它

总之,大多数的不愉悦通常是累积出来的,即使有些事情表面上看似突发,但深究其根本原因,多多少少都会是若干小不爽的累积。因此,对于不愉悦事件,最好的处理方式,就是在它还没变大与变严重之前,就能发现并适当处理。当然如果能在成形之时或形成之初就消融掉,那就更好了。然而,这一切没有觉察作为基础是不可能的,尤其是第 3 部分所提到的各项身体觉察。

通过记录不愉悦事件,帮助我们觉察大大小小的不爽,有觉察才能处理,有处理才可能化掉。于是,每一个不愉悦才能不累积、不蔓延、不牵连;允许它来、它停留,它消失时也不紧抓着不放。在没填写不愉悦事件之前,我总以为自己脾气很好,肚量很大。诚实填写后,才发现我没有自己想象的那么不在意、也没那么大的肚量。借由**觉察与记录，我遇见更深层的自己，于是也活得更加真实了。**

不愉悦事件记录表的填写方式和愉悦事件记录表一样，书写方式请参阅表 4，此处不再赘述，表格也在后文中列出。可以的话，每天写一则；如果一天有很多不愉悦，那就多写几则吧，不用拘泥于一则。毕竟这是帮助自己发现内在情绪变化的方式，细心填写才有机会妥善处理。

书写一个星期后，建议您可以重新阅览所写的内容，也许会发现一些共同的模式或某种惯性，也可能发现原来会让自己生活不开心的，差不多就是那一两个人或是某个领域的事情。心情的不悦犹如身体的疼痛，没妥善处理的话，会很容易迅速蔓延扩大，从 1 分的不舒服膨胀变为 10 分的不爽，大概只要 1 秒钟吧。其中的 9 分如果有觉察且适当处理，将能有效降低。反之，就可能把不爽再扩大为 19 分或 90 分了。

以下我借用并改编课堂伙伴的分享，说明不愉悦经验的练习。

小华提到主管临时安排给他的一个紧急任务，不论就时间或内容都很难在期限内达成，小华感到莫大的压力。依据"不愉悦事件记录表"的架构，我探问小华在这个经验下的想法、情绪与身体感觉，汇整成表 4 的表格：

统计结果如下：想法有 22 个，情绪有 11 个，身体感觉只有 2 个，想法的数量是情绪的两倍，身体感觉的 11 倍。这个结构其实跟很多人的状态类似，当遇到不爽时，想法会有很多，情绪不少，但对身体的感觉却少之又少。

以身体觉察，聚焦棘手的不悦情绪

然而，身体真的都没有感觉吗？其实不然，只是我们习惯于忽略身体的感觉，习惯于纠结在各种想法上，不论是分析、解释、抱怨或鼓舞自己。我们以为会越想越清楚，但真实的状况是越想心越不平静／烦躁／纠结／痛苦。因此，在面对不愉悦时，从想法入手，表面上很理所当然，但其实是比较难处理的。因为面对不舒服情境时，我们第一个惯性反应通常是"为什么是我"，再就是"努力想要解决问题"。但静下心来认真看待会发现，很多事情

表4　记录表

想法	情绪	身体感觉
老板怎么可以这样 我才来不到一年耶 为什么不叫A做 每次都临时给任务 这家公司值得待吗 好想辞职 家里需要这份薪水 希望老公可以赚多些 是不是该换工作了 我需要找人帮忙 这样身体受得了吗 我的能力不够好 还需要再加油 后悔没去读研究生 希望有人可以协助 问同学看会不会 老板要磨炼我吗 这是重用还是滥用 怎么运用正念啊 又要加班几个月 孩子怎么办啊 努力撑过再说	很烦 生气 难过 担心 不公平 紧张 压抑 无奈 疲惫 想逃 懊悔	呼吸急促 冒汗

根本不是我们想解决就能立刻解决的，因为总会牵涉到其他的人、事、物。

另一方面，当面对不舒服时，我们也相当容易落入无效思维的陷阱，例如反复地思考是非对错、为什么会发生这种事情、当初如果怎么样就好了……想法中混杂着过去、现在、未来，也掺杂了想象、责难、期待与各种相对应的情绪。

情绪与想法息息相关，彼此总是推波助澜。习惯在各种想法与情绪中打转，无形中会快速消耗所剩不多的能量。当然我们也不需要压抑任何念头想法的浮现，但要小心的是，不要因想太多而强化或喂大任何不悦。

其实，在不愉悦的第一瞬间，最重要的不在于思考是非对错或应对方案，而在于先把自己照顾好，即使只是一分钟。照顾好自己首要的关键，就是把内在这股强大的能量放对地方。将能量放在想法或情绪上，容易使之成为负面能量，之后反而需要花更大的力气来稳住自己。

能量若导入不熟悉但很真切的身体觉察，由于聚焦清晰，处理起来自然相对容易。因此，此时要练习把觉察带入身体，感受当下所浮现出的各种身体感觉，**不要只是笼统的"全身都不舒服"，最好找出一个或两个最不舒服的部位**。在如此不悦的状况下，身体一定会有对应的不舒服位置，甚至有多种反应，但被我们习惯性地忽略而导致身体感觉相对模糊。

慢慢来，持续地练习后身体觉察就会更敏锐。身体不舒服的反应区域，正在告诉我们该部位当下需要被关照。因此，当聆听到身体的信息之后，我们采取什么样的选择是很重要的。不理睬或过度强化、担忧、紧张于身体的信息，都是极端的。不理睬让身心继续受苦，强化等则是加重身心的苦，也很容易演化成焦虑症。比较妥善的方式，是当觉知到身体不适时，刻意采取"不增不减"的态度，让身体感觉如其所是地存在，然后进行下列操作。

（1）确定身体最不舒服的位置，温柔地聆听它所呈现出来的感觉：酸、麻、肿、痛、痒、刺、闷、紧等。为了提升大家在压力或不愉悦状态下的身体觉察，我汇整了几类常见的身体压力反应以供参照。

- 与头部相关：头疼、头晕、头皮冒汗、血压升高。
- 与脸部相关：呼吸短浅急促、讲话速度变急变快、咬紧牙关、下巴紧绷。
- 与躯干相关：肩颈紧绷或酸痛、胸闷、心跳加快、胃痛、肠绞痛、拉肚子、尿频、便秘、吃不下东西、很想吃东西、皮肤痒。
- 与四肢有关：手脚发冷、手心冒汗、握拳、肌肉紧绷、大腿僵硬。

（2）确定了最不舒服的地方后，再觉察当下的身体需要什么，也许需要大口呼吸数次，或者需要带着觉察扩胸伸展，也许需要带着觉察喝杯水，或者需要正念地走去上个厕所（过程中有行走静观与如厕静观）。聆听身体的信息，给身体当下适宜的关照。

（3）除此之外，也可以在清楚定位出不舒服的身体部位后，大口吸气，观想气息进入不舒服的部位，感觉它仿佛因此有点鼓胀感。大口吐气，观想气息从不舒服的部位往外送出，感受它因此而有微幅的松沉感。持续关照身体最不舒服的部位，直到不舒服的部位稍感舒缓。这个过程也许只是一两分钟的暂歇与关照，却能送给身心若干能量、松沉与平衡。

关照好身体→安顿好心→好好处理问题

【练习】　每日填写"不愉悦事件记录表"，至少持续一周。

一般来说，当遇到不舒服的情境时，大部分人都是习惯先处理"心"，不论是想法或情绪。但此时我们的心通常很乱，东想西想，可能比平常更不受控制。或者此时的心可能会突然变得很硬，过度理性，只有事情没有心情，所有想法和情绪完全被抑制住。所以如果从心入手，会比较麻烦，不是太紊乱很难整理，就是太坚硬打不开，或者过度自以为是而不自知。

这时候最容易处理的其实是"身"，因为身体只活在当下，不会跑到过去、未来或想象。身体也不会闹脾气紧锁大门或信息混乱，只要把觉察带入，现在身体是什么感觉一定会忠实呈现。因此在面对压力事件或不愉悦事件时，关照身体其实比关照内心来得容易、直接、有效。

身与心是高度相关的，如果身体获得了照顾和安顿，通常心也会在不知不觉中跟着稳定下来，至少不会再狂飙乱冲。身体获得关照，重新恢复平衡后，比较有能量，脑袋也不至于太紊乱或太坚硬，在处理事情时更有机会抓对方向，做出明智的选择与决策。正念就是在这样的连锁反应下发挥作用的。

因此，在面对不愉悦状态时，正念的面对方式，不是压抑、快速升华、假装没事、刻意转念、掉头走开，也不是一直往内挖，无止境地探索想法的源头。正念修习开创出一条新的道路，允许一切的存在，但在觉察中温柔地接近身心真实不舒服的感觉，不逃跑也不强化，不强迫净空脑袋也不编撰更多故事情节，而是温和地接受当下，照顾好"身"，也看护好"心"，但先取得身体的平衡稳定，再进入思绪与问题的处理。我常开玩笑说，即使安顿后最后还是需要去吵一架，身心平衡下的执行效能也会比较好。

不愉悦事件记录练习在正念减压的课堂上会连续进行一周*，您一起来试试吧（见表5）。

表5 不愉悦事件记录表

日期	不愉悦事件的内容	＊	当时身体的感觉	当时心里的感觉、情绪或心境	伴随感受而来的想法	记录此经验时，浮现出什么想法
		是/否				
		是/否				
		是/否				
		是/否				
		是/否				

＊：当下是否觉察到这是一个不愉悦的经验

注：本表引用自《正念疗愈力》。

---

* 根据美国麻省大学正念中心（CFM）正念减压课程的教案，愉悦事件记录练习和不愉悦事件记录练习都写一周。在华人正念减压中心，我们会让不愉悦事件写两周，以更清楚地看到自己在不愉悦时的惯性并进行有觉察地回应。在这里您可以依据自己的需要，也可以写更多周，帮助自己更了解自己，也更明白在哪些状况下自己会进入不愉悦的状态。

04

提升人际互动的品质

正念沟通练习1：知己知彼的觉察

沟通，压根儿不是件容易的事，它涉及议题、时机、人物、价值观、期待、冲突、妥协、方法、目标、耐心、自己的状态、对方的状态等。很多人因而懒得沟通，不然就是以退让或威胁替代沟通。害怕冲突而喜欢和谐的人，容易倾向于息事宁人，以为这就是沟通，但不满会慢慢累积在心中与体内。目标导向者容易过于强势，以沟通之名行命令之实是常见的。如果是目标导向又害怕冲突，那内心的纠结就多了。其实沟通不是一味地忍让，也不是一味的要求，而是在这两个极端间找到即使未能完全认同但彼此都可接受的区域。

沟通的效能几乎决定了人际互动的品质，不论是夫妻间、亲子间、亲戚间、同事间、部属间……毕竟人跟人在一起就会有摩擦，尤其是发生不悦的事情，在哪儿都一样，因此无须幻想美好的乌托邦。慢慢学习增加沟通的能力是一定要的，也是一辈子的功课。我们自己会改变，周围的一切人和事物也会改变，原本好用的沟通模式，物换星移后可能完全不适用。好消息是，只要学对了方向，慢慢就会看到效果，即使过程仍有崎岖颠簸。

沟通困难事件记录表，从混乱中梳理出问题症结点

【练习】 填写"沟通困难事件记录表"，至少持续一周。

正念的练习让我深深体会到，**沟通的关键不在于运用了什么技巧，最重要的是我自己真实的身心状态**。当我们提到需要沟通时，肯定是两方或多方的

意见不一、想法互异，此时呈现的状态可能是胶着、冷漠、冲突、有话不讲、冷眼旁观、进退维谷等令人不舒服的状态。

这些年来我有一个深刻的发现，如果我自己的状态不好，例如身体疲惫、心里烦躁、身心不平衡，那么沟通的效能一定很差，我会比较没耐性，负面情绪也容易一瞬间就冲上脑门。麻烦的是，我的烦躁一定会勾动对方的不悦，于是经常越沟通越不爽，到后来只剩下谁比较有权力或谁声音比较大。相反地，如果我的身心状态是平衡且稳定的，所释放的信息是友善且真诚的，内在没有强烈负面情绪的巨大波动，那么对方也能感受到善意而无须急着防卫、对抗、攻击或闪躲，沟通上自然比较没那么费劲。

这呼应了正念减压训练的课程安排，在八堂课中前五堂课多在学习如何照顾好自己，如何观察到自己的惯性，进而练习有觉察地回应。积累了前面几堂所蓄积的正念能量后，大家逐渐发展出在混乱中稳住自己的能力，因此在第六堂课练习人际沟通时，自己就比较不会乱。否则，以紊乱、烦躁、焦虑、过度担忧的心所进行的沟通，通常只是激起更多的狂乱与挫折。

在正念减压练习中，这部分有一个连续写一周的"沟通困难事件纪录表"，请参阅本文最后。鼓励您也跟着一起练习一周，练习后再回过头重读本文，会更有体会*。

"沟通困难事件记录表"内容包括：

（1）沟通状况的描述（日期、人物、主题）。

（2）沟通困难的状况是如何产生的？

（3）针对当时的人物或情境，你真心想要的是什么？你实际上得到的是什么？

（4）针对当时的状况，对方想要的是什么？对方实际上得到的是什么？

（5）在这个过程中，你有什么感觉？

（6）事情过后，你又有什么感觉？

利用这个表格，可以帮助我们梳理清楚沟通困难状态下的混乱，也可以

---

* 说实话，正念阅读都是如此，有实践与未实践，实践1次、5次或10次，体会绝对不同。

让我们更清楚自己是否走在对的方向。

有觉察的沟通，从了解自己和对方的需求开始

沟通，比较麻烦的状态是，原本的目的是想往东走，但所采取的沟通方式却恰恰朝西行。在没有觉察的情况下，只是顺着自己的惯性或习性，这种情况特别容易发生。例如孩子晚归，我们内心深处的真实情感是担忧，希望通过沟通，孩子可以明白这种担忧而下回早归；但父母外表呈现的却经常是责备与生气，甚至沟通后变成愤怒，无形中把孩子越推越远。下次若又晚了，他可能更不想早点回家。又例如工作分配严重不均，内心深处的真实情感是生气不爽，但因不善于沟通或不敢沟通，外表呈现的却是温顺配合。这样的沟通惯性，要不是有沟无通，让人感到相当挫败而渐渐相信沟通无效，要不根本是自己闷着，不敢开启沟通之门却抱怨无法沟通。

- 沟通困难另一类常见的问题是没有核心主轴。
- 没觉察自己要什么，于是越扯越远，完全失去焦点。
- 没觉察对方要什么，于是各说各话，不欢而散。
- 没觉察你我之间更高层次的共同关怀是什么，于是只在较低层次的问题上打转，制造更多的对立。

沟通不良还有一种现象是，此路分明行不通，但出于惯性还使劲地往前冲撞。

这种现象很像被困在室内想往外飞的小鸟，再怎么冲撞透明的玻璃，都出不去。

假如这是一只有学过正念的小鸟，在多次循环飞撞后，会疲惫又难过地发现此路不通，这方法根本无效。

终于，它选择安静下来，静坐一段时间，觉察呼吸让自己稳住。

觉察念头和情绪，让自己不被想法念头和情绪淹没。

觉察身体感觉时，感受到非常、非常微弱的风，吹拂在右脚处。脑中于

是浮现"右边可能有出口"的猜测。

结束静坐后,它带着觉察往窗子右边飞去,发现一个小到足以让它飞出去的缝隙,小心翼翼地侧身不让翅膀被伤到,从窗台外侧飞出,然后展翅高飞。

小鸟的比喻说明了有些沟通障碍是不容易发现的,我之前也常犯这样的毛病,正确地说,上述所有的不良示范我都经历过了。因此如果觉得这些现象跟您似乎有几分吻合,不用难过,我也是如此,您并不孤单,我们可以一起通过正念觉察练习持续进步。只要不放弃自己,一定有很多机会可以学习与成长。

一般而言,我们很清楚知道身体健康需要不断保持,但很少人注意,沟通能力也是一辈子的修炼。我们所处的环境总是持续不断地变化:孩子长大、父母变老、职位变动、工作转换、自己身心状况改变……因此,养成时时刻刻把正念觉察带入沟通情境,好好照顾自己,经常与自己有良好的沟通,这是培育沟通能力万变中的不变。

05

提升人际互动的效能
正念沟通练习2：全然专注地听

沟通其实是复杂的人际互动，上文所提到的高度觉察，是有效沟通的必要条件。除了觉察之外，在沟通过程中"同在"（being）的程度也是影响沟通效能的关键。假设你我正在沟通，同在，是指我有多少的专注力真的投注在你身上，这经常也会影响到别人的专注度。老实说，我们未必可以决定别人的专注度，但至少可以决定自己的专注度。举例来说，如果我边用手机边沟通，此时也许只有30%与对方同在（70%与手机同在），那么沟通品质绝对不会高于30%。换言之，同在程度越高，沟通品质越好。那么同在要高到什么程度呢？好友如此形容："在这当下，我的眼里只有你。"

三阶段练习与对方"同在"的高品质聆听

沟通时，发挥同在最重要的是在聆听阶段，也是很多人最忽略的阶段。下文我将分享在课堂中如何进行沟通的实操练习，从聆听、映照到提出意见／忠告／想法。长时间的正念沟通练习，对于提升互动品质会有很大的帮助。但练习不等于保证进入一帆风顺或阳光普照的状态，在此过程中一定会踢到铁板、深感心灰意冷，甚至是挫败沮丧，难过疗伤后，再继续，可别几次不顺就放弃了。只要方向对，要调整的就是方法。一直在改方向，却从不改变方法，那才不妙。

课堂中我邀请大家两人一组（暂且将两人称为甲和乙）。我会设定一个题目，邀请大家选择适合分享的内容，详细程度自行决定，练习次序如下。

表6 沟通困难事件记录表

描述沟通状况（日期、人物、主题）	沟通困难的状况是如何产生的？	针对当时的人物或情境		针对当时的状况		在这过程中，有什么感觉？	事情过后，又有什么感觉？
		你真正想要的是什么？	你实际上得到的是什么？	对方想要的是什么？	对方实际上得到的是什么？		

注：本表引用自《正念疗愈力》。

阶段 1　分享与聆听

由甲先开始，这是百分之百属于甲的时间，甲可以自由分享，如果甲已经讲完了而时间还没到，两人宁可维持安静，让甲随时想补充都有空间。

乙完全不讲话，专心聆听，同时观察自己的注意力是否飘散他处，觉察内心好想分享、给建议或提问的冲动，尽可能保持高度同在。实际同在的程度到下一个阶段就见真章了。

时间到时，我敲铃结束这个阶段，大家回归到自己里面，短暂安静片刻。

阶段 2　映照

乙用自己的话语，映照（reflect）刚刚所听到的内容。不需要死记硬背甲所说的，像镜子般忠实并尽量不掺杂自己的意见、想法、经验、建议地映照出甲所分享的内容，或者纵使掺杂自己的意见也能清楚明白地分辨与呈现。如果可以，尽量采用甲的语汇，在这个过程中可以采用第一人称或第二人称式地映照。

这是百分之百属于乙的时间，而甲只需要专心聆听乙的映照，不需赞同、更正、补充或进一步分享。

映照，是一般人比较不熟悉的经验，有时候我会在白板上画下这些图以方便说明。

图 13—图 16 是甲所描述的内容：

阶段 3　阶段交流

甲先分享练习过程中，聆听乙映照自己经验时的感受与发现。乙再分享自己的历程。之后双方自由交流。

一轮结束后，角色互换。整个练习结束后，需要特别提醒团体保密原则：为了保护每一位伙伴，要求大家绝不将伙伴所分享的内容传递给第二个人，下周见面时也不用再关心伙伴的最新发展状况。让练习结束就真的结束，不要让练习成为负担，也无须让关心成为压力。

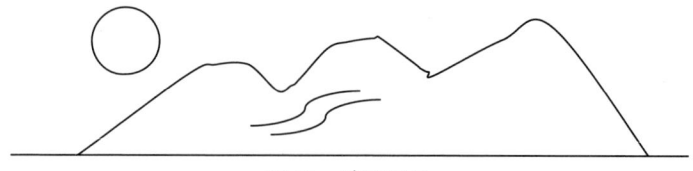

图 13 映照图示

（横线的上方是甲的叙述，横线的下方是乙的映照。而乙有以下三种不同的映照。）

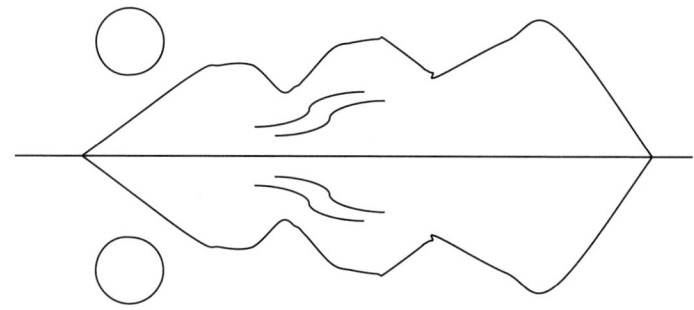

图 14 映照 1

（乙所映照的几乎全是甲所说的内容，高度全然专注的同在。）

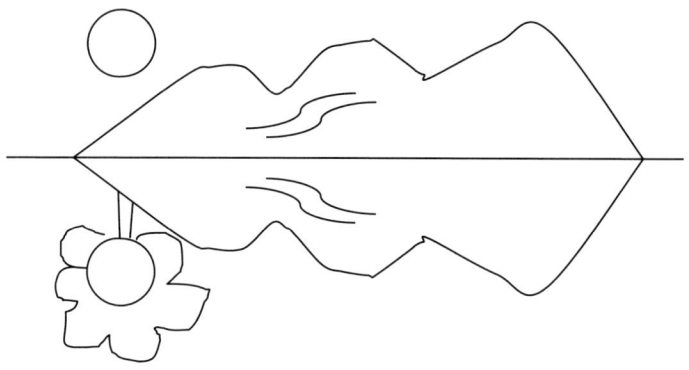

图 15 映照 2

（这个映照大部分都很好，但在某个点上明显地加入个人的想象。）

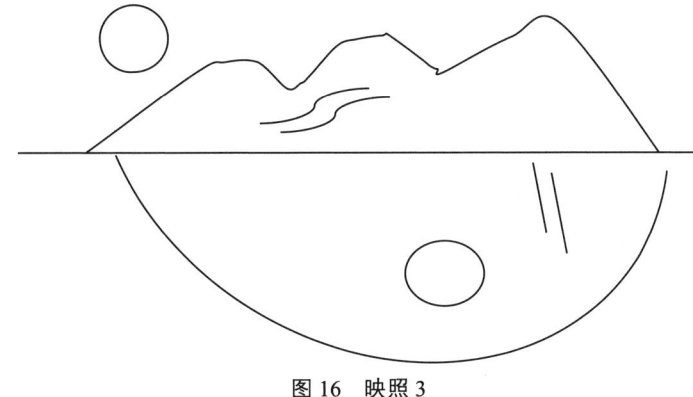

图 16　映照 3

（这个映照好像所有的元素都有，也没有加新的元素，但实际上是乙的想法或诠释而非甲的真实想法。）

简单三步骤，实践有觉察的正念沟通

这个练习让许多伙伴发现，在聆听别人讲话时，自己其实没有想象中的专注。一分神，映照就无法如实呈现，一定会卡住。在聆听的过程中，很多时候我们会想要分享自己类似的经验、给忠告或建议，想着何时可以插入提问，想着解决方案等。这些时刻，心其实已飘移他处，即使继续点头做聆听状，也没有真的在听对方讲话。然而只要一做映照，很快就发现对方在这些时刻所说的内容，自己竟然完全没有印象。

聆听，真的没有想象的容易，在映照的历程中，我们是否认真听对方说话，马上会原形毕露。日常沟通中我们很少做映照练习，所以也不容易观察到自己没完整听进对方说话的内容。多数人习惯直接给建议或忠告，纵使出于好心，但很可能只听了 1/2 或 1/10 的内容就骤下判断，然后还不承认没听完，或者坚持虽没听完但已经完全掌握了对方的重点。

在沟通过程中，我们常出于好意，希望协助对方找到出口或处理方案，于是很用力地给对方我们觉得重要的意见或忠告。很少有人会停下来思索一下，到底是我的意见重要，还是对方找到出口重要？理智上，我们知道对方找到出口比较重要；行为上，我们却经常落入这样的圈套，认为"我的忠告

=对方的最佳出口"。于是，当对方没有表现出我所期待的认真聆听的模样时，我们就会不高兴。

正念沟通的练习一次又一次地提醒我，有时候，真正能帮助对方的，不是我的忠告或想出什么解决方案，而是全神贯注地聆听。在这一刻，我眼里只有你，我跟你全然同在，我听到你在说什么，而你也知道我听到了。**当对方由衷地感到被听到、被了解时，自然会从内产生一种被接纳的非语言力量，从而能停止一直在自己的想法或情绪里绕圈或循环的状态。**因此，重点不在于我讲什么，也不在于你有没有听，而是我有没有安顿自己的身与心，好好地聆听你在说什么。这般全然同在的沟通可以化解许多怨恨、冷漠和争执。

沟通的第一要件是聆听，练习聆听最好的方法就是映照。是否真的听进去，一做映照马上就知道了。经年累月地练习映照后，能极大地改善与提升沟通品质，尤其是家有青少年的家长，父母是否真的听进去了，是否在乎自己的意见比孩子的需要重要，孩子几乎都会毫无修饰地反馈。

在日常生活中，我们完全不做映照，就直接给对方我们认为重要的建议或忠告，甚至连对方的话都没有听完。这其实经常都是无效的沟通或者有沟没有通，更糟糕的情况是越沟通越心寒，却不知道该怎么办，最后只落得放弃或漠视。从今天开始，不急着争是非对错，不急着告诫这个或提醒那个，先提升自己聆听的品质与能力吧。

正念沟通练习步骤如下：

【步骤1】**专心、真心、全心地聆听。**如果希望关系沟通品质好的话，这是最基本的动作，不论是跟伴侣、孩子，还是父母、同事。专心，指在当下我只做这件事情，而不是边滑手机边讲话，或边看文件边回应。真心，指表里一致，不是表面专注、微笑、点头，而实际上一直在想怎么回答对方，或只想赶快敷衍了事。其实，很多时候根本不用担心等一下该怎么回应，那只是惯性的焦虑紧张在作祟。真实的状况是，当我们专心聆听时，反而更知道如何回应，也能回应得更准确。

【步骤2】**简单映照＋核对**。不需像课堂上的映照练习那般完整，但至少简单地确认自己所听到的，是否就是对方想表达的。或许我们可以这么说："让我确认一下我是否听清楚了，刚刚听到你提到关于……的事情，是吗？"这里的"……"就是映照。映照传递的信息是：我跟你同在，我在听，我尊重你，如果错了，欢迎纠正我。当然被纠正时要有雅量诚心接受，而不是希望别人纠正，但别人真的纠正时自己又不悦，这样就不妙了。

【步骤3】**最后才分享自己的想法**。如果有忠告也是这时候才给。

然而日常生活中我们大多是这样做的：

聆听，随便听一下；
映照，从来没做过；
想法或忠告直接脱口而出。

请记得将心比心，换作是我们大概也没太多兴趣直接听忠告，因为我们根本无法确定对方是否真的听懂了啊。一般而言，我们最容易打开耳朵的时机有两个：一个是有需求时，另一个是感觉被听懂时。因此请不要轻视专注聆听这项修炼啊。

多多练习正念沟通，这是一辈子都可以进行的练习。沟通品质决定了人际互动品质，而人际互动品质相当程度地决定了活着的品质。下次在提出意见或忠告之前，请记得先核对并确认自己真的听清楚对方所说的，至少能做到简单的映照，慢慢练习从惯性的沟通模式，转换成有觉察的正念沟通模式；也慢慢地从随便听听，转换成人在心里的专注互动。

06

从强风来袭到微风轻拂

正念沟通的实例分享

本文不是案例讨论，而是分享改编自课堂上两三位伙伴的小经验，并通过这些小实例讨论一些在沟通上值得留心的事项。在实际的课堂中，有更多的沟通经验持续流动与分享着，其中不乏感人肺腑与幽默逗趣者。沟通，不是一个独立存在的现象，而是身心大整合的活动，因此更多与沟通相关的练习散见于本书各处。若真心希望提升自己的沟通能力，不假外求，就先从稳住自己开始。话又说回来，不论是稳住自己还是沟通能力的提升，第一个受益人都是自己。何乐而不为呢？

案例1：他要什么？

学过正念沟通后，学员小雅在课堂上跟大家分享自己的经验。

小雅的妈妈心中很多哀怨，怨自己没有受到好的教育、怨爸爸不够体贴、怨公婆大小眼、怨邻居难相处等。小雅实在听得很烦，也很担心这样下去妈妈会越来越难相处，于是总觉得需要对妈妈晓以大义，好好教育她如何正向思维，努力让妈妈知道其实她已经很好命了。麻烦的是，不论小雅从哪个角度切入，妈妈总是会提出许多反证，小雅感觉自己越来越没耐性。两人很难有交集，小雅感到懊恼，妈妈也觉得生气，经常不欢而散。

上过正念沟通课后，小雅想把课堂所学试用在妈妈身上，因此在回家前就先给自己心理建设，告诉自己多听少说。

（1）回到娘家，当妈妈又在抱怨时，小雅清楚地感觉到几乎要脱口而出的不满。此时她不着痕迹地深吸一口气,提醒自己:"闭嘴!只听,别试图教她什么。"小雅承认这真是件超级困难的任务。

(2)在快要忍不住又想开导妈妈时,小雅觉察了一下呼吸和身体感觉。这才发现身体已经相当紧绷,尤其是下巴、胃肠与肩膀。然后小雅微微动一下,调节放松这些紧绷,再继续听妈妈抱怨。

(3)小雅一方面练习自我照顾,在觉察中维持自己的身心平衡,其他的精力就用来好好聆听妈妈说话。这次,小雅完全没有打岔,没想要做这个或教那个,就只是单纯专心地听,也没给任何建议。

(4)小雅尽量让自己融入妈妈所说的情境,有时候竟然还会跟她一起抱怨对方不够意思,小雅自己也吓到了。

(5)聊完后妈妈开心地笑了,觉得自己很好命,生了一个贴心的女儿。

小雅分享说:"我真的什么都没做,就只是听她、陪她,要求自己稳住、稳住,妈妈就一副心满意足的样子,真是让我傻眼了。"

"那就是她想要的啊!"坐在旁边的伙伴笑着说。

"所以以前我的方向都错了,我一直想要改变她,希望她过得更快乐,很怕她跟我一样得抑郁症。尤其我们之前不是说过吗,你喂大脑吃什么就会是什么,所以我一直希望她的大脑能吃些愉快的东西,但一点用都没有,她反而更坚守自己的立场。上次我真的一点儿都没想要改变她,就只是跟她同在,她倒是自己松动了。"

"没有人喜欢被改变,包括你跟我都是啊。大脑喂食的隐喻是指,我喂自己的大脑吃什么,在觉察中,主动选择对自己的大脑有营养的食物,而不是我觉得别人的大脑应该吃什么,然后强迫对方吃下那些我觉得健康的食物。"

"这意思是说我们都不要想改变别人吗?"

"反过来看,我们能改变谁呢?改变每天睡在旁边的伴侣?"

大家轻轻摇摇头。

"改变每天一起工作的同事?"

大家再摇摇头。

"自己的小孩?"

大家头摇得更厉害了，尤其是那些家里有青少年的伙伴们。

"认真想一想，我们无法改变任何人。如果我们以为可以改变任何人，那也是对方的心门愿意敞开。那么，我们能改变谁呢？"我问大家。

"自己。"

"是的，唯一能改变的就只有自己。老实说，能改变自己其实就非常厉害了。所有的修行都是在修自己，不是在修别人，不是吗？但有趣的是，人与人的关系是共同建构的系统，系统中有个点开始转变，相关的元素就会跟着连动变化，只是有时候幅度尚小，我们没有感觉而误以为没差异，但实际上还是有差别的。正念觉察学习让心安住于当下，唯有心安住了，不躁动，才能觉察每个当下细微的变化。那么请问，小雅刚刚的分享，先转变沟通模式的是谁？妈妈，还是小雅？"

"小雅。"

"是的。小雅以前的沟通模式是强风吹袭式地希望妈妈有所改变，这次在觉察、同在和自我照顾中，强风默默转化为轻拂的微风，在毫无所求下，小雅风量的变化反而让妈妈愿意打开心门。"

"听起来好像北风与太阳的故事哦。"

"哈哈，有点像。"

案例2：急，挤掉了空间与可能

接着，小吴也举手分享，他说上次正念沟通的练习让他感触很深，这两周他在办公室练习特别认真。

有个新同事一直让小吴很头痛，能力很强但动作很慢。上周这位同事应该要交一份文件，但时间到了还没有提交任何东西。小吴很不高兴，叫他进办公室。这次小吴没有先说教或责备，刻意提醒自己抱持着开放与好奇的态度试试正念沟通。

（1）小吴温和地询问这个同事做了些什么，是怎么样的状况让他无法正常提交文件等，尽量不一开始就落入"指责/防卫"的气氛。

（2）耐住好大的性子听他一一讲完，过程中小吴观察到自己急促的呼吸与一直想打岔的冲动。
（3）一段时间后小吴发现他不是什么都没做，而是卡在一个需要客户主管定夺的环节。听到最后，小吴才发现这个同事行事细腻，避免了一个不小的连贯失误。
（4）小吴深吸了一口气，差点儿错怪对方。
（5）小吴再深深吸一口气，原来彼此的沟通习惯如此不同——小吴习惯直接进入结果，同事需要铺陈过程才讲得出结果。

"以前工作时，我不觉得沟通有多重要，任务就摆在眼前，没做完就赶快拼命完成，不需讲太多，大家的工作状态或态度都比较相近。到了这个年代，差异好大，你不好好跟下属沟通，也不知道他是什么状态，难免就会用自己的角度去揣想对方，也许想错了都还不知道。这样就会产生误会，我对对方不高兴，对方也对我不高兴。我觉得他什么都没做，他觉得自己做了很多，落差很大。唉，只要多几次这类不高兴的体验，难保彼此不产生心结，心结不论大小都会影响对彼此的信任与工作的推动啊。"

"那么，你觉得这次的沟通与之前最大的不同是什么？"

"我刻意提醒自己要有耐心，不要急，别急着直接下结论或岔话，听他把话讲完。我也试着提醒自己做一点点的映照，这能帮助我好好听他讲话，把脑袋带回他正在讲的内容，不然各种想法或解决方案很快就会一直涌现，当然也少不了评价对方，更别说接纳了。这真的比想象的难。好多时候我都会在心里嘀咕：'这不是重点！然后呢？'很没耐心，即使我已经把时间空出来要讨论这件事情了。"

"嗯。那么身体有什么反应吗？"

"有，呼吸比较急促，呼吸跟心一样变得比较急。然后当我很想追着他讲重点时，肩膀会比较紧一些，好像有点微微耸起来，太阳穴也会比较紧一些。以前我从来不知道在沟通时身体会有反应。我也发现好像身体越紧绷我就越没耐性，于是我就再呼吸深一点，放松肩膀。没多久肩膀又紧绷了起来，就继续呼吸更深一点，再松掉一些紧绷，循环好几次，直到我最后听到他其实做得不错才完全放下。"

"好棒啊！身心的交互作用观察得很清楚呢。"

"是啊，我自己也挺惊讶的。这才比较明白课堂上你常说的'稳住自己'是什么意思，当我心很急的时候，身体也会跟着烦躁，在没有觉察的情况下，身体的躁会加重心里的烦，搅和在一起就会更没耐性，心更急，不知不觉中挤压自己也挤压他人。然而，当我把正念带入，即使只是一两秒的时间，关照一下自己，觉察当下自己的真实状态，而不是百分之百地只专注在对方或要解决的问题上，好像情况就会很不一样，实在很奇妙。"

"是啊，这一两秒的时间看似没什么，却发挥很大的杠杆作用，也是这几个星期不断练习后产生的内在能力与能量。"

沟通里的似是而非

"前面两位伙伴分享的正念沟通都有愉快的结局，但是我的正念沟通就完全没效。"小陈这么一说吸引了所有人的注意，"上礼拜我跟小孩试着用正念沟通，叫他把自己的东西收好，可是他还是没理我，东西照样丢得到处都是啊。"小陈幽默的口吻让大伙儿都笑了。

"哈哈，正念沟通又不是神药，未必每次立竿见影，需要不断地练习。有些练习可能一做就很有感觉，有些练习做了很多次可能都还没有明显转化，这是很正常的。放下对练习效益的期待，让练习单纯就只是练习，这本身就是练习。哈哈，会不会很像在绕口令？但话说回来，没有觉察的沟通，品质只会更糟，不是吗？"

话题一转，我提出这个问题："假设我们两个正在沟通一件事情，你有你的想法，我有我的立场，如果你不跟我站在同一立场，我就要生气、受伤或难过，请问这是沟通吗？"

"不是。"

"真的吗？但我们好像经常如此，在沟通过程中，当别人的想法或立场跟我们不一样时，我们的内在很容易受伤。也就是表面上是沟通，但骨子里很难接受对方说'不'。"

在这样的情况下我们其实不是在沟通，而是以沟通之名行命令之实，但大多数人的互动经常如此，我自己也花了多年时间才慢慢调整过来。**建议大家下次进行沟通之前，先给自己心理建设：允许对方不认同我们的想法或立场，允许对方有说"不"的空间**。如果内心深处感觉这件事情没有说"不"的空间，那么宁可讲清楚，对方未必赞同但至少理解。最好不要表面是沟通，但只有一个选项可接受，这种给人期待又不讲明白最麻烦。万一对方真的说"不"时，不论再怎么准备，内心多少还是会觉得不舒服，此时别忘了在觉察中好好照顾自己。

此外，我也提醒大家，**不是只有语言的信息才叫沟通**，有些人传递非语言的信息可能比语言的信息还多、还擅长、还熟悉。如果因为自己只熟悉语言式的沟通，对于非语言的沟通视而不见或抹杀其重要性，那么沟通就非常狭窄又困难了。举例来说，如果是对方的错，对方虽然没有用言语表示道歉，但两个小时后来问："要不要帮你买便当？"或者对方顺手帮忙拿个你需要的东西给你，或传个问候的手机贴图来等，这些都是非语言的善意信息。假如一味地认定只有语言信息才叫沟通，那么就会因为完全听不到对方的任何回应而抓狂，而对方也会感觉不到善意的回应而有挫折感。

正念沟通，一辈子的探索之旅

为了便于日后的实操练习，我稍微梳理了一下正念沟通的学习重点（见表7）。

首先，选择合宜的沟通时机相当重要。时机的选择不只是我方，还有对方，沟通前请记得关照对方是否处于适合沟通的状态。只要任何一方身体很疲惫、手边的事情多又急，或者心情极度恶劣，都不是沟通的好时机。以前我常犯这样的错误，因为自己觉得很重要，即使已经深夜了还觉得必须讲清楚，沟通到后来总是两败俱伤。

其次，在沟通中一定要带入正念觉察，好好照顾自己。 让自我身心处于相对平衡稳定的状态是非常重要的。因为在失衡下，人们不可能专注且真心地聆听，只会想怎么反驳、说服与打倒对方。对方当然也会嗅到火药味，如此氛围下的沟通，自然会导向攻击与防卫的争战，没力气或懒得吵就直接进入冷战，既没意思也很累人。

再次，全然地专心聆听。 尤其是对重要的人——孩子、伴侣、父母、同事等，尽量不要边看手机边回应，有没有认真聆听是骗不了人的，可参考下面的沟通自我检视表。

表7　沟通自我检视表

内在状况 ＼ 外表的样子	一边做其他事情	没有做其他事情
边听边想着其他事情	双方很容易处于鸡同鸭讲的状态	表面的聆听，经常会听而不闻
心无旁骛地聆听	别傻了，完全不可能	专注、同在、尊重

周围的一切人或事物，包括自己，随时都在变，昨天沟通得很顺畅，很可能今天就受挫。就像其他正念练习一样，切勿贪恋美好的经验，也不用害怕或讨厌不舒服的经验。不害怕沟通，才可能有效沟通。

以非评价和接纳的态度，观察自己的沟通惯性，也观察他人的沟通惯性。

学习相信自己，也信任对方。

以耐心和非用力追求来融入沟通的过程。

以放下和初心来承接沟通的结果。

正念练习的七大原则，随时都用得上。然后，我们会发现每一次的沟通都是不一样的，如同呼吸，每一口都是新鲜的。正念沟通是不断跨越舒适区的挑战，也是有趣的实操练习，更是一辈子的发现与学习之旅。我们一起开始吧！

07

培养善意的习惯
慈心静观的练习

在我上的八周正念减压课程中,当每次课堂结束时,我都会邀请伙伴们一起进行 3 分钟左右的慈心静观(lovingandkindness meditation)练习。这是我 2010 年在美国上课时从恩师那儿学到的,实行后一直觉得很好,伙伴们的反馈也都很正向。几年后,我在麻省大学正念中心上更进一步的师资培训师训练时,才知道这不是正念减压标准教案里面的内容。有趣的是,多年实践后,我发现这项练习精准地符合了卡巴金博士后来所加的两项正念练习基本原则——感谢与慷慨——而且是用不着痕迹、毫无说教的方式温柔传递,因此我决定保留这项练习,清楚地说明并以大家都能一起参与的形式来进行。

慈心静观,是把美好的祝福先送给自己,再送给周围的人,最后送给一切众生。如石落水,波纹由内而外的扩散,送慈心祝福时温柔能量也能从里而外地开展。

让心回归平静温柔的慈心祝福练习引导

课堂中的练习方式非常简单,在课程结束之时进行,差不多就是依照下面所描述的程序。不过,为了降低进入障碍,通常在第一次练习或有第一次进团的伙伴时,我会稍微把此练习的目的与程序说明一下[*]:

---

[*] 如想获得相关音频文件,请扫描封底音频二维码。

（1）邀请大家采用舒服的坐姿，通常也是腰直肩松的姿势，眼睛轻轻闭上，温柔地把注意力带回此时的身体，领受身体的感觉，觉察身体里的呼吸。

（2）短暂身心合一之后，我念诵一句，大家跟着念诵一句[*]。邀请大家在念诵的过程中，尽量从内心深处把祝福送出来，而不只是从嘴巴，因为这是每一个人都需要的祝福。念诵慈心祝福的声音语调就跟平常讲话是一样的，完全不需矫情的温柔，也不需刻意地拉长或拖慢。所有正念练习都没有要成为另一个人，而是朝向成为更真实的自己。

（3）然后我开始一句一句地念出慈爱的祝福。祝福的内容其实不是完全固定不变的，而我最常用的两个版本如下：

愿我平安、健康、快乐。
愿你平安、健康、快乐。
愿众生平安、健康、快乐。

——极简版

愿我没有敌意。
愿我没有危险。
愿我没有身体上的痛苦。
愿我没有心理上的痛苦。
愿我安详快乐。

愿你没有敌意。
愿你没有危险。
愿你没有身体上的痛苦。
愿你没有心理上的痛苦。

---

[*] 这种带领者念一句，学员跟着念一句的形式，对西方人而言简直是不可思议，但我们从小就很熟悉这样的方式，倒也很快就做得自然，没有太多适应上的困难，也多能领受团体祝福的底蕴能量。在麻省大学正念中心时，我的老师采取的做法是她念诵祝福，所有人都安静聆听。

> 愿你安详快乐。
>
> 愿众生没有敌意。
>
> 愿众生没有危险。
>
> 愿众生没有身体上的痛苦。
>
> 愿众生没有心理上的痛苦。
>
> 愿众生安详快乐。
>
> ——祥和版

（4）送完祝福后，再次感受当下身体的感觉，觉察身体里的呼吸，然后在祝福中结束当天的课程。

这是一个潜移默化的熏陶，练习后不需讨论或分享。有些伙伴第一次听到这些祝福词并不习惯，有些伙伴则是一开始就很喜欢这项练习。有伙伴分享，每次静坐练习后，他都会送慈心，这让他有种愉悦安定的感觉。很快这成为课程结束时简单温柔的练习，在下次见到彼此之前，把慈爱的祝福送给大家，感受运用语言却又超乎语言的关怀与联结。

然而，在送慈心祝福时还是要留意两点：

【注意 1】首先，请先祝福自己，或者至少记得祝福自己，不急着一味地祝福别人，也不要只祝福别人而忽略自己。祝福自己不是自私，而是自我慈爱。一个人只有对自己慈爱时，才有可能对他人慈爱，不然所送出去的爱，经常是出于某种期待、渴望、价值观等的投射而不自觉。这样的爱，拖泥带水，送者累，接收者也累。

【注意 2】其次，在送出慈心祝福的时候，一定要慷慨大方，送了就送了，千万不要期待对方因为自己送了慈心祝福，就要有所不同，这样就不是送而是要挟了。送祝福，单纯就只是送祝福，没有别的意念、想法或期待掺杂其中。

这么一来，慈心祝福就很简单，走在路上看到一个拄着拐杖的老先生，可以祝福他："愿你平安、健康、快乐。"听到一个娃娃在哭，可以祝福娃娃平安、健康、快乐。去医院、坐公交时，可以广泛地祝福在这空间内的所有人："愿大家平安、健康、快乐。"甚至楼下的小狗半夜吵闹，我们也可以祝福它们和平相处。

　　所以日常生活的慈心祝福很简单，也很纯粹，随时都可以送，不用念出声音，也没有一定要念诵上述的词句，就看当下想给什么祝福，直接送出就好。**唯一的要求是心纯意正，不需很刻意或勉强。送完之后就放下，不要有任何的期待或想象，更不需有"我在做什么好事"或"我在帮助别人"的自恋。**切勿把慈心祝福当成是某种应该或交换，那就走错方向了。另外，慈心祝福的词不用太多，简单重复，不要成为碎碎念或长篇祷词。

课堂中慈心祝福练习实例分享

案例 1　被孩子气得半死

　　小青举手分享他的经验，他说有一次跟正值青春期的孩子吵架，被孩子气得半死。当时实在不知道该怎么办，很想好好教训孩子，但经验告诉他这时候任何严厉的教训最后好像都会失焦；很想打孩子一顿，但孩子也长大了；很想解决问题，但孩子又不理你……小青进退维谷，胶着在愤怒、失望、难过、担心的复杂情绪中。当时小青的身体明显感到不舒服，呼吸短浅急促、肌肉紧绷、下巴紧紧咬合住。

　　小青突然想起课堂上说的："此时重要的不是争是非对错，也不是赶快倒出心中的想法，而是先要好好照顾自己，让失去平衡的身体能够被关照到。"小青于是进行了以下练习。

（1）给身体几个深呼吸，专心地把气息大口地吸入身体，感觉身体的鼓胀。大口地吐气，身体松掉一点，心中的怒火仿佛也跟着吐出了一点。

（2）在连续进行几个高度觉察的深呼吸之后，小青的怒火稍缓，随即想到每次课后的慈心祝福。于是他开始在心中祝福孩子:"愿××没有敌意,愿××健康快乐。愿××没有敌意,愿××健康快乐。愿××没有敌意,愿××健康快乐……"××是孩子的名字。在单纯、直接、重复的祝福过程中,他高度紧绷的情绪逐渐缓解,心中那块硬硬的石头好像软化了。

(3) 然后,小青发现他忘了祝福自己,于是也把慈心送给自己:"愿我没有敌意,愿我健康快乐。愿我没有敌意,愿我健康快乐……"

(4) 小青的心情渐渐平和,身体也逐渐放松。几分钟后,没想到孩子的口气也缓和了许多。虽然彼此没再多说什么,也未针对问题讨论或争辩,但那晚,他们彼此都睡了个好觉。

小青分享后我补充道,敌意,其实是我们在争执时,经常存在但长期被我们忽略的内在底层的细微状态,无形中会极大地左右或强化当下的情绪和想法。因此在争执时,"没有敌意"的祝福,对自己、对对方,其实是很重要的。

案例2 被老板骂

不久小靖举手提问:"在不高兴的时候送慈心,送得出来吗?是真心的吗?我就觉得很困难呢。像上周老板骂我,我一度想到慈心,但就是不想祝福他。心里根本觉得他很过分,没诅咒他就已经很客气了,还送慈心,怎么可能?"

"确实,在这个时刻是很难送慈心给老板,而且也不宜送。当我们发现心里想要诅咒大于想要给祝福时,就不要欺骗自己,宁可不送,也不要送出含有杂质或毒素的祝福。无法送给对方,至少可以送给自己:'愿我没有敌意、没有危险,愿我平安快乐。'如果这时候不想送慈心,也可以用其他方式好好照顾自己。"

然后,当自己感到稍微平衡一些后,也许可以送慈心给众生:"愿众生没有敌意、没有危险,愿众生平安快乐。"

众生包含自己与对方,也包含更多的人……这样的练习,让我们不硬邦邦地与不高兴正面交锋或自我扭曲,但也没被不高兴全然绑架或控制。

我经常强调慈心祝福是一种自然流露,不要勉强,更不要成为某种教条而不假思索地奉行。**即使是进行慈心祝福时,都是有觉察的状态,而不是口在心不在。**

在正念的练习过程中,我们慢慢地练习身(行为)、口(表达)、意(想法)的合一,也就是所做的行为、所表达的话语、心中的想法,是日渐趋于一致的。身口意合一,在复杂的社会环境中,对外也许难以全部适用,但至少对自己是可以的,也是迈向愉悦人生的必要修炼之一。这点,在慈心祝福时尤其如此。值得一提的是,身口意的合一练习不是拿来要求或衡量别人的,而是一种安静渐进的自我修炼。

因此在八周正念减压课程中,慈心祝福都只是轻轻带过,只有到第六堂与第七堂中间的一日静观时,才会做完整版的慈心静观练习[*]。我们在无法慈爱自己之前,是难以真心慈爱他人的。因此,照顾自己是非常重要的,而照顾自己也正是落实对自己的慈爱。所以在正念减压课程中的慈心是镶嵌在日常生活的具体行动里,而没有额外的培训,但在其他场所,慈心练习也可能成为训练主轴。

案例3 和同事吵架

小澄举手,针对刚刚小靖的提问,他想分享自己最近的经验。他说上周跟公司同事吵架,心里实在非常不高兴,因为那件事情分明是同事有错,但同事就是狡辩,而且还在开会时影射是小澄的不对。小澄觉得被冤枉、被误解,甚至是被曲解,超级不开心……

(1)会后小澄带了一杯温开水,走到公司大楼的一个角落透透气,想要舒缓一下自己。小澄随意地看着周围景物,对自己承认:"心里真的非常不高兴,觉得那位同事实在很不应该,自己平常待他不薄,他怎么可以这个样子……"小澄越想越难过,也想到很多他们互动的

---

[*] 完整版的慈心静观练习,是渐进开展的祝福,《正念疗愈力》第13章222~225页有清楚的说明。

经过。

（2）此时，一个周围的声响，让他突然意识到自己的心已经越跑越远了，这样衍生再衍生的想法，没什么用处，只是让他更不开心。他灵机一动，心想"来练习正念看看吧"。于是，他采用饮食静观的方式专心地喝一口水，他清楚地感觉到水滋润了口腔、喉咙与身体。之后再来几个有觉察的深呼吸。小澄想到也许可以试试慈心祝福，于是小澄祝福自己，"愿我没有敌意，愿我没有危险，愿我顺利平安快乐。愿我没有敌意，愿我没有危险，愿我顺利平安快乐……"

（3）几分钟后，小澄觉得心情平静了许多。他开始有一种淡淡的领悟，觉得大家都只是混口饭吃，那位同事应该不是那种人，也许，其中真有什么误解。于是，小澄也祝福这位同事，"愿××没有敌意，愿××没有危险，愿××顺利平安快乐。愿××没有敌意，愿××没有危险，愿××顺利平安快乐……"××是那位同事的名字。

（4）然后，小澄把水喝完，带着比较平静的心情回到办公室，未再跟那位同事讲话。

（5）没想到，当晚那位同事竟然打电话给他，表明他如何产生误解并跟小澄诚心道歉，小澄也表达了心里的不悦并接受道歉，两人言归于好。

我趁机问大家："听了伙伴分享自己的慈心祝福体验后，有没有觉得很神奇，下次跟别人吵架时也来用用看啊？"

"是啊，一定要试试，可能对方就会跟我道歉啦，哈哈！"

"哎呀，如果带着这样的心情来做慈心祝福，效果不一定好啊！为什么？"我把问题抛给大家。

"因为送慈心是不能有任何期待的。"另一位伙伴回答。

"确实是！所以，高段的练习就是吵架时或吵架后，还可以真心送对方慈心祝福，不论吵架的对象是伴侣、孩子、学生或同事。但非常重要的是，千万不要期待对方或自己有任何改变喔，练习就只是练习。大方点，送完就放下，这就是慈心练习的精神。"

建议慈心静观练习不要等到不爽才做，平常就多多练习，例如：送给所探望病人、共同搭乘大众交通工具的人、办公室同事、家里的孩子、父母、伴侣、亲戚、店员、路人甲……不分对象、时间或地点，睡觉前、被噩梦惊醒时、刚起床时……我可以举出无数适合练习慈心静观的例子。

这么说吧，只要可以做呼吸觉察，就可以做慈心静观，自然无矫情地把慈爱送给自己、周围的人与一切众生。

慈心祝福，提醒我们一个不争的事实：人与人之间、人与万物之间，其实都是高度相互联结的。即使有时候我们看不懂或看不到有什么联结，在愤怒时甚至会希望："谁要跟他联结？最好不要有联结！"但有时静下心来体会一下，谁能孤独地活着呢？即使在山洞里闭关的修行人，都需要有人供养或汲取大地的养分，这不是相互联结吗？更何况是生活在城乡的我们。经常练习慈心祝福，少一些痛苦时的孤立感，少一些内心慢性的僵化或硬化，多一些滋润情绪与想法的养分，多一些由内而外、不拖泥带水、不求回报的温暖。这样的练习谁不需要？

08 / 成就与快乐的平衡
行动模式与同在模式

当我们把觉察带入想法与情绪时，若能分辨行动模式与同在模式，对于调节长期累积的紧绷惯性会很有帮助。行动模式（doing mode）指的是从思考规划、落实执行、追踪监控进度，到最终达成目标的过程。这种能力从我们进入校园就开始不断训练，是一个人在社会立足的必备能力，也是成就感的重要来源。同在模式（being mode）强调对觉察的重视，对当下充分的感知，包括对自己的身体状态、情绪、想法、整体脉络与周围一切的觉察感知。这种能力是与生俱来的，是内在喜悦与身心合一的重要来源，但很容易被磨平且被忽略。同在模式即正念状态，本书一直都在阐述如何练习正念，即如何培育同在能力。表8简单地呈现两者的差异：

如此分开列示只是为了方便说明，不等于两者是二择一的。本书有一个假设：行动模式大家都会，因此无须额外说明。然而，如何增加同在模式，**让同在模式更多地融入行动模式中，以增加忙碌生活中不假外求的平衡、祥和、喜悦、自在，是本书的目的。**

以看夕阳为例来说明同在模式。几乎多数人都有过看夕阳的感动，炫丽耀眼的金黄光芒，照耀着大地万物与辽阔天际，整个人陶醉在美丽动人的光影变化中，我们充满了用言语难以道尽的无限感动。这种感动是超越了言语的单纯的喜悦洋溢。这是同在，与天地同在，与夕阳同在。除了看夕阳外，典型的同在的经验还有：跟好朋友聊到完全忘记时间与烦恼，享受一顿美食，看着熟睡小孩的满足喜悦，工作或读书专心到浑然忘我……在这些同在时刻，我们的心是清澈的，只有眼前的此人、此景、此物、此事、此时；没有过去或未来，只有当下。刹那于是成为永恒的回忆！

表8 "行动模式"与"同在模式"比较表

	特性	着重	时间	创造
行动模式	思考	逻辑	期待未来	外在成就
同在模式	觉察	感知	专注当下	内在喜悦

达成目标、成就人生的行动模式

生活中除了同在模式，老实说，更受重视的其实是行动模式（见图17）。准备考试是最常见的典型，尤其在华人区域，从小考到大是家常便饭，因此就以大家都有的考试经验来说明。小明三个月后要考高中英文第三册，此时他在未来的某个**时间点**（三个月后），有个清楚需达成的**目标**（考好英文第三册）。为了要达成这个目标，小明需要做**计划**，规划每个月与每星期的读书进度。然后小明需要落实**执行读书计划**，执行一段时间后，还需要**监控与评估**行动与计划的差距，以及时进行调整，不论是调整计划还是调整行动。"计划、行动、评估"这三项持续循环执行，直到达成目标为止。

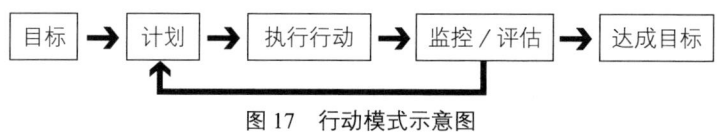

图17 行动模式示意图

这整个历程叫作行动模式，可以想象一下，凡是考试、求职、搬家、旅行、上正念课、管理公司……都要靠有效能的行动模式才能完成。设定目标、做规划、落实执行、监控与评估执行状况，缺一不可。行动模式是一个人能否在社会安身立命的关键，非常重要，所有看得到的成就都要靠良好的行动模式来达成。

达到所设定的目标会有成就感，也有快乐的感觉，至少在刚达成的那段期间、那几天、那一天或在那个瞬间。但在行动模式下，达成目标的快乐时间通常会越来越短，因为很快就会有下一个目标，不论是自己给的，还是他人设立的。也许是更高的目标，也可能是不同的目标，总是一直追逐着。如果没有刻意地把觉察带回当下，心会惯性地一直牵挂着下一刻、下一个目标。心里仿佛有个马夫不断甩鞭子在马身上喊着："快、快、快！"我们既是马夫，也是马。路途的艰辛、身心的疲惫，全被抛在脑后，只为达成一个又一个的目标。没有照顾自己这回事，只是紧绷地往前冲。有些人撑下来了，有些人撑不住，倒了。生活如果只有行动模式，会带来工作或专业上的成就，但不一定快乐，尤其是对那种发自内心、不假外求的快乐。所以，行动模式虽然很重要，但活着不能只有行动模式，还需要能带来祥和平静的同在模式。

滋养生活的充电机制——同在模式

行动能力是通过后天学习而来并被高度重视的，同在能力是与生俱来却被遗忘的。行动模式给我们带来成就，同在模式让我们平衡。只有行动模式会太紧绷压迫而不自觉，只有同在模式会太松垮而无以为继。对正念修习者而言，两者同等重要，只是对大多数人而言，学会行动模式后，同在模式就日渐被消磨殆尽，几乎忘了还有这个能力的存在。因此在正念练习过程中，我们才需要强调同在模式，而不强调大家已经非常熟悉的行动模式。通过正念练习，同在模式得以随时镶嵌在行动模式中，让过度运转的心智有机会休息片刻，尤其是在情绪与想法紧绷的时刻。

举个例子，在工作繁忙时，正念地喝一杯水，全然与此过程同在，领受水滋润了身与心。就在这短暂的喝水片刻，将注意力放在当下喝水历程的觉察上，让心温柔地与当下正在喝水的身同在。这无形中暂停了一直想着工作的紧绷感，空出了让身与心暂歇的时空。或者正念地走去上个厕所，全然地与行走历程同在，觉察身体重心的持续变化、腿部的用力、手臂的摆动、呼吸的韵律，领受身体获得的若干舒展与放松。再回到工作时，身体已经比较放松，头脑也相对清醒了……

图18行动模式循环图中的垂直线条表示同在模式运用的时机，只要练习适宜，同在模式随时可以镶嵌在行动模式中，在行动中持续获得平衡与滋养。

练习正念能让人高度专注于当下,能让人不焦躁地规划、执行与监控计划,进而成就未来。

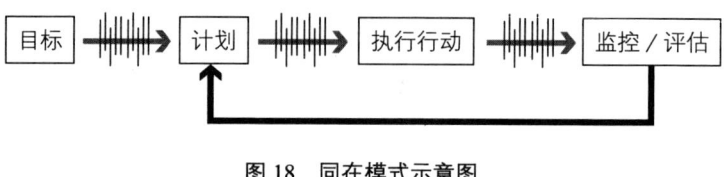

图18 同在模式示意图

因此,同在模式练习越多,整个身心受强烈或负面情绪／想法的干扰越小,行动模式的效能也就越高,不论在决策层面、执行层面、解决问题或人际互动层面,毕竟清晰放松的脑袋比紧绷的脑袋要好用多了。

09

从惯性反应到有觉察地回应
你可以改写自己的人生剧本

心理学行为主义中有个"刺激反应理论（S-R theory）"，S 指环境刺激，R 是受到刺激所产生的反应，也就是行为。心理学家认为所有行为不论好坏，都是"刺激与反应"的学习历程。以公式方式呈现为：

刺激（stimulus）➡**反应**（response）

然而在正念领域中，response 是一个很重要的关键概念，发展出了与行为主义截然不同的意义。从正念的角度看，刺激所产生的反应叫作惯性反应（react），以公式方式呈现为：

刺激（stimulate）➡**惯性反应**（react）

这里的惯性反应，是一种直冲式的、习惯性的、不假思索的、长期可能会有副作用的行为反应。这大多来自长期以来的习惯、信念与行为模式。

举个例子，有位伙伴小黑，从小就有个不喜欢麻烦别人的信念，那么当小黑面对困难时，通常的惯性反应大概就是压抑与忍耐，自己想办法解决，不会想到可以求助于人。因为求助于人有违不喜欢麻烦别人的信念。

这类惯性反应很容易导致骨牌效应，A 惯性反应引发 B 惯性反应，再引发 C 惯性反应、D 惯性反应等，会延续很远，通常是看有没有导致严重的疾病或事件，不论是生理性或心理性的疾病。小黑长期以来一直相当坚强，后来他发现自己睡眠质量不太好，于是每晚开始喝点小酒来让自己放松，不知不觉喝成了酒精成瘾。

也可能一直坚忍的小黑没有喝酒，但睡眠品质不好，不知如何调解，也不愿吃安眠药，身心俱疲。强烈的责任感让他觉得不能松懈，于是更认真卖力。直到有一天，小黑突然发现自己好像破了洞的气球，软趴趴全身无力，找不到任何活着的乐趣或热忱，被忧郁沉甸甸地笼罩着。

当然，小黑未必都会这么惨，也许在还没如此严重之前，就通过网络搜寻，找到了正念减压中心。痛苦加上好奇，促使他前来试试，想看看正念是否能有所帮助。第一堂课是身体扫描，虽然是在练习身体各部位的觉察，但小黑竟然在讲师的引导下睡着了，他对此特别开心。

在饮食静观的练习中，他发现了吃东西的乐趣。

在呼吸觉察的练习中，他找回了自己活着的感觉。

在瑜伽伸展的练习中，他发现了身体的僵硬与柔软。

在静坐练习中，他看到了思绪纷飞的心，也学习温柔地对待自己。

他的正念发现之旅，从觉察身体开始，一步一步开展到想法的觉察、情绪的觉察，甚至是信念的觉察。他发现自己不喜欢麻烦别人的信念，塑造了他坚韧不拔的性格，虽然他乐于帮助别人却不知如何向他人求助。而当他身心处在大困难时，面对别人小小的要求或请求，就更加容易烦躁不安，觉得跟别人互动真是很麻烦。这对他的家庭关系和同事关系影响很大，这也是他之前完全没有注意到、也不希望如此的。

在经过了几个星期的正念训练后，他学会时时觉察当下的身体状况，他发现身体真的会发出警讯，只是以前他的心中只有要做的与该做的工作或任务，完全不理会身体的信息。当小黑学会聆听身体的信息之后，他也学会了回应身体的需求。

（1）当他下班坐地铁时，不管有没有座位他都会练习呼吸觉察。

（2）如果回到家还是很疲惫的话，他不再靠滑手机或看电视麻痹自己，也不会跟小孩乱发脾气。他会跟家人说需要休息二三十分钟，然后躺在床上练习呼吸觉察或身体扫描，让身心在觉察中充分释放一天蓄积下来的压力。不论有没有睡着，通常当他再走出房间时都会有充电与滋养的感觉。此时的小黑对孩子也比较有耐心和爱心，不会动不动就觉得小孩很烦，只希望他们赶快去睡觉。

（3）小黑也开始学习如何向别人表达需要协助的需求。学习在和别人意见相左时，如何不带怨念地把心中的想法跟别人沟通。学习接受别人可能、也可以拒绝他，然后自己不会感到很受伤。他深刻地发现，不想麻烦别人的想法中，有一部分就是害怕被拒绝。当小黑比较不怕被拒绝时，他也渐渐勇于适度地拒绝别人，因为他发现拒绝没有那么恐怖，被拒绝也没有那么难为情。

（4）他领悟到自己不需要成为别人心目中的好人，不用再一直担心别人会怎么看自己，重要的是他怎么看自己，他希望自己是什么样的人。他发现生活中少了别人的称赞，但多了给自己的鼓励；少了对自己的打击，多了给自己的打气。虽然生活中还有很多问题，工作也遇到了许多困难，但他知道如何照顾自己，看得清晰，就不会在黑暗中陷落，照亮他的是内在的觉察力，那是言语难以传递的踏实和愉悦。

小黑，开始改写自己的人生剧本。如果用公式呈现，就是：

惯性反应（react）→正念觉察（mindfulness awareness）→有觉察地回应（respond）

有觉察地回应，不是来自哲学的论辩，而是来自正念觉察的练习，时时刻刻不带评价地觉察。在觉察中，身体放松而心神专注，头脑清楚、看得清晰，才有机会做出明智的选择，也才有机会把身与心的自由送给自己。否则，不需别人动手，自己就已经把自己捆绑上锁了。于是我们体会到这样的循环：觉察让我们发现不同的选择，明智的选择让我们获得自由，自由的心带来更多的觉察（见图19）。

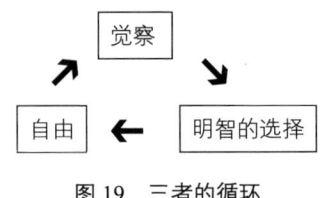

图 19　三者的循环

正念练习让小黑知道如何照顾好自己，允许身心的波动，也能随时温柔地善待自己、重获平衡。自我掌握度提高之后，小黑变得更勇敢了，同时放心地尝试并挑战不熟悉的领域，扩展日渐缩小的舒适圈。小黑的正念觉察之旅，正在进行中……

第5部分

融入日常生活的正念练习

整个八周正念减压课程，最有趣的就是可以在生活中随处运用。但这一切不会浑然天成，需要温柔地、特意地养成觉察的习惯：练习觉察可以在吃东西、走路、使用手机、洗澡时，也可以在泡茶、冲咖啡、晾衣服、做饭、上厕所、打扫家里时。所有生活中的一切都可以拿来练习，不论是开心或不开心的时候。

时时刻刻、无所不在的正念生活

　　学习正念最有趣与最实际的地方，就是可以融入时时刻刻的生活。因此要撰写正念融入生活的练习，实在多得不胜枚举。但话又说回来，若能掌握练习诀窍，自然就能将正念广泛运用。因此在这里我将分享在日常生活中最常见的几项活动，包括吃东西（第一篇与第二篇讨论饮食静观）、走路（第三篇分享行走静观）、日常生活（第四篇讨论到使用手机的觉察与洗澡静观）。而在最后一篇，我将讨论一个重要议题：当我们在练习正念时，到底在学什么？卡巴金博士曾说过："正念就是关系。"虽然他没有花很多文字阐述这部分，但这句话一直在我心里放着、参着、悟着，我将在《全面的关系重塑——正念》对此进行分享。

01

饮食静观的练习
享受活着的美味

饮食静观（eating meditation）是一个相当有趣的练习。《科学人》杂志曾报道，有一个研究显示，人们吃东西时不是真的感觉到饿才吃、饱就停，而是用眼睛来判断与决定，当眼睛看到食物没了时，才觉得应该停止。至于吃到了什么味道，经常就不是重点了。台湾自称美食天堂，但我们吃到的美味是真的食物，还是食品添加物的组合？我成长的年代没什么食品添加物，但这个年代要吃到真正的食物，就需要费点心思了。

在八周正念减压的课堂中，饮食静观通常在第一周练习，我给每位伙伴两粒葡萄干，一步步引导大家慢慢打开各种感官，直接体验这个小东西，包括：

- 视觉——形状，大小，长相，颜色，亮度，在不同光线下的色泽。
- 听觉——在左耳与右耳旁的声音，嘴里咀嚼的声音。
- 嗅觉——闻起来的味道，甚至是左边鼻孔与右边鼻孔的味道的些微差异。
- 触觉——重量，摸在手指头上的感觉，放在嘴唇上的感觉，置于舌头的感觉。
- 味觉——嘴里品尝到每一口的滋味变化和时时刻刻形状的变化。

饮食静观的练习帮助我们打开所有的感官，带着全然的好奇，真正地和让我们赖以生存的食物同在。

饮食静观的练习很好玩，大伙儿也经常跟我一起玩得不亦乐乎。下文我将以课堂互动的方式呈现，尽量让读者有身历其境的感觉，您看过后也要自己玩玩哦。附带说明的是，生活已经很辛苦了，我不喜欢把正念教得很严肃。我喜欢轻松而不浮夸，认真而不严肃，风趣中带出重点，温柔同在中和大家一起承接生命中的载浮载沉。因此我常跟伙伴分享，正念练习是很有意思的，至少对我真的是如此。学习正念觉察后再也不会无聊，生活中太多的变化不断发生在我们的身心、周围的人和事物上，时时觉察，时时调整，一点点进步，一点点转化。正念让我们看待事情的角度多元但又不失焦，虽然未必都是愉悦的，但以好奇的态度来面对，一切将显得丰富而有变化，饮食静观的练习就是一例。

觉察与食物同在的各种历程和感受

一般而言，吃葡萄干的练习在正念减压训练课程中被称为"饮食静观"，通常是睁开眼睛练习。但我个人偏好在短时间的静坐后，接着进行这个项目的练习，因此也就是闭着眼睛练习，关上视觉通道能更有效地开启其他感官知觉。于是，在课堂上，我把葡萄干放在大伙儿的掌心，邀请大家像科学家一样去探索这两粒小东西。将小东西放到大伙儿的手掌心后，各种好奇的声音出来。

"是梅子。"

"蔓越莓。"

"果干的味道，嗯、好像是葡萄干。"

"喔。那么是什么样的味道，让您感觉好像是葡萄干或梅子或蔓越莓呢？"

"酸酸的。"

"甜甜的。"

"好像有点咸味。"

"不太好闻。"

"嗯，有晒过的味道。"

"没什么味道。"

……大家踊跃分享自己的发现。

突然间有人说："好想吃喔！"大家大笑。

我邀请大家继续探索，把这个东西拿到耳边听听看，听到什么样的声音？

放到手指间摸摸看，摸到什么样的感觉？

仔细用眼睛端详，观察到什么样的颜色、形状、质地？

放在唇间轻轻摩擦，领受相互碰触的感觉？

放在嘴巴里用舌头碰触的感觉又是什么？

停一下，带着觉察慢慢地咬下第一口，觉察其中的味道。

咬下第二口，觉察味道的变化。

咬下第三口，觉察滋味的强烈转折与唾液的完美融合。嘴巴里的世界瞬息万变，非常有意思。专心专意地咬下每一口，品尝味道的变化，充满好奇地运用各种感官来探索。

饮食静观，顾名思义，只要放入嘴巴的东西都可以练习，不论是吃的还是喝的，进入嘴巴的前、中、后都可以把觉察带入，领受其中的历程与滋味变化，是完全不需额外花时间或金钱就可以提升生活品位的练习。

伙伴们迫不及待地想分享这次练习的经验。

"很惊讶这个小东西的味道如此丰富，每一口的滋味竟然都不一样。"很多人点头附和着。

"平常吃东西都很快，好像只是个义务，即使是吃大餐，也都忙着讲话，这好像是第一次品尝到食物的美味。"

"因为没有洗手，又摸来摸去觉得很恶心，不敢吃。"

"以前很讨厌吃葡萄干，但这次竟然觉得'不难吃'，也许下次可以再试试，不用习惯性地排斥。"

"发现用这样的方式吃，虽然只是两粒小东西，竟然有饱足感，觉得这种吃法应该可以减肥。"听得大伙儿哈哈笑。第二次复训的伙伴附和说，减肥未必，但带入觉察吃东西确实比较不会胖。

伙伴小华分享时有点感伤，他说自己有严重气喘，对生活的一切都非常小心。因为没有洗手，他就会想到有多少细菌在手上，一点儿都不敢吃那两粒小东西。但听到大伙儿如此丰富有趣的分享，他突然觉得，因为生病，在不知不觉中他已经让自己随时都处于担忧害怕的状态中。这种如影随形的高度警戒使他封闭了自己，刚刚的练习才让他发现，原来他已经错失了多少生命中的美好与可能！

我没安慰、没鼓励，也没有邀请小华下次试试不同的做法，就只是温柔专注地聆听与承接着，空气中弥漫着深深的感叹。小华也没再说什么，眼神深邃地看着我，抿着嘴唇，微微地点点头，仿佛有些什么领悟。我无言，仅回以微微地点头，不是每个当下都需要说话。大家要学习如何真正地与当下同在，不论是舒服的还是不舒服的状态。

不受限于过去的经验，每一次都是新的体验

我慢慢地提醒大家，是否发现在这过程中我完全没有为这两粒小东西命名，没给这两粒小东西一个名称。大家纷纷点头。我缓缓说道，如果一开始就给出一个名称，不论那名称是什么，大家就很迅速地在脑子里，搜集与此名称相关的信息，即使只是搜集到一点点的信息，大家都会觉得"我知道这是什么了"。于是，既然已经知道了，还有什么好探索的呢？好奇心的大门戛然闭上！

然而，仔细想想，这些信息是什么时候建立的？过去。

换言之，当我们听到一个名称时，直觉的惯性反应是：以过去的旧信息，套用在现在的新经验上。这么一来，通常只是在印证原本已经知道或认定的想法，很难真正领略到当下真实的样貌，也不会好奇与耐心地探索当下多元的呈现。于是，每一粒葡萄干长得都一样，味道也都差不多；日子每天都一样，存在的立体世界被自己磨平了。但我们刚刚的经验是这样的吗？真实的状态是，每一粒的长相都不一样。咀嚼同一粒时，每一分每一秒所释放出来的滋味也都不一样，何况是不同粒的！

所以真实的状态是，生命时时刻刻所开展出来的样貌，也许表面相似，但确实都不尽相同。每一分每一秒都是独一无二的。

因为根据过去的经验所归纳出来的名称与意涵，让我们可以快速地掌握人事物的梗概，积累很多知识，让学习变得比较简单，也方便人与人之间的讨论与聚焦。但确实也要小心，以旧信息套用在新经验时可能会产生先入为主的偏见。这样的惯性不会只出现在吃东西上，也会出现在生活中的方方面面。比如，有个小孩不乖，家长说了他很多次还是不听，于是家长很生气地下了个结论"这孩子真不受教"。虽然这位家长最希望看到奇迹的出现（孩子变得很受教），但从此以后，这家长很难再看到孩子受教的时刻了。为什么？因为当家长跟孩子互动时，他会特别敏感于孩子不受教的部分，自动过滤掉孩子受教的点点滴滴。即使真的只是点滴，也还是有，却在无觉察中完全被忽略了。

类似的惯性做法我们其实会不知不觉套用在任何人、事、物身上，因此我想邀请大家，下次当我们百分百地认为"这个人就是××时"，不论这个××是令人觉得开心或不开心的，都试着像刚刚吃这小东西的练习般，允许自己在下结论的前或后，稍微停一下，刻意地在心里开辟与保留一点空间与时间，没有归类，没有结论，不需联想，但真正地领受当下所呈现的样貌，也许我们会发现："这个人不只是××……"

"这感觉好像在撕标签，撕下原本贴在任何人事物上的标签。"

"是的，是的。"

"问大家一下，当自己一个人吃饭时，会边吃东西边看手机的人请举手？"

70%～80%的伙伴举手了。

"没看手机，会看电视或书报的举手？"

剩下的伙伴几乎都举手了。

现在很多人的习惯都是吃东西配屏幕，不论是大屏幕还是小屏幕。吃，变成了一个惯性的动作，这一口到底是地瓜还是南瓜、地瓜叶或菠菜，可能都不知道。坦白说，能好好地吃东西是很幸福的，这表示身体的许多器官功能都还正常，许多病患的舌头、脸部、吞咽、肠胃受损，难以正常运行，即使其他都正常却无法自行咬合或消化吸收。能好好地吃东西是很幸福的，这表示人们还有经济能力或社会资源，物流通畅，社会稳定，尤其是当我们看到有关流离失所者的报导时，更是令人不胜唏嘘。

饮食静观练习引导

　　饮食静观，把觉察带入进食的历程，真正地与滋养身体的食物同在，觉察食物的风味，领受这食物其实汇聚了难以计数的人力、物力和心力。

　　因此，只要是自己一个人吃东西，都是可以练习饮食静观的，不论是一片饼干、一根香蕉、半个苹果，什么都可以。

练习引导

　　吃的速度不拘，快慢随意。

　　吃的时候不看手机、不用电脑或平板，就单纯地与食物同在。

　　领受看着、拿着、夹着、咬着、咀嚼着、吞咽着的历程。享受与食物的约会，享受身体各部分器官配合得天衣无缝的感觉。

　　请记得一口咀嚼完毕，吞下去之后，再咬第二口。

　　也观察看看，会不会很习惯这口还没吞下去，就咬了下一口。

　　如果会的话，觉察这急切的惯性，然后问问自己："真的需要这么急吗？"

　　初期用这个方式练习，持续进行，练到后来不论跟谁吃、在什么样的环境下吃、吃些什么、好吃的、不好吃的、喜欢的、不喜欢的，都可以练习。慢慢地我们将体会到，饮食，是美好的祝福。

02

饮食静观进阶练习
再吃一次，发现生活中的美好

本文接着分享课堂伙伴关于饮食静观的发现与体会，为保护每一位参与成员，人名与内容均已改编过。

案例1：对食物更敏锐的觉察力

当大家讨论在家练习的情况时，小雯说有一天弟弟在客厅喝一瓶饮料，她其实不知道那饮料是什么，也没看到饮料罐的成分标示，但她很笃定地跟弟弟说："饮料里面一定有香精。"

"怎么可能，它标示百分之百纯天然呢！"

"不然你看看成分嘛。"

一会儿后弟弟说："姐姐，真的，上面有香料哦！"

小雯有种飘飘然的喜悦，哈哈，感觉自己饮食静观练习真的有进步，对食物的味道敏锐了许多。

其他伙伴也附和着，通过这段时间的练习，对食物的味道更有觉察了。有人感觉东西更好吃了，有人开始感谢食物滋养了自己，也有人尝试了不喜欢的食物，还发现这些食物没那么讨厌了。

我肯定大伙儿的练习，同时也鼓励大家开始学习看标签，先看食物或食品的组成成分，再决定是否购买。这是一个食品添加剂过度盛行的时代，每个人在不知不觉中，吞下好多专家认为安全的添加物。但所谓的安全，只是单就这个食物吃下去会不会很快出问题而言。没有任何研究显示，当所有所谓的安全添加物加在一起吃下去后，长期累积下来真的还安全吗？

饮食静观的练习让我们对食物有更敏锐的觉察，此外，也能帮助我们学习分辨食物与食品，分辨里面的添加物，更重要的是学会选择。

案例2：身体会告诉你，这东西身体喜欢吗？

小明迫不及待地举手想分享他的经验。小明说他的工作非常繁重，每天晚上下班后，为了减压，他一定会去买一包盐酥鸡，喝着啤酒，跷着二郎腿，看着电视，享受放松时光。那天，他同样也买了盐酥鸡，突然想到要做饮食静观的功课。

这次小明没开电视，一口一口地吃着盐酥鸡，觉得真是好吃。

于是他继续开心地咬着、咬着，油渍渍的鸡肉，奇怪，怎么越吃越恶心……

到后来小明竟然吃不下去了，剩下的全部丢掉。

小明觉察了一下当下身体的感觉，异常沉重，非常不舒服。

小明不相信会有这种感受，于是第二天又去买了一包试试，带着觉察地吃盐酥鸡。这次，也是没吃完就丢了。连买三天之后，小明不再吃盐酥鸡了。这是他一直戒不掉的坏习惯，竟然在饮食静观的练习中，自动不想吃盐酥鸡了。

小明开玩笑地跟我说："你看，我现在都没有解压的方式了！"

"是啊，是啊，抱歉啦。那你现在身体的感觉如何？"

"轻松很多，以前感觉满重的。"

"所以没有解压，但直接减压啦！"

"是的，是的，哈哈！"

带着觉察吃东西，吃完之后一定会有感觉，有些东西吃完后身体感到很疲惫，有些东西吃完后口干舌燥，有些东西吃完后身体感觉有能量，聆听这些身体的感觉信息，是选择食物的重要指标。即使像面包、咖啡、饼干这种小东西，身体都会有反应的。要能分辨哪些食物对身体有益、哪些无益、哪些有害，还真的需要建立有觉察的饮食习惯，如果是边吃东西边看电视或边玩手机，是不会有感觉的，毕竟对食物的觉察全被屏幕给吸走了。换言之，身体会告诉我们这食物是否合适，身体是否喜欢，如此才能选择对身体有益的食物，而少吃对身体有害的食物。认真想想，吃对身体有害的东西，倒霉的还是自己，何苦呢！

案例3：关掉惯性饮食模式

　　小伍举手，他说在公司里吃一个便当只要五分钟，好像形成了一种很固定的模式，实在很难改。回家吃饭时，他依然不知不觉自然启动了在公司吃饭的模式——吃得很快。老婆因而经常抱怨他吃太快，但他就是慢不下来。

　　上周五晚上在家吃饭时，他突然领悟到，他可以不用把公司吃饭的习惯模式带回家。在公司确实有很多事情等着他处理，但回到家，其实并没有特别需要赶着处理的事情。因此他第一次刻意"关掉"在公司吃饭的模式，一口一口地咀嚼，跟太太随意聊聊，从做菜历程到当天发生的事等。那顿饭，从通常的五分钟，吃了三十分钟，小伍感觉很开心，太太也很开心。

　　"像小伍那样边吃饭边聊天，也算是饮食静观吗？"大家提问。

　　"小伍在那过程中，可以吃出菜的滋味吗？"我转问小伍。

　　"可以啊，咀嚼的时候就可以吃出食物的味道。讲话还是讲着，跟老婆吃饭不讲话很奇怪，不过真的可以吃出食物的味道，所以才能跟我老婆讨论啊！"小伍边回想边分享着。

　　"这就是我之前说的进阶版饮食静观练习，就是跟别人一起吃东西时，仍能觉察到食物的味道，也知道自己在吃什么，对自己的咀嚼、夹菜等动作都还是有觉察。但需要讲话时也能从容应对，不致呆滞或跟对方说：'喔，我在做饮食静观，别吵我。'这样大家一定会奇怪地问：'你怎么了？'小伍的例子就是把正念带入日常生活的应用。**正念不是在生活之外，而是融于生活。**"

案例 4：餐桌上的小风暴

"我也要分享一个很有趣的经验。"小敏开心地举手发言。

"有一次我跟老公、孩子约好去一个餐厅吃饭，他们一起出发，我过去会合。当我到了餐厅时，大家的表情都很臭，不知道发生什么事情。虽然还是点了菜，看到他们这样子我心里也不太舒服，但当时我静静深呼吸，不做过多的想象。然后，我开始轻轻地问发生了什么事情。孩子首先发难，他说，这家餐厅是要排队的，人家都在排队，但老爸竟然一来就走进来，看到位子就坐下，还一直招呼他进来坐，实在丢脸死了。老公也很无辜，他说他又不知道，进来就进来了，不然现在还在外面等呢。'我宁可在外面等！'孩子脱口而出。

"当时我心想，两方说得都有理啊，怎么办，如果我站在孩子这边，老公一定会觉得不平衡，而且他平常也不会这样。如果我站在老公这边，孩子会更气愤，觉得你们两个一样没水准。所以我只能表达理解两边，但不能选边站。就在这进退维谷的时候，食物刚好送上来了。大家都没讲话，我选择安静地、慢慢地吃，我跟自己说：'来做饮食静观吧！'——爽口的小黄瓜，好吃！花素蒸饺，口感不错！我心情还挺平静地品尝着食物。大家吃着、吃着，后来就开始慢慢正常讲话了，真的很奇妙啊，**饮食静观让我做到'不急着回应'，化解了一场可能的餐桌风暴。**"

案例 5：跨越担忧恐惧

此时，小华也慢慢地举起手，他说上次饮食静观的练习对他冲击非常大，他第一次真正地觉察到内心的担忧恐惧给生活带来了多大的影响。

"我一直很喜欢狗狗，也很想养，但气喘的缘故压根儿不敢想这件事。前两个礼拜，我有一个好朋友临时要出国，问我他家的贵宾狗可否寄放我家几天？要是以前，我一定不假思索地立刻说不行。后来我就开始研究贵宾狗，发现它是唯一不会掉毛的狗。我想好所有可能发生的状况，也做好万全的准备，万一临时气喘要怎么办，等等。然后，我就让他把狗送来了。哇，那个礼拜真是超开心的！而我的气喘也没有发作。真的好高兴！饮食静观的练习竟然帮助我跨越了多年的担忧恐惧。"

老实说，我很惊讶大家在饮食静观中的领悟，听完分享后我邀请伙伴们为自己鼓鼓掌，不论目前练习的状况如何，也许颇有领悟，也可能没明显感觉，都没有关系。持续练习，持续把正念运用到日常生活中，带着觉察活着比浑浑噩噩地活着有趣多了。

练习正念，千万不要太过严肃，例如饮食静观，就非得要慢慢吃、吃得肃穆、吃得刻意、对食物充满感谢；或者一定要在安静、干净、优雅的环境下才能进行；或者不允许自己不喜欢某些食物，否则就叫评价；或者一定要正襟危坐，一定要用某种心态吃……这些方式不是不好，只是反而让正念练习与真实生活脱节了。

练习正念，不是要成为某种伟人的样子，或者某种美好的风范，能成为更真实的自己就很好了。喜欢吃某些食物的时候，知道心生欢喜，也觉察内在想要多吃的冲动。不喜欢某些食物时，知道心生厌恶，也能清楚觉察到内在那股排斥推开的冲动。

觉察对食物的评价，却不受评价全然控制，回到对食物当下真实的品尝上，觉察每一口每一口身心合一地进食，不论是一片饼干、一个水果、一杯水、一口饭。饮食静观，让生活更有滋味。

03

行走静观练习

还能走,你知道自己很自由吗

行走静观(walking meditation)是八周正念减压课程的第三堂课练习(相关音频,请扫描本书封底的音频二维码)。对大多数人而言,行走是每天要进行很多次很多次的动作,我们都视之为理所当然,行走是如此自动化地完成,完全不需动一点点脑子,因此我们几乎不曾把觉察带入行走的过程,好像也不觉得需要。

行走静观练习引导

在行走静观的练习中,我们练习把全然的注意力带入行走的历程。

练习有时候是绕着教室周边走,有时候是在个人的瑜伽垫上进行,从站稳开始,就把觉察带进来,领受抬腿、脚向前伸、脚丫子放到地板、重心移转、跨出每一步的过程与循环。

许多人第一次如此仔细地感受行走的历程,这才发现要能好好走路,没有想象中简单!

我引导大家觉察行走中的身体,逐一细致地带领大家领受行走中的身体变化,从脚丫子、脚踝、小腿、膝盖、大腿、骨盆,到腹腔、胸腔、肩膀、双手、脖子与头,最后领受整个身体都参与了行走这持续性、了不起的动作。

原来,走路不是只有腿的运动,根本是全身的完美配合。

在练习的过程中,我会不时地提醒大家:"观察心在哪里?是在这个正在移动中的身体里呢，还是已经跑掉了？如果发现跑掉了，没有关系，不需给自己任何的评价，只需要在发现的时候，稍微知道是什么把我们给带开了，然后深深地吸一口气，顺着这口气，再带回正在觉察的身体部位就好了。"

这是一种没有隐含"你没做好"的温柔提醒，无形中也渐渐培养了我们对自己的爱心与耐心。当发现自己偏离轨道的时候，没有苛责、没有讽刺、没有隐喻、没有强硬的要求、没有讲一堆大道理，就直接单纯地把心从四处飘荡中带回来，安住在身体里，安住在这个正在行走的身体里……

一般而言，我们行走都是很有目的性的，去接电话、去上厕所、去拿东西、去上班……行走是帮助我们达成想要做的事情非常重要的能力与方法。然而，因为目的性太强，我们几乎完全忘记行走本身这个历程，也忘记如果不能走，生活中可能有 90% 的事情都无法轻易完成。我经常问大家："如果有人要出价买下你的行走能力，你愿意花多少钱卖掉？"许多人回馈自己根本出不了价，行走能力是无价的，我们却对它零关注。这个发现让大伙儿倒抽一口气。原来，能走、能到处走、能享受到处走，是多大的自由与恩典！即使脚丫子只是被个小木屑戳到，行走就有困难了。然而，当我们学会走路后，就一直完全忽略了这个老天爷所送给我们的礼物。

伙伴们的行走静观练习经验分享

身体健硕的小陈习惯走路很快，他说本来就走得好好的，走了这么多年也都没事。但在行走静观的练习过程中，他发现走的时候他的膝盖还挺痛的，不知道怎么会这样子。

"那是怎么个痛法呢？是持续的，还是间歇性的，或者在某个姿势下特别容易痛？"

"好像是身体重心整个倾斜到左边的时候，膝盖就痛了。可能因为太胖，身体太重了吧，哈哈！"

"那么除了膝盖痛之外，身体其他部位有什么感觉呢？"

"其他倒还好，没有特别的感觉。"

"在行走的过程中，可以领受到身体各部位在行动过程中的变化吗？"

"嗯，可以。其他部位感觉还挺舒服的，就是左膝盖不舒服。"

"平常膝盖的状况如何？"

"偶尔会有不舒服，不过没什么大碍。"

"当时有什么样的想法出现吗？"

"就觉得自己可能太胖了，该减肥了……嗯……或者是我走路的姿势不对。可是平常走快就不会痛啊，刚刚这样慢慢走就很痛。"

"嗯，平常走的时候，会把注意力放在身体的感觉上吗？"

"当然不会，都想着赶快要去做这个做那个。"

"所以很难确定平常膝盖会不会痛，可能因为不是大痛而习惯性地忽略掉了。下次走路时可以再试试看，正常走，不用太快或太慢，然后关注行走中的身体，不过于担忧，也不要完全忽略，再看看膝盖的状况如何。"

"嗯，好的。"

课堂上很多人会有类似的经验，之前走路都没问题，学了行走静观才发现这里不舒服、那里不顺畅。这些不舒服不是练习所导致或引发的，而是**心安静下来后，身体的不舒服终于被自己感觉到了**。不需放大强化或压抑躲避任何的不舒服，如其所是地接受，及时适切的关照，总是比问题严重后才注意到要好。

小虹说生病后体力大不如从前，从一楼走到二楼就很累、很喘。每次走上五楼的家，就觉得真是件超级苦的差事，所以她不喜欢常出来，但医生又跟她说要多运动。

"上次啊，回家时一样要爬五楼，抬头一看，就觉得'啊，怎么还这么高！'不过那天我刻意练习行走静观，就把注意力放在每一步、这一步。

"感觉到这一步的呼吸，这一步的抬腿，往上一阶踩，使力，大腿的用力，然后也觉察自己有没有憋气，觉察一呼一吸的频率，觉察身体会不会紧绷，然后发现身体又上了一阶。

"就这样，我的眼前只有这一步、这一步、这一步。专注但放松地走着，竟然就到五楼了，感觉没有像平常那么气喘吁吁。这是我生病以来，第一次感觉到身体是我的，超开心的！"大伙儿也为小虹感到很开心。

"眼前就只有这一步、这一步！"了不起的领悟与实践。

小雅分享自己有抑郁症，经常东想西想，吃了很多药，也看了心理医师，虽然有帮助，但好像还是脱离不了这个循环。练习正念之后，她觉得改善了很多，会刻意地提醒自己将注意力留在这个当下——当下的呼吸，当下的身体感觉。

小雅说她最喜欢做呼吸觉察，这样做可以稳住东想西想的心，但有时候情绪一整个冲上来，连呼吸觉察都没办法了，她就会做行走静观的练习。刚开始快快走，把注意力带回快速走动的身体，感到身体各部位的强烈震动与喘气。待情绪比较稳定之后再慢慢走，感觉身体与呼吸的舒缓，直到最后能够稳住自己，不陷入思绪的洪流之中。她觉得这个练习特别有帮助。

重伤后，重新发现自己的力量

我也分享一个案例。2014 年在一个火灾现场，当时有个小伙子原本已逃离火海，但他发现里面还有小孩，这小伙子奋不顾身地冲回火场救那孩子。孩子救回来后，小伙子倒了，在加护病房昏迷了一个月。他在醒来后，脑部严重损伤，讲话与行走能力都受到严重创伤。一开始他讲话非常含糊，几乎没有人听得懂，在专业医疗团队与后续复健团队的悉心照顾下有了大幅改善。但他还是没办法站、没办法走，站起来时，左右两边需要人很有力地撑住他，不然就会倒下。我因为帮忙撑扶过，所以知道需要很有力。

后来这小伙子上了八周正念课程，当大家在练习行走静观时，小伙子当然无法站起来跟着练习，于是我们的协同带领者琼月就单独陪小伙子练习大腿使力，同时觉察大腿与身体的用力。在观察几周后，我们假设只要小伙子的大腿渐渐有力，也许就有机会提升行走的能力。我们也进一步观察到，在每一次课程结束后，当两个人帮助小伙子站起来、走到门口去坐轮椅时，小伙子的步伐很乱，也很急，全身颤抖得很厉害，左脚还没踩稳，右脚就急着要跨出去，结果两脚经常打在一起。这种状况其实跟我当年严重中风而复健中的公公非常相像。

于是我开始让小伙子的动作放慢，所下的每一个指令都高度清楚且细致，让小伙子容易跟随，在此过程中不断与小伙子核对状况，知道小伙子是否跟上了每一个指引。我们以坚定温和的语调引导着：

"注意呼吸，自然地呼吸，不要憋气。""没有憋气。"

"两脚站稳，站稳了吗？""踩稳了。"

"站稳之后重心移到右脚，右脚站稳了吗？""嗯。"

"左脚抬起来，往前跨，踩地，慢慢来，很好。"

"有没有感觉到两脚踩在地板上？""有。"

"稳稳踩住。"

"来，重心移到左脚，有没有感觉到重心在左脚？""有。""很好。"

"右脚抬起来，往前跨，踩地。有没有在憋气？""没有。""很好。"

"来，感觉重心放在两脚……"

就这样，不停反复地引导小伙子练习行走，直到他坐上轮椅。上轮椅其实是更大的挑战，因为需要更多细腻的动作，才能顺利弯身、扶握把、坐下。每一个简单的小动作，对小伙子而言，都不是理所当然的，都要身心合一，才能有那么一点点的进步。就这样，我们细细地分解每个动作，让小伙子可以清楚地跟着练习，也明白自己身体的感觉。几周之后，他们发现小伙子走路越来越稳，也越来越知道如何使力，两边搀扶的人不再需要用很大的力气撑着，只需要拉住小伙子的腰带，协助维持平衡即可。

故事分享过后，我鼓励大家回家多多练习行走静观，这个练习随时可以让烦躁的心归零，不论是走去上厕所、接电话、上班、开会、回家……**让每一次的走路都是正念练习，让每一次的练习都是温柔的身心联结，多好啊！**

我的第一次行走静观——恐惧的消除*

周一到周五，我跟孩子们需要走半小时才能从住所到夏令营的集合地，我们走的路叫大街（Main Street）。对美国有点概念的人都知道，在美国，市中心的居住环境是比较差的，Main Street 顾名思义就是通往市中心的大街。有一段路常可以看到烟蒂、垃圾、酒瓶、碎玻璃等，而身边经过的常是个头儿大我们很多倍的人，再不然也可以清楚地看到他们恍惚的眼神或刺青的手臂。

孩子们曾表达害怕，每次走过这个路段时都会握紧我的手。不过这是路线最短的一条路，单趟已经要走半个小时了，如果因为害怕而换路线，那得走上一个小时。因此，通过边走边聊，我努力降低孩子们的害怕，同时也试着让他们知道，这些看起来一点儿都不光鲜亮丽的人，他们的生活可能是很艰难的。在尽量让孩子们轻松的同时，我也必须保持高度警惕，因为我也没这么天真地认为一切都很安全。

在目送他们上校车后，当我回程时一个人走在同样的道路上时，思绪其实是东奔西窜的，所有压抑的恐惧通通冲出来，甚至自动放大，我害怕有人从后方扑向我、我害怕被拉进暗室强暴、我害怕有人找我麻烦、我害怕被车撞到而孩子们没人照顾等，心底其实有好多担忧与恐惧反复出现。难怪我走回家后都很累，一部分是身体的累，另一部分的累来自太多内在担忧害怕的剧本不断上演造成的心里的累。

这一天下午的师资培训课程，老师要我们每一位准师资轮流带团体做十五分钟的静观练习。巧的是近1/3的同学都带领行走静观。密集练习正念行走，开启了我走在大街上的觉察，这下我才观察到，原来走在这条大街时，我内心的担忧恐惧是如此波涛汹涌，即使跟孩子

---

* 这是2010年夏天我在美国受训时，对行走静观的体会分享。当时我们租了一个家庭式的学生宿舍，孩子们每周有五天去YMCA参加夏令营，我除了上课，几乎就是练习与读书。

们依然谈笑风生。

平心而论，早上的大街是安全的，毕竟有闹事潜力的人不会这么早起。这天，我意识到心里喋喋不休的声音，没有压抑它们，也没追随它们，就让它们自由地来、自由地去。在安全的情况下，我把注意力放到双脚的交互变化上，觉察行走过程中的吸气与吐气，领受行走中身体的各种变化与感觉。

第一次，在日常生活中落实行走静观。

第一次，走在大街上没有被紊乱的担忧占据。

第一次，穿越树上的叶子我看到了湛蓝的天空。

第一次，走在大街上的身心是放松的。

04

生活静观

品味生活的练习

整个八周正念减压课程，最有趣的就是可以在生活中随处运用。正念是时时刻刻不带评价的觉察，随时领受当下的一切，包括身体的感觉、情绪的变化、想法的起伏以及周围的环境。这需要刻意练习一段时间，养成习惯后，正念觉察就会成为一种生活方式，一种由内而生的喜悦，一种智慧地放下烦恼的生活方式。但这一切不会浑然天成，需要温柔有意地养成觉察的习惯。也许最好的方式之一，就是在手机主画面写下提醒自己的字句，例如"觉察呼吸"，或在办公桌、书桌、冰箱上贴张字条也可以，这些是我之前常用的方式，毕竟任何东西要养成习惯之前都是需要提醒的。有位法师曾跟我说过一句颇有意思的话："自古成功靠勉强。"有段时间，我的手机主画面写的是"把孩子当圣人"，看习惯了，每当我要跟孩子生气时，就会深呼吸、稍微退一步暂停一下，减少爱的冲突。因此，非常欢迎您依照自己的创意，把正念融入时时刻刻的生活中。下面我将分享两个将正念用于生活的练习，一个是使用手机，一个是洗澡。

把觉察带入使用手机时——手机静观

2016年台湾有个数据，平均每个人一天使用手机的时间长达3小时21分钟，其中20～29岁的群体手机每日使用时间甚至高达四小时。每天运动四个小时会成为该运动项目的高手，每天阅读四小时会成为该领域的达人。每天四小时维持看手机的姿势（见图20），老实说没人受得了，一定会出现很不舒服的肩颈酸痛、呼吸不顺、胸闷、手臂酸胀等身体信息。而我们势必也会回应这些身体信息，例如放下手臂、抬起头、伸展一下。

然而如果手上真的拿了个小屏幕（见图 21），这个姿势有可能持续四小时，甚至更长时间。神奇的小屏幕成功地吸引了我们绝大部分的注意力，掩盖了所有身体传递的信息——酸麻肿胀、呼吸压迫、肩颈挤压……仿佛所有感觉都被小屏幕给吃了。

图 20

图 21

不幸的是，神奇小屏幕没那么大本事，它只能暂时让身体忘掉这些信息。直到身体被压迫到极点而反扑时，就成了大家不得不正视的大问题：视力变差、干眼症、黄斑部病变、头痛、颈部与肩部肌肉损伤、手肘受伤、呼吸不顺、肌腱炎、幻听、不安等。

每天为了四小时的休闲却得了这些后遗症，有些得不偿失，但大家依然趋之若鹜，这不禁让我联想到 2017 年诺贝尔经济学奖得主理查德·赛勒（Richard Thaler）的非理性经济学。赛勒认为之前的经济学理论都假设人是理性的动物，这根本是一大错误。根据他的长年观察，人基本上都是非理性的，他认为经济学理论应该建构在人是非理性的前提下来发展。因此如果我们希望自己生活的品质好一些，别还没上年纪就一身病，还真的需要刻意学习如何聪明地使用手机，从使用智慧型手机，升级到智慧地使用手机，让手机成为生活的帮手，而非身心健康的隐形杀手。

这些年来我发现最简单的方法，就是练习有觉察地使用手机。**除了小屏幕的信息，也听听身体的信息，身体会告诉你它何时受不了了。其实做法很简单，听身体的，不然你长期不理它，有一天它也会不要你。**当把觉察带入身体时，一定会感觉到脖子酸，于是我们会把手臂举高一些，好让头可以稍微抬起来一点，就像图 22 这个帅气优雅的姿势。

在这个姿势下，手臂比较容易酸，但手臂酸的代价总是比脖

图 22

子酸的代价小很多。同时随着手臂越来越酸胀，正提醒我们需要休息一下了。因此，手机还是可以使用，只是多了自动休息提醒机制。趁着身体还没有被伤害到不可逆转之前，把觉察带进来，适度温和渐进地调整，总比造成永久性的伤害好多了。

除了需要将使用手机的**姿势**带入觉察外，使用手机的**时机**也需要有觉察。这些年来，很多的交通意外事故都是边用手机边走路造成的。许多人在走路时使用手机，总是在快要碰到前面的人时才稍微停一下。平心而论，真的有这么忙吗？非要当下立刻边走边用吗？其实并没有，很多时候可能是在玩游戏、回复琐碎的信息、看社交媒体或看影片等。真的有这么急迫吗？也没有。既然如此，我们为何要做如此危险又没有任何好处的事情呢？惯性使然。

在行走静观的文章中我们提到走路时就好好走路，觉察走路时身体的各种感觉与变化，领受能走路的自由与恩典，毕竟不是每个人都能一辈子拥有完好的行走能力。因此，在下次走路中拿出手机时，如果真的有很重要紧急的事情要处理，宁可先站在安全的一侧回复完信息再继续走。如果只是习惯性地掏出手机，那么，就带着觉察放回去吧！在这当下，为自己、也为他人做一个明智安全的选择。

每天最舒服的练习——洗澡静观

另一个把正念觉察融入日常生活很棒的练习是洗澡静观。我们每天都要洗澡，但是否曾经观察过，洗澡时，您的心在哪里？是真的在洗澡，还是没从会议中抽离？是跟别人对话，还是跟自己对话？想着心烦的事情？计划着未来要做的事？此时，洗澡只是自动化的机械动作，一个需要完成的事情而已，洗完之后心烦还是心烦，意乱还是意乱，只洗了身没洗到心。

带入觉察的洗澡是一件超级舒服的事情，尤其在这个家家户户几乎都有热水器与莲蓬头的年代。还记得我小时候洗澡是要烧开水的，不是随时想洗就可以洗。爸妈小心翼翼地将滚烫的水倒在已经装了冷水的大盆里，限量使用。停电时，点了根蜡烛，还需要留心不要被水泼灭。时至今日，洗澡没这么多前置作业了。对大多数人而言，只需要进去浴室，门一关，水龙头一开，就有热水了，那么何不从门关时，就来清楚地领受每个当下呢？

领受脱衣服的肢体动作与灵活自由，当没穿衣服时，身体也许是清爽的，也许会打哆嗦。

觉察温水第一次洒在身上的湿润，涂抹肥皂的滑溜，水第二次洒在身上的洁净。

因为心一直在每个当下，整个洗澡的历程会更加清爽舒畅，不知不觉中身心都获得了洗涤。因为温柔地觉察当下，心比较不会左思右想或编故事，即使有小剧场上演，也能带着觉察温柔地把自己带回正在洗澡的状态，毕竟这才是当下真正在做的事情。于是这颗心从纷乱的状态，慢慢收敛与沉淀。即使烦人的事情还在，在洗澡历程中，心能从烦恼中释放出来，不再缠绕紧绷。照顾好自己的身与心，让身心处于相对平衡的状态。回头再面对所烦之事时，将更有处理的能量与创意。因此千万不要错过洗澡静观，不额外花钱但加倍享受，何乐而不为呢？

同样的觉察习惯，可以运用在泡茶、冲咖啡、晾衣服、做菜、上厕所、打扫家里等事情上。所有生活中的一切都可以拿来练习，不论是开心或不开心的时刻。这样的生活静观其实非常有意思，每次的经验即使类似，但一定都有新鲜的成分，因为我们一直保持觉察当下的习惯，而当下，永远是新的，没有哪个当下是旧的，开心吧！

原来，烦恼就是这样来的*

还记得小时候看过一本书叫《十万个为什么》，在我从小到大的学习认知里，会问"为什么"才是聪明的孩子。虽然我不是属于聪明的小孩，但刚好也很喜欢问"为什么"。中学时有位老师对我的评语是打破砂锅问到底，还问砂锅在哪里！没想到上正念减压的第一堂课时，老师竟然鼓励我们多问"什么（what）"，而不急着问"为什么（why）"，尤其我们经常在未充分明白当下所发生的一切时，就急于通过为什么的提问来找答案。我们总需要"因为A所以B"的思路，似乎唯有找出A与B，才有落地不悬空的感觉；至于A或B的真伪，就再说了。

认真一想，原来我们经常在没有足够信息的情况下就匆忙下结论。换言之，**当我们在回答为什么时，其实并没有真正看清楚发生了什么**。于是在信息片段且不充分的情况下，所给出的为什么的答案，只能取自于过去已有的经验与想法，然后理所当然地用未核对或验证的观点、想象、情绪，来填补空缺的部分。我们自以为聪明地找出了"根本原因"，实际上几乎都是在"编故事"而不自觉。这些我们深信不疑的故事，深刻地影响了我们如何面对与看待之后的人或事物。

就在参加训练的第一堂课后，我邂逅了这个思维漩涡……

在八周培训开始前，老师知道我没有交通工具上下学，好心地说她可以"顺道"载我。但在第一堂课结束后，老师很抱歉地说，她忘了跟我讲必须开例行教师会议。换言之，不能立刻带我回住所。我跟她说："没问题，放心去开会吧，我可以利用这些时间做些记录或看些资料。"

于是，我打电话通知先生，想跟他说我会比较晚回去，但打了几

---

* 这篇文章是2010年在美国受训时的经验记录。

次都没人接，我开心地想象他与孩子们今天一定玩疯了，才会连电话铃声都听不到。好不容易接通了，并没有出现预期中的快乐语气，反而是不耐烦觉得被打扰的口吻，他们显然在睡觉。我很惊讶在这么美好的时光——六月下旬阳光灿烂的午后，他们竟然在睡觉！他们竟然没有把握时间好好去玩？！

他的口气让我觉得孩子们今天与他相处得并不愉快，他们可能开心地出去玩了，但哭哭啼啼地回来了（这是在台湾常发生的事），然后爸爸很生气地不理他们，最后大家都很无趣地去睡觉。相对于我在课堂中丰富喜悦的学习，与同学老师自在的互动，他们对于享受当地的生活似乎有很大的困难，我心里有点罪恶感，心想着他们今天发生了什么事情？遇到什么困难或麻烦了吗？他们会不会很后悔来美国？会不会很沮丧呢？很多可能与假设在心里面兜转，我小心翼翼地提醒自己不需要有罪恶感，避免挖洞然后自己跳下去。我告诉自己这不全然是我的责任，这是他们必须面对的议题：爸爸与孩子们的互动、面对陌生环境的能力，等等。回到家门口，悬着一颗担忧至极的心敲门，我已经准备好要听各方人马的抱怨了。

"欢迎回来！听了一天的英文，一定很累了吧！"开门的先生笑嘻嘻地说。孩子们争着跟我讲他们今天去艾玛公园喂松鼠的有趣经验。原来，他们今天过得好得很呢！

这对我是很重要的经验，因为整个过程让我清楚地体验与观察到：我是如何因为一个瞬间的信息（电话中的语气）与先前的经验（在台湾外出游玩的经验），而开始编撰越编越远的虚构故事，并且深信不疑；在此过程中，自己的心情与身体的感觉如何随之高低起伏。这些故事让我开怀，也带来沉重的心理负荷，甚至是罪恶感。

这整个过程让我领悟到，原来，烦恼就是这样来的——习惯性地问为什么，习惯性地从旧经验中寻找答案，习惯性地把过去套在未来上，习惯性地编故事而没验证。正念的大门，倏然开启了。

05

全面的关系重塑
正念

正念，练习一个瞬间接着一个瞬间不带评价地觉察。以烦恼为例，正念练习让我们在烦恼萦绕时，能分辨所思所虑的内容是否一再重复。虽然我们心里想去除烦恼，但不断地想反而把烦恼喂养得更大。如果发现思绪一再重复，这就表示我们已经定格在过去或某个假想的未来中。我们可以通过觉察呼吸、行走、静坐或伸展，帮助自己把注意力温柔地再带回这个当下，这个唯一真正活着的时刻。**在自己与烦恼之间，从一种紧绷、固着、僵化、敌意的关系，悄悄地转化为允许、共存、流动、友善的关系**。烦恼也许还在，但微妙的变化已经无声无息地开展。持续练习，开展的幅度与深度就会越来越显著。

正念，练习一个瞬间接着一个瞬间不带评价地觉察。以人际互动为例，正念练习让我们不会因为强调照顾自己，而变得冷漠自私、不关照他人或不重视人际关系，它会让我们反而更能看清生命中哪些人对我们格外重要，相聚时更珍惜，同在的品质也更真实。正念练习使我们不会对在乎的人习惯性地心不在焉或者随便敷衍，在缘分尽时又深感懊悔。换言之，正念练习使我们对于人际关系的品质会更敏锐，也更能掌握到重点。

关系决定一切

正念练习，是把觉察带入关系的练习。从上述自己与烦恼的关系、自己与人际间的关系，到前一章自己与手机使用的关系、与洗澡的关系等，扩及自己与身体的关系、与想法的关系、与情绪的关系，与行为的关系等。正念的练习，全面地开展与转化各种大大小小的关系。

我们难以改变他人，却可以调整彼此间的关系，例如敌对、友善或尊重。

我们难以改变世界，却可以调整自己与世界的关系，例如投入、疏离或嘲讽。

我们难以改变自己的某些特质，却可以调整自己与这些特质的关系，例如嫌弃、欣赏或好奇。

举个比较具体的例子，许多家长都关心孩子的功课，如果我家孩子数学不好，这里至少有三个层次可以观察。第一个最显著的当然就是"孩子数学不好"这件事。第二个是身为家长的"我"。第三个则是"我"如何看待"孩子数学不好"这件事的关系。以图23表示：

"孩子数学不好"（右圆）是事实，从过往的考试中可以看出来，大多已经是过去式，但也可能是现在式。但"我"（左圆）跟"孩子数学不好"这件事的关系（连接两圆的线条），就有多种可能与发展了。例如，我认为：

（1）孩子不够认真➡家长失望与生气➡找个更强力的补习班来好好操练。

（2）孩子不够认真➡家长难过与放弃➡放牛吃草。

（3）数学很重要，无论如何一定要补起来➡家长紧绷➡送去补习严格监控。

（4）虽然数学不行，但他语文不错➡家长放轻松➡送去补习，支持大于要求。

（5）孩子数学不好是应该的，因为他老爸数学也不行➡家长开玩笑➡顺其自然发展。

（6）怎么可以呢，我的数学这么好➡家长紧绷➡自己教。

……

这里可以发展出更多不同的关系，左圆所采取的关系，直接作用在右圆。这里的右圆其实可以填入任何状态，例如肥胖、重大疾病、工作状况、家人互动、做家事、成绩、朋友、睡眠、压力……简言之，就是任何占据心思的人、事、物已经呈现出来的结果。如果心力一直放在右圆，一味地想改变或消除右圆，不管我们花了多少的精神、力气或资源，不是无效的举动就是会产生副作用或反作用力。然而，如果我们把注意力从对右圆（事件）的专注，调整到对线条（关系）的觉察，也就是从对事件的关注调整到对关系的探询，真正地在意并关照当下所呈现的，那么历史就会改写。因为真正会产生影响的，其实是两者间的关系，就是线条的部分（见图23）。

已经呈现出来的结果，是过往的累积；而关系则存在于当下。过往无从改变，当下却可以选择。如果发现某种关系正处于固定不变的状态，映照的其实是正逐渐僵化的心，导致行为的固着，难以变通。

此时可以经常问问自己，我如何照顾好自己以维持身心的平衡？我想要什么样的关系？当下什么是最重要的？什么是对方想要的？什么是我想要的？

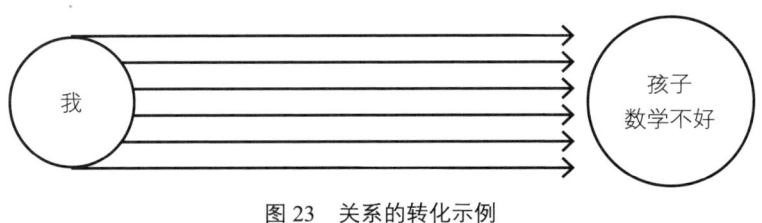

图23 关系的转化示例

问了就放下，这些提问都没有标准固定的答案，因此不需绞尽脑汁追求快速理想解答或行动处理方案。只是跟这些提问同在，不急着去哪儿寻找答案或修正什么，送给自己一些时间和空间来感受内在的变化与流动。如此，我们先活化和软化自己，友善地对待自己，然后再明智地对待他人。把处理工作的行动模式与效能的注重，就只留在工作上。当面对关系时，我们更需要的是同在模式，不论是对自己或对他人的关系。因此，正念练习不只是各项正式练习或非正式练习的总和，而是我们如何过自己的人生，在觉察中温和地重塑与生命各层面的关系，这才是核心，也是一辈子的课题与实践——探索与发现之旅。

第 6 部分

正念的运用

"正念减压"风靡全球近四十年,席卷国外医学界(癌症、艾滋病、高血压、睡眠障碍、慢性疼痛等)、心理学界(多动症、抑郁症、焦虑症、强迫症等)、教育界(幼儿园、小学、中学、大学)、企业界(Google、Apple、Facebook等);在台湾,正念也正蓬勃发展。文中我将分享这些年来与正念伙伴们,以及许许多多圈内圈外的好朋友,共同携手扎根正念种子于各领域:医界、企业、家庭……

处处开花的正念种子

自从 2010 年底开始教正念减压课程以来，我大约已经上过八十次的八周正念减压课程，两百多场演讲与工作坊，不知道从何时开始，我已经不再统计这些数字了，更没太多兴趣公布我去哪儿上过课，因为不论是公益单位或大企业，我都一视同仁地对待。而当我静下来，感觉一下这个主题"正念的运用"时，好多课堂伙伴的脸庞浮现在心中，有笑、有泪、有彷徨、有坚定、有健康、有生病、有幸福、有不幸、有十来岁的小毛头、有八十多岁的年长者、有待业者、有企业家、有运动教练……各式各样的朋友，正念的运用，怎是能一言可道尽的主题？！

于是我只能做最粗略的经验整理，概括地分几大领域分享一点心得与体会，包括把正念带给各种身心不适者，各类机构或企业，当然还有不断滋养我的家庭，这些内容各分别见于第一篇《把正念带给因伤病而受苦者》，第二篇《正念进入企业或机构》，第三篇《正念进入家庭》。除了主文之外，在这部分有更多的真实故事与延伸阅读，尤其有三篇是由癌症病友与抑郁症康复朋友亲自撰写的。除此之外，在这部分我还想讨论一个很少有人注意但很重要的议题，就是正念练习七大原则的运用。一般学习正念者很少知道正念练习的七大原则，然而经过这些年的实践，我深刻发现这七大原则不但深入正念练习的精髓，更实用可靠。正念运用的好坏，与七大原则的理解和实践程度息息相关。因此在第四篇我将以教养为例，讨论七大原则的应用。

当然，正念应用的范围不会只有这些，在本书其他篇幅也可以看到许多应用实例。此外，全世界各地随时都有很多人将正念带入社会的各个角落。在华人正念减压中心，除了将正念带给公益团体、医疗、大专院校和大小企业外，我们还有许多伙伴对于把正念带给校园内的青少年或儿童格外有兴趣，他们研究出合适的教案、进入校园、举办夏令营，用学生容易吸收的方式传递正念,也让家长一同学习和成长。这些年来整个中心的伙伴们一路秉持着"爱、专业、涵容、成长"的信念与实践,与许许多多圈内圈外的好朋友,共同携手扎根正念种子于各领域。我深深明白,这部分的文章只是弱水三千中的一滴,更多正念之爱正发芽并成长于中外各正念老师与各正念机构间,也许,也正发芽于您的心田……

01

把正念带给因伤病而受苦者

在心咨所毕业后不久，吴毓莹老师、赖念华老师与熊秉荃老师，邀请我加入他们的一个研究项目，老师们想要了解正念减压课程与表达性艺术治疗对乳腺癌病人的影响。能参与这个研究方案，我感到非常荣幸，也相当感谢。2012年春，我们四个人坐一辆计程车直驱基金会。听完简报后我内心百感交集，一方面感动于台湾有这么好的机构协助癌友面对生命中巨大的困难*，另一方面也心疼癌友所承受的痛苦。接下来的双向交流，讨论正念减压与表达性艺术治疗可以如何帮助他们。

很快我们有机会进行课程带领，这是我第一次接触癌友团体，这可能是台湾最早把正念减压带给癌友的团体，我内在处于一种高度谨慎和放松觉察的状态。虽然我对癌症没有什么了解，但我知道他们都经过了痛苦的治疗，不但要承受身苦，也要耐住心苦。因此我不想把学习正念的气氛弄得很严肃，尽量采用轻松幽默的上课风格，让大家循序渐进地练习。虽然我不懂癌症的病程发展，但我明白只要还有一口气在，他们都可以通过正念为自己做些有益身心的练习。而我的任务就是通过上课的各种体验，让他们明白如何自行操作，而非一直依赖外部的给予。虽然我对于建议他们吃些什么或做什么运动一无所知，但我可以邀请他们把所学的正念觉察带入时时刻刻的生活，从聆听自己身体的信息中，获得促进身心健康的智慧，而不再一味地向外寻寻觅觅。

---

* 之后我才知道台湾这类机构还真不少，除了癌症希望基金会，还有历史悠久的台湾癌症基金会，致力于妇女的乳腺癌防治基金会、乳癌病友协会、台中开怀协会、康泰基金会以及许多其他优质机构。这些机构都非常有爱心，也有许多重要的好资源，病友可以多加接触。另外，各大医院也都有癌症资源中心。

虽然表面上我是团体带领人，但我了解他们每一个人对生命的理解比我深刻得多，千万不要以一个专家的姿态出现，在苦难面前我是谦卑的仆人。

正念是医疗的辅助，而非医疗的替代

我从不扩大或轻视癌症的恐怖，也不简化癌症这件事情。一般而言，生病的人都比较脆弱，很希望抓住什么特效的东西来帮助自己，家人和朋友更是如此。但平心而论，生病的成因其实是相当复杂的，所以我通常会鼓励病友，与其东想西想，还不如做呼吸觉察练习，对自己的细胞复原与身心平衡都更有帮助些。平衡稳定的身心对于药效的提升，肯定比狂乱的身心好多了。

大家热切地学习，几乎每一位伙伴回家后都认真练习，因此我很快就听到了各种练习分享。

有人通过身体扫描练习发现自己可以安然入睡，慢慢减少了安眠药的服用。

有人生病后体力大减，走半个小时就气喘吁吁，但当把觉察融入行走时，竟可以走一个多小时而脸不红气不喘，身心不再打架而处于一种和谐的状态中。

有人通过各项练习体悟到生命之间的相互牵扯，而放下对某些互动状态的坚持，把能量移转到好好照顾自己，培育由内而生的充实圆满，停止从外在的人或事物身上寻找填补的惯性。

或快或慢，只要有练习的伙伴，都会获得他们生命所需的滋养。这群伙伴让我扎扎实实地参与并见识到正念的力量，实在是我当时最好的正念老师。

还记得我在麻省大学的一对一督导老师凯萨琳曾引述麻省大学正念中心前执行长萨奇（Saki）的话说，"身为正念减压的老师，需要进行充分的准备，然而一旦步入教室，就要把教案放在教室门口。"这意思是，教案要充分准备，却也不能全然不假思索地跟着教案走，而要能真实地承接每个当下，尤其是当下浮现的重大议题。在正念减压的教案里没有生死议题的讨论，然而这议题在这个团体中却自然地浮现了，大约在第七堂课吧。没有躲闪、没有催泪、没有压抑、没有劝说教导,大伙儿温柔而勇敢地分享心底的担忧、恐惧、豁达与智慧。关于成长,每个人都有自己的速度,不需要通过说教来表面上拉齐每个人的进度。

就在那堂课后,一位认真练习也学得很好的伙伴,跟我讨论另一个重要议题,"如果一个人在正念的练习中很有感觉,也觉得帮助很大。那么,是否可以不需要接受西医的治疗,只要继续多加练习正念就好?"我知道许多身心灵团体希望生病的朋友相信他们的方法,而且经常将这些方法吹捧为唯一有效的方法,却延误了治疗良机。因此我跟她说,正念是医疗的辅助,而非医疗的替代。我不是医学与病学专家,医生才是,是否继续接受治疗应该跟医生讨论才比较好。

生病这件事情很复杂,涉及的范围很广,有的人通过一些非常规医疗的方法可以治好,但同样的方法放在另一个人身上却可能行不通。因此如果可以的话,我通常会建议该做的治疗还是做,但在这个过程中要多多练习正念觉察,少些对抗、少些烦忧、少些能量无谓地消耗,多为自己做些有益而非有害的事,跟优秀的医护人员站在同一阵线里帮助自己,然后把结果交给老天爷。当整个课程结束后,问我问题的那名学员随即住院治疗。我这才明白原来她是在帮自己问,当时癌症已经移转,而她正犹豫是否要做进一步的治疗。她为自己做了正确的选择,而我也深深地吸了一口气——在苦难面前,我只是谦卑的仆人。

正念实践者的真实故事

正念,疗愈大道*

四十岁生日前夕,我发现自己患了乳腺癌。这让一心追求工作和家庭经营的我,被迫放下一切,接受化疗和电疗。当时只要一听到什么健康食品有

---

* 这是正念实践者卓佳蓉的真实故事,描述的时间是在她发现自己乳腺癌移转而展开正念学习之路的历程。本文原载于 2013 年五月号《健康世界》。

帮助，我就会去买来吃，什么练习有助于抗癌，我就很认真练。不论什么东西只要听说对身体有帮助，有益于抗癌，我都会非常认真地执行。我把抗癌当成目标，丝毫不敢懈怠！随着病情慢慢稳定下来，我热心参与病友间的活动，希望能借自己的经验陪伴新病友走出阴霾，甚至陪他们一步一步走向死亡，和过世者家属一同面对失去亲人的哀痛。那时心中积累了许多惶恐，甚至觉得参加的每个告别式都是在为自己的葬礼做演练。所以我更积极地投入活动，除了证明自己已经康复，更借着鼓励别人掩盖我对未来的忧心！

将近一年前，定期的复检发现体内的癌细胞竟然扩散了，而且是扩散到了肝脏——攸关性命的脏器。医师不乐观地告诉我，平均存活率是两年，甚至不到两年！我瞬间跌入深不见底的深谷，我好不甘心，为什么我已经这么努力了，却还是无法将癌细胞赶出我的身体。我好难过，对生命如此热忱的我竟然就要为自己的生命画上句号。我好悲伤，这些年年迈的父母尽力照顾我，我还没机会报答他们；女儿还这么小，我还有好多事要教她；先生这么爱我，我要背弃与他白首到老的誓言；我跟家人朋友的感情都这么好，竟然就要因为癌症而离开他们。我还想活着啊，我要尽一切努力活着啊！错综复杂的情绪让我筑起一道道高墙，我不想跟任何人见面，不想接任何电话，我不想让任何人找到我，他们能对我说什么呢，各种安慰的话语都无法让我将病魔驱逐啊。我无语对苍天，心中充满了恐惧、无奈、无助、愤怒、悲伤……

容姐是我罹患癌症后的好朋友，虽然她年纪比较大，但完全不会倚老卖老，她总是温柔地鼓励我，她的电话是我少数会接的电话之一。那天她打电话来跟我说基金会有正念减压的新课程，邀我一起去上。我心里想着：不就是正面思考、人生无常、活在当下之类的吗？我实在不想浪费时间在无谓的安慰鼓励上。她明白我已经把自己封闭起来，依然持续邀请我，社工也多次打电话来，甚至不断地留言，最后才让刻意失联的我走进基金会上课。

当时我正在做化疗，身体很不舒服，体能很差。课前迎新说明会我其实不容易专注，也不太清楚老师在说些什么，有点不耐烦。直到有一句话突然打醒了我，老师说这是一趟有方向而无目标的旅程。突然间，我意识到，原来我一直在设定各种目标，追逐各种目标，把所有的注意力都放在未来的某个目标上。即便得了癌症，我所有的注意力都还是放在未来，渴望消除所有的癌细胞，渴望能跟老公白头偕老，渴望看到女儿大学毕业，渴望能做这个做那个。曾几何时，我好好地活在当下？癌细胞在我身体里面已经四年多了，我一心只想歼灭它们，我还曾经想过挖开肚子把所有癌细胞一次解决。曾几何时，我跟它们好好相处了呢？突然间，我醒了，学习活在当下，这就是我想要的，我决定要来上课。不过，我还是不放心，怀疑会不会只是课前说明会吸引人而已，于是我呛老师说："我对你的课程寄予厚望，你可别让我失望。如果你让我失望的话，下一堂课我就不来了。"

八周下来，我仔细观察老师，观察她所教的与她的行为是否一致，讲得很好听是一回事，但落实又是另一回事。学习正念的七大原则之一——接纳，说来容易做来难啊。我仔细地观察老师她是否真的能做到接纳，还是只是表面接纳，实际上还是有自己的成见或想法。我不知道别人感觉如何，但这段期间我确实看到君梅老师真正做到了接纳，我感觉到自己被接纳了，来自深深的内心。于是，环绕在我周围的高墙逐渐瓦解，第一次我真正靠近自己的心、自己的身，而不只是不停地希望它们如何依照我的想法呈现。**第一次我可以跟癌细胞和平相处而不急着歼灭它们，毕竟它们就在我身体里，已经是我身体的一部分。不论我喜不喜欢，接纳它们的存在确实是我唯一可以做的事情啊！**我为什么要花所有的力气去跟它们对抗？我为什么不将这些力气用在好好地活在当下、好好跟所爱的人互动？生命的精彩不在于它的长度，而在于真实活在当下的程度啊！

终于，我跟自己内在深层的自我疗愈力量联结上了，我知道不论我的病情如何发展，我不等于我的病，癌症确实在我的身体里面，但我并不等于癌症，我的生活也不仅只是抗癌，除了癌症之外，生命中鲜活美妙的光景并没有消失，它们都还在——家人、朋友、美食。我还有体力可以骑脚踏车看遍河滨风光，我可以一早起床为女儿做美味的便当，我可以跟关爱我的先生分享许多心事，我依然可以关怀病友甚至是他们的家人，我可以继续享受乌克丽丽的乐音，也可以继续上山呼吸新鲜空气，我还有许多美好的事情可以进行啊，带着癌细胞一起。

想想，癌细胞也挺可怜的，所有人遇到它们就跟看到鬼一样，所有人类的能量都只想将它们赶尽杀绝。如果我是癌细胞我会怎么做呢？当然是竭尽所能的反扑。也许，这只是遐想；也许，癌细胞正是我身体里曾经被我厌恶驱赶的那部分自我的具体化。如果是这样的话，生病只是"它们"的声音大到终于让我听到了。如果是这样的话，我何不趁着有生之年好好聆听它们呢，尤其它们已经是我身体的一部分。接纳它们，就像接纳我所不喜欢的性格，这性格也许是我的、我女儿的、我先生的、我父亲的、我母亲的、任何周围会影响到我的人的。接纳，知易行难啊！终于，我领悟到决定我生命终点的不是医师，而是我自己。我学会好好地活在当下，好好地与自己的身体、心灵、家人、朋友、环境真正地和平相处。这不就是精彩的生命吗？

正念减压课程让我重拾生命的力量与温度，我曾经想，也许我只要好好练习正念就好，也许可以放弃西医的治疗方式，但老师不建议如此，所以八周课程结束后不久，我去切除移转的癌细胞。电烧手术的疼痛让我深刻体会能平躺下来休息是多么幸福的事！那时为了让自己安稳躺下，我试尽各种姿势仍无法抵挡腹痛，所以只好坐着睡。麻药渐渐退去，伤口痛到我根本无法站立。坐在病床上，我运用上课所学的身体扫描，仔细观照身体的每一个部位，有癌细胞的部位、没有癌细胞的部位，有伤口的部位、没有伤口的部位。奇妙的是，痛到爆的感觉似乎慢慢消融，伤口的痛会导致全身的紧绷，而紧绷的全身又让伤口更痛。**透过身体扫描的练习，紧绷的部位逐步松缓，伤口依旧疼痛，但只局限于伤口处，而不再四处弥漫了。我知道伤口依旧会痛，但我也体会身体更大部分是不会痛的、是正常运作的。我跟疼痛的伤口同在，也跟不痛的身体同在。**这次我没有让疼痛淹没我，我领受到内在强大的疗愈力量，只要我愿意真心地停下来、安静下来、聆听，不急着以惯性反应来应对，不对自己的伤口或病情喋喋不休，将能量平和平等地关照身体各个部位，而不是只注意疼痛部位，我就可以在疼痛中呼吸到新鲜空气，为我带来能量的新鲜空气。

现代医学对生理与心理有截然不同的划分，如果是心理有问题，就看精神科，如果是生理有问题，就根据身体的具体问题决定去哪个科室，隐约透显出身心分离的概念，好像身体的问题与心理的状态是两回事。在学习正念减压期间，我了解到身心原来是不分的，身体的状况会立即影响心理状况，反之亦然，身心交互影响的程度超乎我原先的认知，那种感觉就好像发现了新大陆一样。

前几天我做完推拿的当天深夜，突然肋骨产生剧痛，好像有严重内伤一样，当时我痛到连呼吸都觉得困难。这突如其来的剧烈疼痛勾起了我对死亡的深层恐惧，心想会不会时间已经到了，内心充满了害怕、焦虑和难过。然而，我发现自己越担忧恐惧，呼吸就越急促，几乎快喘不过气了。突然间，我回忆起正念资料库的心法——静坐观呼吸，我把注意力放到呼吸上面，专注于一呼一吸、一呼一吸、一呼一吸……焦躁引起的呼吸困难终如退潮般缓慢淡去，心理和身体的交互影响在我身上再一次得到了验证。

现在正念已经是我生活的一部分，而且是很重要的部分，我尽量让自己的生活被正念拥抱，不管发生什么事情，结果总是出人意料，就像有天晚上女儿回家后气呼呼的，我问她发生了什么事，她一直不肯讲。在我温和的关怀下她终于说了，原来她中午的便当放在桌子旁边被同学打翻了，她一口都没吃到。当同学把饭从地上捡起来时，看到沾满灰尘的饭，女儿放声大哭。我不了解她为什么大哭，但我知道如果是以前，我一定会不高兴地质疑她怎么没把便当放好，才让同学有机会弄翻。**在当下我感觉到自己身体的反应，觉察呼吸，我知道我并没有真的搞清楚她的状况——她为何会哭得这么惨？于是我告诉自己别急着骂她，转而温和地探询**："你是不是肚子真的很饿，才会大哭？"她说："不是，你不会懂啦！"我没被激怒，继续耐心地问："那是怎么了呢？"慢慢地，她哽咽地说："那是你一早起床辛苦做的便当啊！"一说完她就哭了，我也感动得掉下眼泪，我们抱在一起哭了好一会儿。原来，她心疼我，她难过没有收到我给她的爱。因为我正念地探询她，女儿对妈妈温柔的爱才有机会流露出来。如果我依照惯性反应，只看到一点表面迹象就急着强行输入我所认定（却未必正确）的想法，那她将永远没有机会表露她的爱，我也不会有机会知道她对妈妈的爱，彼此间将只有误会和生气。这就是惯性反应与有觉察回应的差别，失之毫厘，谬以千里啊！

好开心，老师将在星期六上午给一般民众开新课程，我很快地帮先生报名了。我希望通过这个课程，让一路陪伴我、照顾我的先生，也能找到他自己内在的自我疗愈力量，取之不尽、用之不竭的力量，别人拿不走的力量，不论我有没有在他身边，这是我可以回报他的最好的礼物了。

正念伴我面对疾病*

我接触正念减压是2012年乳腺癌第一次转移到肝脏、正接受化疗的时期。当时虽然看起来是积极接受治疗，但内心其实非常嫌弃遭癌细胞扩散的身体。我对于如何照顾自己的身体感到很茫然，非常担心能否挺过这一关，需要靠药物调适情绪的我，选择封闭自己。直到在参加正念减压课程后，**呼吸觉察的训练**，让我体会到每个流动且独特的当下，于是我学着接受生病的事实。通过大量**身体扫描练习**，体悟罹患癌症并没有全然剥夺身体正常运作的功能，反而因为这场意外，让长期忙碌的脚步停歇，觉察生活中一直都存在的美好。在**伸展肢体**的舒坦中，我感受气息在体内顺畅的流动，看着家人熟睡脸庞我心里洋溢着幸福感。用**五感充分品尝食物的滋味**，我感谢食物带给身体的饱足感……虽然有些治疗的副作用也确实很不舒服，但大部分都能与之和平共处。

这段时间我继续跟华人正念减压中心的伙伴们一起大量学习正念，从个人不断地练习、实践与融入生活，到慢慢地接受君梅几乎是一对一的培训与伙伴们的大量滋养。我渐渐开始跟中心伙伴们一起把正念传递给大家，从观摩、实习、督导，从带领短时间的讲座、半日工作坊、数日工作坊到教授八周正念减压课程。我们一块儿把正念带入校园和各类单位，长达一年多的期间，我们每个月到遥远的基隆长庚医院情人湖院区，为癌友提供正念推广讲座。

正念，已经成为我的生活方式。

癌细胞跟我和平共处了近五年，远超过当初医生预估的两年。然而，在迈向第五年的定期追踪时却发现癌细胞第二次移转，这次是到纵隔腔——一般人都没听过的身体部位。突然间，过去化疗虚弱不适的经验和可能面临的病程不确定性一股脑地冲上来，我恐惧到几乎僵住，瞬间从熟悉的世界抽离，

---

* 经过五年与癌细胞和平共处，2017年末，老天爷给佳蓉一个大挑战——第二次移转。本文是佳蓉分享在这艰难的过程中，如何自我面对与自处。

身体有种失重的飘忽感，惊恐、无奈、沮丧的情绪接续出现，甚至质疑存在的价值和意义。

在混乱与惊愕中，我重回正念的怀抱，盘腿静坐，觉察坐垫承接身体的重量，觉察被裤子包覆的双腿，觉察双腿互相接触的温度和触感，觉察大腿内侧肌肉的微紧感，觉察气息进来通透全身，觉察暖暖的气息从鼻腔离开，在觉察中我感受到平静与自在。长期的正念练习让我只要盘腿而坐，几乎都能联结到自己内在，心可以与身体安然处于当下，思绪不再狂乱。我感觉这是老天爷再度让我放长假，当头脑清楚后，行动也跟着踏实起来。

第一件开启的行动是看日剧。我一直很想看的《真田丸》，这次终于有时间了，一口气就把它看完了。那段时间跟着真田源次郎身陷危难，跨出重围，经历百转千回的时势，内在有些说不出来的感觉被牵动与同理。深深体悟生命是充满挑战和冒险的，过去的经验有时候不但不可靠，反而可能成为负担，未来本来就是由一连串变动的当下组成。然而，**停驻在当下也需要勇气和智慧，因为不是每个当下都是舒服自在的，需要在未知中带着困难前进，承接生命中的起伏和平稳，掌握和放下都同等重要。**

治疗期间我清楚地与身体的痛苦同在，觉察细微的感受，体会身体时时刻刻的变化；也清楚地看到身体状况如何迅速牵动心理的担忧、恐惧、沮丧或胡思乱想。在这种情况下，我会把觉察带到呼吸上，觉察气息的进出，觉察心跳的快慢，觉察肌肉不自主的紧绷用力。渐渐地当身体的不适获得缓解时，我也能清晰地觉察与感知，内在的勇气和信心得以随之浮现。

有几天双脚麻刺和大肌肉酸痛让我夜不成眠，全身不自觉地僵硬，加上膝关节像是卡在某条肌肉里，下床都吃力。看着自己的双脚难以弯曲，只能直直下楼梯的样子，觉得自己很像僵尸，心情很差。然后我联想到港片常出现的僵尸画面，突然间笑了出来。回到床上后，我可以感受到床单温柔的触感和床垫稳健扎实的承接，上半身有种放松的感受出现，虽然只有几秒钟。我持续觉察身体，双脚趾头实在很痛，仿佛有人不断地踩踏我的脚。然而在踩踏之间竟也有空隙，塞满这瞬间空隙的是麻刺感，这麻刺感也穿梭于十根脚趾间。我心想，还好感觉踩在脚趾头上的像是布鞋而不是高跟鞋，不然就更痛啦。此外大肌肉也感觉到酸痛发热，好像有按摩师大力搓揉着。虽然痛到不能睡，**但是当我不再抵抗、厌恶或恐惧这些疼痛与随之而来的感受，甚至顺着疼痛的方向觉察时，这颗心好像就不再那么害怕、烦恼、沮丧或无力了。**

在治疗过程中当然有很多烦躁的时刻，尤其当疼痛以一种无法理解的频率挑动着大肌肉和关节时，加上内心的不悦和不接纳，胸腔内常会有一股热气直逼喉头。糟糕的是身体面对疼痛的惯性憋气，让莫名的窒息感一下子冲到脑门，搞得疼痛快速扩大。老实说，面对这样的状况，除了难以忍受的疼痛，我心底也会生气。我让心中怒气出来的方式，就是张口轻声但用力地发泄。然后，**我承认自己真的非常不舒服，允许自己在不适中载浮载沉。**再带着觉察深深地呼吸几次，通常这时候整个身心就不会都浸泡在不适里，而有得以喘息的空间。

很幸运在每次化疗后一段时间副作用均得以缓解，身体发挥神奇的复原能力，从原本需要搀扶散步，到迈开轻盈的步伐，到能够去近郊爬山。**我实在感谢这身体始终支持着我，让我能走进大自然，感受清新的空气，感受双脚有力地踩在柔韧的绿地上，享受舒展的躯干被温暖的阳光滋养着。在觉察中实在地活着，真好！**

治疗经医生评估，暂时告一段落，虽然身体的考验结束，但余悸犹存。在念头纷飞、心情烦恼时，我会让自己找个安静的角落坐下，用自我支持的姿势坐着，感觉脊椎一节一节向天花板延伸。然后将注意力放在身体与环境接触的感觉上，深呼吸，观察出入息，不纠结在某些想法与情绪里，也觉察身心的交互作用。比如有一次我咳嗽不止，第一个出现的念头就是怀疑癌细胞会不会转移到肺了？内在警铃瞬间大声作响！我是否应该立刻去挂号，要求医生再次检查？接下来将要面对什么样的治疗？听说治疗肺会很喘、很不舒服……心中很快地闪过好多想法，也觉察到身体的变化，其中最奇妙的是，当我一想到可能会很喘，立马身体就跟着喘起来。这倒让我发现心已经迅速影响身体了，于是我选择坐下来观察呼吸，几次呼吸觉察后，我发现胸腔的起伏还算稳定顺畅。虽然不排除其他可能，但推测这强烈的咳嗽，可能是每年定期发作的过敏咳嗽作祟，也或许是感冒所引发，未必与癌细胞有关。然后我发现当不同的可能可以被看到时，就能先在当下安住，慢慢地观察变化，不再胡思乱想与焦躁不安了。

老实说，再次复发对自己的打击实在很大。原来健康到生病到死亡，这中间是持续变动的。如果现在生病了，经过运动和调养，可能会往健康的一端走，未必生重病就会一路走上死亡。健康是需要持续付出努力的，而不管走在哪个阶段，都存在着许多的可能，值得发现、开展和投入。

如何让每个时刻都能活得有品质，不让病症凌驾于整个人生，需要时常带着正念觉察，虽然这不简单，但我已经走在这条路上了……

正念，温柔地开发长期忽略的疗愈力 *

2014年初秋，十月一个周末的早晨，这天新的正念减压班就要开始了。只见一个高瘦、年约五十多岁的男人，戴着鸭舌帽，穿着及膝短裤，一语不发，站在门口徘徊。

我微笑着问他："请问你是要来上课的吗？"

他没正眼看我，转过头冷冷地说："没有！我只是来看看。"然后转身准备离开。我对眼前这位不友善、充满防御又不正眼看人的男人感到十分疑惑，他的举止很怪异，但直觉告诉我他不是坏人。于是我邀请他："既然来了，就留下来听听看吧，不喜欢再离开也不迟。"我没多问，心想他也许刚好走错地方吧。

他一副不情愿的样子走进教室，选了最靠近门和角落的椅子坐下。

我热情地讲述着何谓正念、何谓正念减压课程，只见他表情冷漠、双手环抱胸前、身躯后倾，虽然看似充满敌意，但其实是认真地在听。慢慢地，他环抱胸前的手臂开始放下，脸部肌肉开始放松，微有笑意。自我介绍时，他才说自己是医院的心理师介绍来的。我心想："还说什么'只是来看看'，根本就是已经完成所有报名程序的新学员啊！"

即便早到，詹姆士也几乎从来不跟同学打招呼或聊天，总是一个人静静地坐在椅子上。当大家需要坐到地板上时，他说髋关节开过刀，右大腿处弯不下来，无法坐在地板上，因此只能坐在椅子上练习。随着课程的进行，有

---

* 这篇文章是我撰写关于另一位正念行者詹姆士（James）的故事，描述詹姆士在正念修炼过程中，如何看到更广阔的生命脉络，重拾温暖、支持与爱。

一天他毫不忌讳地跟大家说，他年轻时就赚了很多钱，事业家庭均如意，应该算人生胜利组，所以很早就退休了，但他满身是病，除了大腿髋关节开过刀外，还有青光眼、癌症四期，此外还有抑郁症、焦虑症、酗酒等，到现在都还在持续就诊中。

课堂中的詹姆士是高度投入的。进入到正念瑜伽那堂课时，虽然肢体僵硬伴随着若干疼痛，让他没办法做所有训练动作，但他并没有因此而放弃学习与锻炼自己的机会，在动作中，他认真专注地觉察自己的身体，适度温和地探索并挑战自己，又不使自己因为做过头了而陷入危险之中。

课后的詹姆士非常认真练习，每次的家庭作业他只会多做而不会少做。渐渐地他有了明显的转化，大约四五周后，我见证了发生在他身上的正念奇迹，他从一开始完全不能坐到地板上，到现在能够稳稳地坐在地上。詹姆士的肢体放松了，心也跟着放松了。他的面容迅速地转变，从一开始充满敌意的扑克脸，渐渐展露出笑容。课程进入中后期时，他几乎都是带着会心的微笑，满脸慈爱状。

越来越放得开的詹姆士有一天在分享时语重心长地跟大家说："**正念需要练习，而婚姻是需要经营的。**"他说在上课前觉得自己的人生整个都是失败的，患病不说，太太还坚持要跟他离婚，他们彼此都没有外遇，也还深爱着对方，只是"她说她已经受不了我了"。孩子也因为他不稳定的脾气与情绪而跟他渐行渐远，现在他一个人住。他说以前不知道要经营婚姻、经营家庭，只知道要经营事业，现在才知道，但已经太晚了。他平稳的语气里有悔意，但没有丝毫哀怨，更多的是一种深层自我观照后的体悟。

这种自我观照来自他扎实的正念练习。他说以前他是游泳选手，清楚地知道纪律的重要。他把这样的态度运用到正念练习上，他每天练习，也每天感受到自己一点一滴的不同。**通过正念觉察，他学会如何好好照顾自己，如何发现并调节自己的情绪，如此一来，对自己和对别人都会更加宽容和友善，他的前妻与孩子们是最直接感受到的人**。先前犹如刺猬的他，在不知不觉中已经转变为温柔涵容，孩子们开始越来越亲近他，他与前妻的关系也越来越和谐了，两人变成一种很特殊的好友。

后来几乎只要是中心的课，詹姆士都积极参与，不论是正念瑜伽，还是白天的读书会、晚上的读书会、周二晚上的旧学员团练等，都可以看到他清瘦挺拔的身影。在一次夜间读书会时，有学员提到正念练习很好，可以想练就练、不想练就放下，都没有压力，学习意愿反而高。若干同学欢喜地赞同，只见詹姆士举手，以惯有的低沉响亮的语调娓娓道出：

"我不同意这样的练习方式，老实说，身体扫描、呼吸觉察的方法与技巧，两年前我就会了，但当时没有老老实实地做规律的正式练习，所以情绪大海啸过来时，我根本来不及应对，结果只能住院！**最近一次住院住了快两个月，在医院里我天天练习，突然间，有一天我开窍了，正式练习对我来说变成一件喜悦的事！**以运动选手而言，就算他姿势再正确，技巧再熟练，没有天天练习，肯定没有好成绩。我高中、大学都是游泳校队的成员，天天游，除了技巧姿势要正确外，持续不断的练习才可能有实际成果。田径球赛亦同，没有持续正式的练习，到头来都成了说一口好球，或是光会比画游泳姿势要如何才正确，一下水什么都游不动！正念也是如此！**一定要实际练习，然后有一天把练习当成一种乐趣而不是功课，那才是大收获！**"

在读书会中，每当时机成熟时，我通常会邀请大家分享，尤其是分享正念练习的带领。那次詹姆士大方地接受邀请，他带领大家一起做身体扫描与慈心静观的静坐约三十分钟，所有人都享受着他那沉稳、自然、平和、不做作的带领。他的高度同在（being）感动了大家，结束后全场惊艳，纷纷表达赞叹与欣赏，也希望他下次再继续分享带领。我跟大家说，这就是"教导来自练习"（teaching out of practice）的典范。

詹姆士持续练习，身体状况也越来越好。原本他想参加2015年11月份在北京的正念专业训练，10月上旬他发信息跟我说了一个坏消息："上周检查，我癌症复发，要进行检查，确定范围，除了开刀，还要化疗与电疗……我很好，每天练习正念三小时以上。"他表示自己的心态很健康，因为正念练习养成对身体有高度的觉察，因为一点点不对劲就马上发现了。为了不让我们担心，詹姆士开玩笑地写道："好人不长命，祸害遗千年。我死不了！"算算治疗的疗程，詹姆士发现到2016年3月时他的所有治疗应该都结束了，他还主动跟我提出要帮忙做中心大活动的招待，因为2016年3月华人正念减压中心邀请美国麻省大学正念中心的资深老师鲍勃（Bob Stahl）来台授课。詹姆士说他可以做招待，于是他一边准备治疗，一边轻松地和我们讨论招待的事情。

几天后，詹姆士告诉我一个更坏的消息，他的状况无法做化疗、电疗或标靶，只能开刀清创，而且是十多个小时的大手术。在这段时间，他平静而积极地找寻各种医疗资源，从南到北聆听六位医疗专家不同的意见。在做好准备后，他决定开刀治疗。开刀前做了核磁共振检查，之后他分享："核磁共振在密闭舱中做了一个小时，有各种不同的机器声音，两耳都塞了棉花，还是震耳！而且声音变来变去！刚好在华人正念减压中心的电子报提过 Bob 出家时鸡叫的故事，所以我在正念呼吸与身体扫描一遍后，就专注聆听那嘈杂的机器声音！"之后詹姆士进一步分享了正电子扫描的过程，患者需要在一个小房间躺着休息，好让身体静下来，之后打显影剂 30 分钟，再去仪器内扫描 40 分钟。詹姆士觉得这跟正念静心很像，他也趁着这个时候练习正念中的身体扫描，他如此描述："**反正机器扫描我，我也扫描自己！**"詹姆士的正念练习已经全然融入时时刻刻的生活中了。

复发前他在《正念疗愈力》进修会*时曾说，正念觉察练习加上一起读书的分享与讨论，让他开始意识到自己的情绪。对许多男人而言，很容易看到事情，却不容易觉察到心情，情绪太难捉摸了，因此忽视或否认它的存在是最简单的。然而，这种闭上眼睛就以为不存在的应对方式，只会导致日后更多、更严重的后果。在这过程中，很年轻就事业有成而退休的詹姆士用他自己的速度觉察与认识自己的情绪，不压抑、不闪躲、不假装没事。当情绪来时，就温和勇敢地面对与承接，正念地与各种情绪同在，允许它来、允许它停留、也允许它离开。

曾经有一次，超级强大且厚重的情绪海啸直扑过来，詹姆士说："当时什么正念呼吸都没用了，只能大哭一场！"

然而詹姆士的状况又更棘手，因为没药可用，手术只有 30% 的存活概率，最大的风险是直接在手术台上死掉。

詹姆士诚实地说道："遇到了，当然会怕！一切都是未知数，只能尽自己

---

* 目前本课程在华人正念减压中心是归类为进阶训练。

的能力帮助自己！现在如果慌乱，会做出对自己不好的选择。虽然没有绝对，但朝最少的伤害去进行，就是目前最好的做法。正念呼吸静心真的有帮助！"

在紊乱、纷杂、担忧、恐惧中，詹姆士先帮助自己不慌不乱，平常扎实的正念练习，再加上心理咨询与医疗团队的帮助，让他迅速稳住自己，冷静地听取并模拟术后状况，拟好治疗与保养策略，之后还帮忙安慰家人。就在这时候，詹姆士领悟到什么是"臣服"，深刻体会"臣服不等于投降"。他持续且单纯地进行各项正念练习，不设定任何目标或期望，完全如正念减压创办人卡巴金所说的："**练习，犹如你命系于此；事实上也是如此！**"（Practice, as your life depends on it. And it is.）

勇者詹姆士，正念地生活，也活出了正念。

正念伴我走过忧郁症的幽谷*

2014 年，我因为准备退休而罹患抑郁症。很多人都觉得很惊讶，退休是一件多开心的事啊，多少人梦寐以求，而我却无法接受自己要离开工作二十几年的地方。看着即将一起退休的同事，她是那么开心，这更加深了我的郁闷。我每天反复思考，退休后的我要做什么，没有了经济来源，也没有了自我肯定，这两项对我来说都是非常重要的。从我懂事以来，我就积极靠自己赚钱减轻家里的负担，而这又是我非常热爱的工作，这些年我感觉自己好像只为这两件事而活着，所以平常总是上班一条龙，下班一条虫。

递出退休单后，我超级后悔，各种负面情绪与想法排山倒海地涌来，我舍不得大家，怀念过去的开心与不开心，怀疑退休以后能做什么，质疑自己一点儿功能都没有了，担心不会赚钱的我还有什么用，以前只管上班不用做家务，退休后整天待在家我要怎么过？越想越没有安全感，越想越觉得自我没有价值，但念头就是止不住地涌现，一个接着一个……没完没了，无法停止，很痛苦。越想厘清状况就越混乱，情绪越来越低落，我对自己越来越没信心，越来越相信自己是个没用的人。止不住的反复思考导致我严重失眠，注意力无法集中，每天都觉得人生没有意义，甚至想要自杀。当我告诉别人

---

* 本文由苏菲亚亲自撰写，分享她如何运用正念走出抑郁症的阴霾，开展新生活。

内心深处的感受和想法时，他们又无法真的理解我，还纳闷怎么会有人因为退休而忧郁？这更增加了我的孤立感，好像我不是属于这个世界的人。

这种现象持续了快两个月，我整个人瘦了五六公斤。以前喜欢的事情现在也提不起劲了，于是我想各种办法让自己变快乐一些，但这样反倒提醒我是不快乐的，于是我的情绪更加低落。医学的训练让我明白，如果再不止住这股迅速低落的趋势，我恐怕会陷入很大危机。于是我寻求心理咨询师的协助，希望借由专家的力量帮我厘清紊乱的思绪。咨询师建议我先吃药以稳定情绪，再配合心理咨询进行治疗。半年后，咨询师说我们该结案了，因为会谈毫无进展，而她认为无法再帮我了。我一方面很感谢她的诚实，另一方面也更慌张，没有咨询师后我该怎么办？面对惊恐害怕的我，她给了我一个方向——可以去学习正念减压课程。

正念减压是什么？完全没听过！怀着心理师一定不会害我的信念，我上网搜寻正念的资料，找到华人正念减压中心，不假思索地立刻报了名。记得上前面几堂课时我全身紧绷，没有笑容，一说话就哭。直到第四堂课，我才发现自己开始转变。我是好学生，每天都会练习课堂上老师所交代的功课——身体扫描、瑜伽、静坐以及各项非正式练习。渐渐地，我觉察到，当我开始沉沦于负面情绪或想法时，身体会紧绷，双手会紧握，呼吸会加快，全身会发热，没办法专心听别人说话，这些都是我之前没有感觉到的。

之前的我只会陷入想法里，现在的我会先去观察自己的身体发生了什么变化。举例来说，当我肩颈变紧、双手紧握时，我就知道此时的想法已经让我再度陷入烦躁不安中。我会想到课堂中君梅说的，**觉察呼吸是稳住自己最佳的方法**，然后通过几个深呼吸，先把自己从无尽的思索中带回身体的觉察，专注于当下正在做的事情上。

有一次我跟老公去公园散步，走着走着我突然发现自己根本没在欣赏周围的景色，也不知道旁边的老公在嘀咕些什么，不知何时开始我已经完全陷入在想法里。我觉察到全身僵硬，当下我明白自己又在编故事了。我试着专注于自己的吸气、吐气，专心地感觉到自己正在呼吸，将自己从想法中轻轻带回呼吸觉察。这样的练习，日复一日。刚开始当把注意力带回呼吸上时能持续的时间真的很短，顶多几秒钟，很快注意力又会回到想法上。虽然只是短短几秒钟，却能让我喘一口气，没一直陷入思维反刍中。我继续不断练习，提醒自己，当注意力跑走分神了一千次，我就用呼吸将自己带回来一千次。

正念练习对我的重要性与日俱增，隐约中我感觉生命好像维系在这里。慢慢地，我对日常生活的觉察逐渐提升，时时刻刻提醒自己把心放在当下正在做的事情上。走路时，我觉察脚底与大地的触感，觉察脚提起来、往前跨、放下的每个过程，觉察全身当下的感觉。刚开始真的很难，因为常常会回到想的状态，念头一下子东南西北到处乱窜，很烦。老实说，我也会因为这样的反复对自己感到沮丧，失去信心与耐心，但我仍然持续鼓励自己："苏菲亚，加油。"我还特意提醒自己，**练习正念时不要带任何期待，也不要想达到哪种境界，只要带着耐心和爱心，持续非评价地觉察，积极去做每个正念练习，不管练习的感觉是平静或烦躁，都可以**。我依赖持续不断的练习，邀请自己温柔仁慈地包容与接纳当下的一切，不论是开心或不开心的状态。我每天都大量练习。

上完八周课程后，我已经知道如何在快要陷入负面情绪的惊涛骇浪前，将自己从想法带回到当下，回到与身体的大量联结。我深刻地体会到，念头就是念头，想法就是想法，念头和想法不等于事实，也不等于我。所以在课程结束后，我持续主动地练习，譬如走路时就专注于行进中的身体感觉，坐公车或等人时我会做正念呼吸，早上醒来时我会先做简单的身体扫描，起床后做些瑜伽伸展，每天至少静坐十分钟。再加上每周二晚上到华人正念减压中心参与给旧学员的练习，直到现在，我坚持了已经快三年了，我的药物渐渐由三颗减到零颗。在这个过程中，我慢慢借由正念练习，逐步恢复了对自己的信心，更懂得如何爱自己，更知道如何不被想法情绪淹没。

现在的我，找回了活下去的意义，我清楚地感受到身旁有很多爱我的人，我并不孤单。很多想法都是我自己制造出来的，并非事实。我开始随时觉察身体的状况，随时练习身与心的合一。如果发现身体有点紧绷，我会观察"当下的念头是什么"，然后问自己："这念头与此时此刻有关系吗？"如果没有关系，我就会将自己的注意力从念头回到当下的呼吸，进而专注于正在做的事情上面，与当下的自己同在，真正地活在当下，而不是活在过去或未来。我从正念练习中学到如何关照自己的身与心、如何仁慈温柔地对待自己、如何接纳不完美的自己。随着练习所带来的平稳的感觉，我逐步展开丰富的、有意义的新生活，学习之前好渴望但没机会接触的东西，一步步实现年少时的梦想，好开心我退休了。希望今后我也能让更多人接触正念，从正念练习中开启不同的人生，进而享受人生。

将正念带给病人的带领者实战心法 *

正念减压课程（MBSR, Mindfulness-Based Stress Reduction）于1979年由医学教授卡巴金博士（Jon Kabat-Zinn Ph.D.）创立于美国麻州总医院，从一开始，这个课程就是为了协助重症病人。自从2010年我将课程引进台湾以来，上过约80梯次的正念减压课程（MBSR）。数百位学员中，最让我惊艳的总是癌症病人。在八周课程里，我亲眼见证病友学员原本僵硬的身体逐渐柔软，原本抑郁的心情逐渐开朗，原本胶着的关系逐渐松绑，原本难以驾驭的恐惧担忧逐渐消散。他们真实地体验到自己内在尚有的丰沛资源与能力，他们学会无论在任何情况下，都可以运用正念妥善地照顾自己的心，进而安顿自己的身。当身心逐渐获得平衡稳定，当注意力逐渐落实于当下的此时此刻后，过去的经验不再绑住他们，未来的害怕不再限制他们，癌症不再是生活的主宰。生命，于是有机会重新开展；疾病，于是有机会成为祝福。

身为癌症患者正念课程带领者的注意事项

【注意1】互动时，带领者需维持高度敏锐的觉察

癌友经历过生死大关，一般而言比一般学员敏感很多，心理状态也更脆弱、更容易受伤。然而，他们表现出来的样子却未必如此，这一部分来自长期忍耐的惯性，另一部分也来自生病的复杂心情。因此

---

* 这篇文章撰写于2015年，我受邀至第二届两岸四地癌症康复论坛，分享正念对病友的益处。这其实不是当场分享的内容，而是会场手册的内容。希望本文能给病友建立一些有用的正念理念。

带领者必须有高敏感度，对于自己的一言一行要相当有觉察，对产生的团体动力亦需高度敏锐，同时身体力行正念练习的各项重要原则，例如"非评价"、"接纳"和"非用力追求"。此外，带领者尤其需要小心好为人师与喜欢给建议的惯性，这样才能保护学员不在课程讨论中受伤，也确保学员学到的是"正念"，而不是以正念为名，却制造更僵化的框架给学员。

【注意2】带领者不是医师，注意言行并保持中立

从学员的角度来看，出于自己生病的痛苦经验，也出于善良的用心，癌友很容易、也很习惯直接给出各种建议或忠告，有时甚至很强势。此时，带领者就需要非常敏锐了，需要维持中立并温柔地保护每一位学员。如果带领者自己对于学员的忠告也有偏好喜恶，要小心不要不自觉地制造谁对谁错的氛围。

对于病友而言，讨论病情是非常正常的事情，在团体中虽然以正念练习为主要讨论内容，但多少还是会涉及病情的讨论。此时，正念带领者必须清楚地知道自己的角色不是医师，也必须注意自己的言行是否增加了学员的担忧恐惧。在论及不舒服与疼痛时，带领者也必须深刻明白正念中"行动模式（doing mode）"与"同在模式（being mode）"的差异，并以适当的方式协助学员在不慌不乱的心境下，如何与不舒服和平共处。

【注意3】带领者要从内心深处相信病友是有能力帮助自己的

此外，生病的经验让病友对自己的信心严重丧失，因此也更容易放弃自己而服从权威。带领者在面对癌友时必须更谦卑，切勿以专家的身分自居，这样对病友反而是种伤害。带领者要从内心深处相信病友是有能力的，是可以帮助自己的。因此，病友需要的不是更多的建议或更多所谓"正确的做法"，而是需要有更多的信心，更多对日常生

活点点滴滴的正念觉察。在适宜的范围内，鼓励病友根据从课程中新发现的内在资源，在生活中尝试不同的行为与思维，邀请他们进行当下就做得到的练习，用自己的力量为自己开创带着觉察的人生。

02 / 让正念进入企业或机构

让正念进入企业或机构，与大量的科学研究有很大的关系，毕竟对企业来说，如果没有很多实证研究，实在很难接受与想象光正念练习就能产生任何改变。对企业或机构而言，最令人兴奋的研究是发现大脑中掌管工作效能的前额叶皮质，通过正念练习会被激活。影响情绪与威胁感的杏仁核会随着练习而缩小，进而提升情绪调节能力。

当代正念进入企业或机构的历史没像进入医院这么久，一开始是高级主管在某些机缘下，接受了正念减压课程的培训，发现对自己帮助很大，所以也想把这种方法带入企业。通常会从中高级经理人开始，进行一系列的培训。根据2012年英国《金融时报》的报导，至少25%的欧美大企业都会提供规律的正念课程，尤其是硅谷的大公司。全球化的竞争压力非常大，但长期的压力不利于创新与身心平衡，员工之间的人际关系也更容易紧张。正念能提供很好的调节作用，有些大公司的吸烟室甚至改为了静观室。到了2017年，在英国，正念不但进入各个学校，还进入了国会。美国硅谷有个机构叫wisdom2.0，是由知名大企业的老板所组成的，每年举办多次讲座，将正念（mindfulness）、静观（meditation）、智慧（wisdom）、慈爱（compassion）等带入企业或机构。

对多数人而言，工作占据了生命很多时间，有些是8小时，有些是12小时甚至16小时。这么长时间的付出，要维持头脑清楚、身心放松几乎是不可能的，因此大家都有习惯性的紧绷，如果再加上压力、责任、使命，那就更辛苦了。于是失眠、肩颈酸痛、胸闷、头痛、焦虑、担忧、自律神经失调等频频拜访，这些症状干扰了生活与工作效能，但又没生什么大病。因为还没垮下来，所以我们通常也不会特别在意，只是晚上睡不着时需要服用安眠药，来强迫关机，早上难以清醒时需要来杯黑咖啡，以强迫开机。

然而，平心而论，拖着疲惫的身心，决策的品质怎么可能好呢？带着闷闷的头脑，思路怎么可能清晰呢？效能不佳，工作怎么可能不累呢？这和价值观、信念或做事方式没有关系，就是一种集体习惯性的疲惫。

基于这几年的培训经验，当我被邀请进入机构或企业时，第一件事情就是清楚地告诉他们，**正念就是学习好好照顾自己，不管目前所处环境或政策如何改变**。现在的工作也许如意中有压力，也许只为五斗米折腰，也许抑郁迷惘而正骑驴找马中，也许有很强的使命感想要做些什么，也许正在进行一些很棒的计划。不论如何，让自己好好活着，身心的平衡是很重要的事情。工作依然很忙，事情还是很多，责任仍然很重，虽然一天可能很难找到 45 分钟的空当来做练习，但一定有许多 1～10 分钟的空当。因此，如何好好运用这些空当就很关键了。

如果把这些时刻拿来玩手机，那只是把所剩不多的能量再消耗些，尤其如果姿势不良的话。

如果把这些时刻拿来做正念静观练习，那么即便只是 1 分钟、2 分钟或 10 分钟，都可以让身心暂时休憩，进而获得滋养。因此，**让正念练习进入忙碌的工作的执行策略是："在夹缝中求生存，再慢慢把夹缝扩大。"**

在忙碌工作之中，短时间正念充电的策略

在夹缝中求生存的意思是，当一切都无法改变时，如何主动地运用生活中的小小空当，有觉察地进行各种非正式的正念练习。所谓非正式的练习就是不额外多花时间做的练习，正式练习就是另外拨出送给自己的时间。正式练习能有效增加觉察的稳定度与清晰度，非正式练习能提升觉察运用在日常生活中的能力。在忙碌的工作中可以进行的正念练习有：（如果您经常练习某项目，可在该项目前面的括号打钩，知道哪些练了，哪些项目还没练，让练习方向更加明确。）

（　）在喝水时可以练习正念（灵活运用饮食静观），领受喝水所带来的

实质滋润。

（　）走路上厕所时可以练习行走静观，觉察身心合一的身体行动，让脑袋暂歇片刻。

（　）进入厕所后可以静观整个历程，领受身体实质的放松与舒畅。

（　）处理困难事情时，练习呼吸觉察以稳住自己。

当肢体感到僵硬时，做几个正念伸展以活络筋骨和头脑。

（　）睡前练习身体扫描以提升睡眠品质，维持活着最基本的健康需求。

（　）用手机前知道自己要做什么，做完后就收起来。如果是在随意浏览，可以设个铃声提醒自己使用的时间。

（　）坐地铁或公交时，觉察身体的变化，领受身体里的呼吸，观察周围的人。尽量少盯着手机看，以免不知不觉中又增加了身心的负荷。

随着正念练习越来越融入生活，夹缝会慢慢地扩大，例如：

（　）醒来时就带着觉察，领受身体被床铺承接的感觉，清楚地觉察几个呼吸之后再起床。

（　）午休时也许可以单独静坐 15 分钟，让烦躁的身心休息一下。

（　）工作很累时，暂停 1 分钟，放下手边的一切事情来单纯练习呼吸觉察，甚至是深呼吸觉察。

（　）开会前可以练习呼吸觉察，以确定把心带到会议室。

（　）在跟客户或同事讨论时，练习正念沟通中的一心一意，真正听到，才可能提升沟通效能。

（　）假日睡饱后练习身体扫描，增加对自己身心的联结与认识。

（　）在心情烦闷时练习呼吸觉察，随时联结内在的稳定与宁静。

（　）运用适当的时间参加更多正规的正念静观训练，提升身心的和谐、喜悦与平衡，也许更能找回或提升工作的意义感和方向感。

正念练习能提升同在模式，而同在模式练习越多，行动模式的效能就越高。因为同在模式下的脑袋相对是比较清晰和放松的，不论在决策层面、执行层面、解决问题层面，还是人际互动层面。

在企业或机构中随时都需要进行精准的评价或评断，但正念练习七大原则中的第一个原则却叫作"非评价"，看起来好像彼此冲突。然而，非评价的修炼其实是在提醒我们，不要只根据惯性的好恶、过往的经验或既有的知识来做评判，而要能清晰地看到当下所呈现的真实样貌和整体脉络，不论喜欢或熟悉与否。这不正是企业或机构领导人最需要的能力之一吗？有趣的是，正念练习越久，评价会更快速与直接，这是一种身心清澈之后的判断力，少了杂质，省去了东缠西绕的时间，看问题的穿透性与精准度自然提高了，但这样的精准力又不会造成过度压迫或咄咄逼人。

如果这些练习能持续进行，对高速运转的身心会是相当重要的调解与缓冲，毕竟再伟大的理想都需要靠身心来完成，因此，为促进身心的平衡稳定所投入的一些关注，怎么会不需要呢？以前，这些被归类为个人修为，是在进入职场之前或过程中，慢慢自行修炼的，与工作或任务无关，可以加分，但不会是企业或机构关注的重点。但现代这个几乎被彻底解构重组的社会，这个前提假设其实也无声无响地跟着被解构了。

那么，至少我们可以从自身开始，通过练习让自己的内在平衡、稳定与和谐；再慢慢扩至周围的小世界，例如家庭或工作场域中与自己有关联的人；行有余力时再扩及更大或更多元的小世界。人与人间都是相互联结并高度关联的，每个人多那么一点点的觉察，多那么一点点的平衡稳定，世界就会因此而转化。每个人用自己可以的方式，把正念觉察带入自己所能触及的世界中。千万别忘了，在这一切之前，请先将正念觉察带给自己。

忙碌生活中的正念实践

"学习正念后，我的睡眠品质变好了，工作效率也提高了。"

"正念练习帮助我在遇到问题时先让自己深呼吸，照顾好自己，纠结的心自然就会比较缓和了，在面对及处理问题时也没那么痛苦。"

"通过课程重新抓回倾听对话的能力。"

"正念倾听帮助我沟通更顺畅,也激发了更多创意。"

"不再预设立场、贴上标签,冷静后往往可以发现真相,减少误解。"

"觉察能提升专注力,了解对方的需求,让我快速找到解决问题的方法。"

以上是企业或机构的学员在接受正念训练后的分享,以下是一些很有意思的真实故事。

几个年轻人之前是同事,后来一起创业,经营近十年后事业有成,每个人都有很好的表现,公司也不断茁壮成长,但他们却面临史无前例的危机。个人家庭与健康上的问题,不可避免地影响到工作的执行与分配,彼此之间的信任日渐消磨在越来越多的摩擦中,多年的事业伙伴与好朋友的关系,眼看要濒临分裂。后来其中一位合伙人来上八周正念减压课程,渐渐地,他恢复了之前曾有的柔软,更有耐心地聆听同仁表达不同的意见而不急着打断对方,他的笑容更多。伙伴们很惊讶也很开心他能有这样的转变。

于是,他们分别参与了八周正念减压训练,也各自把正念觉察内化并运用在自己、家庭和工作中。**正念,成为他们新的共同语言和稳住自己的方法。当每个人都能照顾好并稳住自己时,无谓的争执自然减少,即便意见不同,防御性也会比较低。他们渐渐找回了创业的初衷,恢复了差点儿被磨光的信任与支持。**

类似的经验也发生在许多上班族身上,小张是位专业工程师,在某家上市公司工作了十多年。工作时的他非常认真负责,但内心深处他明白现在的感觉其实是食之无味,弃之可惜。他不喜欢这样的状态,但也不知如何突破。课堂中的他很少发言,但所有练习他都执行。有一天在整理教室的瑜伽垫时,他聊到学习正念让他对生活开始有感觉,比较能发现自己当下真实的状态,例如当下是专心的还是心猿意马的?是开心的还是在生闷气的?是紧绷的或放松的,等等。时时观察自己的变化,活着变得更加清晰、实在、有趣了。**工程师的特性让他只看重事情而没有心情,学习正念后他明白,原来,没觉察情绪不等于没情绪,更多是一种惯性的压抑与忽略。**因为不熟悉情绪,也不知道如何熟悉情绪，遇到事情时，反而容易被情绪控制。正念觉察练习让他温和地、安全地接触并认识情绪，进而学习了解与承接情绪，如此方能不被情绪控制、绑架或勒索。他最开心的是，当他把觉察带入工作后，脑子更清楚，身体更放松，工作热情也跟着回温了。

许多人在上完正念沟通那堂课后，开始把觉察带入沟通之中，尤其是单位的高级主管，早已习惯了别人听他们的，很少真正专心聆听对方，不论那个"对方"是同事、老婆、老公、小孩……**他们不约而同地发现，当自己愿意平和专注地听对方讲话，尤其是不要急躁地打岔而让对方讲完时，他们也不会因为想法或立场不同，就立即产生控诉／防卫或攻击／反击的互动模式，沟通的效果反而更好。**有位主管曾受太太的嘱托，在课堂上好好地感谢主办正念课程的同事，因为这个训练让他们夫妻感情变好了。

多年来，我一直接受当代正念发源地——美国麻省大学医学院正念中心的训练与指导。正念中心有个很棒的习惯，在会议之前都会先静坐一两分钟，让大家将四处分散的心，温柔地带回此时、此地、此人、此事。在台湾，华人正念减压中心也沿袭这样的传统，在开行政会议时我们会静坐3～5分钟，让身休息，也让心沉淀，之后再开展会议，效果其实更好。据说在美国许多公司也有这样的会议前静坐。不过，在执行这项练习前，与会者最好受过一些正念训练，这样执行起来比较不会引发无谓的质疑和阻碍。三五分钟的沉淀，能带来两三小时的效能，有什么比这更划算呢？

03 / 正念进入家庭

近年来台湾的低生育力已经成为整体发展可预见的危机。除了教育小孩的费用越来越高，更沉重的问题恐怕是大家普遍觉得教育小孩越来越难。回首来时路，我经常感慨，还好老天爷让我在孩子进入青少年前期时就学习了正念，要不然我都不知道怎么教孩子了。这些年来养育孩子的环境似乎越来越困难，生存环境也复杂很多：让人上瘾的手机、虚实难辨的社交媒体。如果没有高度的觉察和自制，连家长都容易沦陷，何况是孩子。

在这狂乱的世界中，如果家长无法带给自己祥和平静，家里怎么可能和谐快乐呢？许多家长都把资源放在孩子身上，让孩子学这学那，希望给孩子一个美好的未来。但是，从整个家庭系统来看，**家长是掌舵者，家长学习成长的重要性绝对不低于孩子**，甚至在孩子上中学之前，家长的充实进步，其实比拼命让孩子学习各项才艺或补习还来得重要。因为自己不会的一定教不出来，而且孩子很快就长大了，没有同步成长的家长拿什么跟内在世界狂飙中的青少年孩子有良好的互动？

忙碌的家长如何能平衡自己的身与心，又不陷入人或机构的崇拜[*]，是非常重要的。很幸运的是，在学习正念中我找到了这样一条路径，一路走来，虽跌跌撞撞，也犯了许多让孩子受苦自己也不高兴的错误，但总在上下起伏中看到整体向上的趋势。以下我将分享几个亲身的学习历程。

---

[*] 在台湾，每几年就爆出一些伤人或欺瞒的"大师"或"师父"，无名的崇拜是非常危险的。

身体觉察，让疲惫的身心重获能量

当家长自己太累或状况不好时，很容易在不知不觉中把家人拖下水。年轻的父母在各方面的责任均日渐加重，没有时间、也不会想到要照顾自己。一天忙下来，回到家通常已经很累了。当拖着疲惫的身心面对小孩时，只希望他赶快去写功课、赶快去洗澡、赶快把房间收好、赶快去睡觉！实在没太多力气停下来，好好听他说一些没那么重要的事情，或陪他玩自己没兴趣的游戏。于是，亲子与夫妻间的关系都悄悄地越来越紧绷，而越紧绷的关系只会产生更多的对抗，相互支持与体谅越来越遥远。

学习正念后，我学习对自己的身体有更多觉察。这才发现，原来自己疲惫时特别容易不耐烦，也容易不自觉地迁怒，即便我百般不愿如此。从小我就奉行颜回的"不迁怒"，但当我发现自己会因为身体疲惫而迁怒时，实在是很惊讶，也明白自己需要调适。原来，身体能量的低落会极大地拉低心理的承受力。

渐渐地，每当发现自己很疲惫时，我会运用坐捷地铁或公交车回家的空当，进行观呼吸练习，或者回家后先躺10～20分钟做身体扫描，小憩片刻。这些简单的练习，让我疲惫的身心重获能量，对家人的爱就不会包在火球里。当爱包在火球里时，家人感受到的是火，而不是爱。因此，正常人不是逃开，就是回敬更大的火。正念练习，让我慢慢学会自己熄火，而不再潜意识地希望或等待他人来帮我熄火。然后，给出去的爱，就是爱。

正念觉察，不被情绪勒索后，才能找到好的教养策略

身为家长，内在的担忧与焦虑真的很多，尤其是华人的家长，通常会过度担心孩子健康、学习、同辈、社会影响等。过度的担忧很容易转化成不信任，对孩子不信任，对环境也不信任。不信任导致过多的干涉，孩子自己的责任感于是渐渐削弱了。过多的担忧也可能导致父母给孩子太多指导，没留

足够的时间和空间给他们自由地探索和尝试错误。

学习正念后，我开始对情绪有更多的觉察。**当我发现对孩子产生担忧和焦虑的情绪时，练习停下来观察一下自己，这样的担忧是必要的吗？有多少成分建构在事实上、多少建构在假设或想象上？这种担忧是来自我个人的议题、夫妻的议题、孩子的议题，还是环境的议题……这种担忧产生了什么样的影响？我是否需要找人讨论一下？**

先照顾好自己，让身心恢复平静，再想想可以或需要采取什么行动。也许，什么行动都不用做，安住再观察是最好的策略。也许，需要协助的是我（家长）而不是孩子。也许，需要找老师讨论。不同的可能开展于觉察与平静中。

因为对情绪有觉察，所以在不开心时我对自己的遣词用句也会比较留心，例如以前我常说："我这样是为你好"或者"我这么辛苦不就是为了你吗"，总以为这样说可以让孩子体会到我的辛劳或用心，后来才发现对于孩子而言，这些话可能是很沉重的情感勒索，反而导致孩子完全失焦或内心深处充满抗拒。因此家长勿因自己的不安、担忧、恐惧，而给孩子过多的情绪负荷。老实说，这是家长需要修炼的功课；而修炼此功课的家长，第一位获得释放与解救的，不是孩子，而是自己。

针对当下的问题，一次一个重点

在孩子需要管教时，为了清楚地传递孩子需要学习的信息，我会习惯性地把当下的问题讲清楚，里面通常也会有很多情绪。然后，为了让孩子记得，我会把过去类似的问题提出来佐证，证实这已经不是第一次了，所以，一定要改！然后，继续循循善诱地告诫他，这种不好的状况对未来可能产生不利影响，因此，一定要改！我以为自己教得很清楚，孩子其实听得很模糊。静下心来看，不论自己觉得讲得多好或多清楚，我所说的时间点已经包含了过去、现在和未来，已经扯太远而不自知。孩子不讲话或点头，不等于真的听懂或认同，而是他不知道要讲什么，只希望你赶快讲完。扯这么远，很多是出自家长的担忧、个人的投射、以过去套用未来，未必真与事实有关。

学习正念后，我学习对自己所说的话有更多觉察。我也意识到大人很多时候无心的话，小孩都记在心底了。麻烦的是小孩会记下来的话，跟我们希望他记住的通常都不一样！因此最好有机会了解一下他们刻了些什么话在心里。**渐渐地，在对孩子管教时，我开始有意识地减少讲话内容，一次只聚焦一个点或一件事情，不需要讲到过去怎么样、未来会如何，只要针对眼前这件事情就好了。**这么一来，管教的时间缩短了，聚焦清楚，孩子反而更能掌握我要传递的信息，更容易一点一点地调整与修正了。

正念翻转教养态度：从"我觉得你应该……"到"你有什么感受？"

家长在管教孩子时，最受不了的通常就是孩子的态度问题。对多数家长而言，态度是重要又关键的。成绩不好没关系，但态度一定要过得去。因此很多管教到后来都会移转并失焦到态度问题上，例如父母原本对孩子没按照说好的时间写功课生气，但后来是"你这是什么态度"，生气指数立即冲到最高点，接下来当然就是更强力的管教或说教了。

学习正念好久之后我才领悟到，原来，当我说"你态度不好"时，很多时候孩子未必听得懂。因为在占据他最多时间的校园生活中，他的反应或没反应其实是很正常的。而当我说"你态度不好"时，背后其实有我强烈的价值观与生活背景，但这些都是"我自己的经验"，完全不是孩子的经验。因此，**真实的状况是：我真的不知道孩子全面真实的生活状况，但我以为自己很清楚。"你态度不好"这句对我而言再清楚不过的话，对孩子来说可能非常抽象。**从此之后，我就很少用这样情绪性很强的语句来管教小孩，取而代之的是清楚地陈述事件、语言、表情、举止，这些行为对当下已经产生的影响怎样，跟孩子具体地针对一个事件或一个议题处理；有机会再讨论下次可以如何改善。

我深深地领悟到，让孩子听得懂，比我讲什么内容要重要。这是一种视角的转变,从"我觉得××重要"的笃定,转为"他可以吸收什么或他需要什么"的探询。另一个常见的例子是"你这种行为让我很丢脸",家长表面看重的是孩子的行为,但真实在乎的是自己的面子,因此如果将此种视角转为"做了这个行为,你有什么感受"的探索,也许更容易贴近孩子。所以经常反思并区分哪些是孩子的观点、想法、情绪和行为,哪些是家长的期待、价值、想法、情绪和行为,而当下什么是最重要的,这些,其实是很重要的练习。

挤出来的好奇心，化解可能的亲子冲突*

2010年暑假，我在美国麻省大学正念中心受训，跟我一起来到美国的孩子们白天都去夏令营的野外营地参加活动，午餐、点心都要自己带，这对我真是一大挑战，因为我实在没有时间、也没有兴趣花很多时间准备吃的。为了让他们营养均衡些，有一天我削了个苹果、切成小块让他们带去当点心吃。晚上回家后发现儿子一口都没吃。我问他为何没吃，他说他觉得在点心时间吃苹果"很丢脸"。这个理由让我差点从椅子上摔下来，吃苹果有什么好丢脸的！

我清楚地感觉到自己当下很不高兴，内在有股骂人的冲动，我深呼吸了一下，试图去觉察自己的呼吸、感受与想法，告诉自己："**先别急着评判这样的行为或想法是否荒谬，也别急着去说服眼前的这位小朋友很丢脸的想法很奇怪。**"评判、说明、开导这些都是我以前常做的，这段时间老师常鼓励我们试试不同的做法，不要直觉反应（react），而要带着觉察去回应（respond）。于是，我边深呼吸边试着心平气和地跟儿子讨论他的感觉，讨论什么是他觉得比较适合在点心时间吃的东西，讨论我担心他水果摄取量不够，等等。

在这之前，我总担心如果老顺着孩子，他们就会被宠坏。正念减压的学习让我看到不同的光景，原来在"顺着他们的偏好"与"遵循我的想法"之间，还有些未知的领域。这次我试着探索这个领域，不急着改变与我期待不同的现象，在这个现象里试着多停留一会儿，挤出那么一丁点儿的好奇心来探索这个现象里面到底有什么。这个8岁的孩子似乎感觉到被尊重，或至少没有被立刻威胁或被要求改变什么，所以没看到他花力气来抗争或辩解，反而好好地跟我讨论他觉得水果

---

* 这篇短文是2010年我和孩子们在美国学习正念时的随笔记录，描述如何通过觉察避免了一场亲子争战。

什么时候吃比较合适。最后我们和平地达成共识。

学习正念地聆听，不是一种技巧，而是高度的真诚与尊重。

谁激怒了我*

对正念的体验越多，就越少对孩子们发火，或者说越少被孩子们激怒。

2010年7月24日中午，在美国住所，我跟孩子一起煮意大利面。他切彩椒，不小心把一片切好的彩椒掉到地上。他很紧张地看着我说："啊，怎么办呢？"我在一旁切鸡肉，转头看着他笑着说："我什么话都没有说啊！"更正确地说，我是一个声儿都没吭。

从他略显害怕的眼神中，当下我领略到：原来，我先前对于孩子们不小心犯错的直接反应（react）让他感受到这么大的压力；原来，我的直接反应里面包含了那么多的不耐烦、否定、责备。也许只是个眼神，也许是将不满往肚里吞的叹息，不论我有没有用言语表达出来，年幼的他都明白我真实的负面感受，我把这些负面感受完整地吞下，完全没有消化。

我不想说他可怜，也不想自责，这会让我卷入某种漩涡，另一方面，我的确也不断调整，努力学习做个称职的妈妈。今年夏天，新的经验与体会开启了我新的视野，正念的学习，让我对生活中各种或大或小的事件或情绪的移动有更清晰的觉察能力，以及带着觉察回应的能力（respond）。

我学习聆听身体的感觉，聆听时时刻刻的起心动念，如同聆听孩子在不经意中所闪现的恐惧一样，我极不愿意，却在不知不觉中送给他的恐惧。

---

* 这是2010年我跟孩子们在美国学习正念时的自我观察随笔，分享对被激怒这件事的领悟。

04 / 正念练习七大原则的应用

本书第 2 部分详述了卡巴金博士所揭示的正念练习的七大原则：非评价、接纳、信任、耐心、非用力追求、放下、初心。这些年实践下来，实在很佩服这七大原则，几乎在任何一个领域都用得到。以下内容以养育小孩为主轴，因为有明确的对象，所以大家比较容易理解，另一个原因就是我们都曾当过小孩，更容易理解可能的心理历程。

但实际上您可以把文中的"孩子"改成别的对象套用，将此观念运用在很多不同的对象上，例如自己与自己的关系，自己与伴侣／孩子／父母／亲戚的关系，自己与朋友／同学／同事／客户的关系，当然也包括自己与病症／渴望／困难的关系等。

作为人，不论过往生活经验如何，我们总是可以通过学习让自己成长和改变。若把正念练习的七大原则放在心上，再配合其他正念练习，我们就会对正念有更深的体悟，我们的生活也会有更多的成长与转化。

在没有觉察的情况下，很多问题看起来是非常困难、胶着、紧绷的。尤其没有意识到照顾好自己的重要性时，**疲惫的身心更容易让我们视野窄化、行为僵化、过度坚持或过早放弃**。这些，对任何关系来说都是毒害。允许孩子跟我不同，允许孩子有他的成长速度，允许孩子跟我期待的不同，这些都是需要不断练习的。

然而需要说明的是，照顾自己不是自私、不是不理会他人或不管孩子，而是在觉察下，运用一些被忽略或被浪费的空当，或者自行创造一些空当，让身与心能维持在比较好的和谐状态。在这个过程中，正念减压训练的各项练习都派得上用场，例如：呼吸觉察、身体觉察、情绪与想法的觉察、假设与事实的区辨、正念聆听、正念沟通等。下面我将针对正念练习的七大原则，提出进一步修炼的方法。

七大原则修炼方法与练习引导

修炼 1：非评价

当我们对孩子充满评价时，即便自认为用心良苦，但对彼此的关系都是有害的。**谁喜欢跟一个充满评价的人互动呢？** 但身为家长的我们，很奇妙地就是会忽略这个最简单的做人道理，对孩子所讲的事情充满评价却不自觉。因此孩子越来越不喜欢跟我们讲话，或者讲几句就不欢而散。

跟孩子互动时，观察自己内心真实的评价与评断，别急着发表意见，尤其不要在孩子话还没讲完之前就觉得自己都懂了，迅速给出评论、总结或教导。其实，很多时候孩子可能只是希望有人能好好倾听自己，未必需要别人的指引或教导。给孩子充分的空间，他才能自己去探索。

练习引导

（1）在脱口而出自己的意见之前，暂停一下，觉察呼吸与身体的感觉。

（2）尽量全然同在地聆听孩子，从孩子的角度回应，绝对比说很多自己的见解好。

（3）当评论或评价时，评价时间越短效果越好。除非孩子内心是敞开的，不然再多的评论都是枉然。

（4）可以不说就不说，甚至可以问问孩子当下是否想听自己的想法。

修炼 2：接纳

以前我总以为自己在"接纳"方面做得不错，但从孩子不悦的反应，以及我通过练习正念、持续的学习与成长后，我才意识到，原来，我根本没自己想象的容易接纳。然后，我进一步发现身为家长，不接纳孩子的层面还真是多：讲话方式、内容、态度、读书方式、学习成效、生活习性、穿着打扮、交友状况、兴趣爱好、休闲娱乐等，生活的点点滴滴我们都可以有意见、不认同、不接纳。很多时候我们对外人的包容度，远远大于对家人的包容度。但我们总觉得身为家长，把孩子教好是天职，什么都接纳不就是溺爱了吗？不接纳才能带来修正与改变啊！然而，**静下心来看看真实的状况，其实是不接纳导致了对方的抗拒或抵抗，不接纳拉开了彼此的距离，这反而使沟通更加困难。**

接纳，指的是对于当下已经发生的状态，我们有觉察地选择全然接受的态度，而非习惯性地落入排斥或视而不见的态度中。毕竟当我们需要用到"接纳"一词时，已经隐含了不同、不一样、相左、相异、不熟悉、不喜欢、不想要等，在这些情况下，人类习惯性的反应都是排斥、厌恶或忽略。如果所排斥／厌恶／忽略的对象是自己，那么我们的身体或心理的健康早晚会出问题。如果所排斥／厌恶／忽略的对象是他人，那么不论是孩子、伴侣、同事、朋友，通常他们会如法炮制地也不接纳我们。因此，说穿了，不接纳，受苦的是我们自己。

练习引导

仔细地观察一下，我们在不接纳之前一定有强烈的负面评价，这些负面评价主宰着我们的心。因此如果没有看到内心深处那些过多过快的评价，说接纳可能只是纸上谈兵。换言之，修炼接纳是有一定的过程的：

（1）**非评价**。首先要观察到内心的各种评价，有意识地不被评价给绑架，在一呼一吸之间，松掉对评价内容如强力胶般的黏着和认同。换言之，可以有评价，但需要知道评价如何影响着我们的视野、观点，甚至是身与心的状态。评价犹如天上的浮云，来来去去，而我们的觉察之心是广阔的天空，涵容一切评价却不被其困住。也许，有些事物或状态真的是我们所不知、不懂、没接触过的，允许一些弹性空间的存在。

（2）**承认**（acknowledge）。诚恳虚心地承认原来我不懂你，我不懂你的处境，不懂你所面对的困难。承认你跟我是不同的，不论是生活脉络、成长背景、教育状况、价值观、表达方式、当下的关注焦点。承认我可能没有想象中的了解自己，对自己的信念、价值观、态度、想法、身体的信息，都在重新联结与认识中。（当你停止认识与发现自己时，也会停止认识与发现他人。）

（3）**允许**（allow）。允许自己所知是有限的，允许你跟我在各方面是不同的，不论是生活脉络、成长背景、教育状况、信念、价值观、表达方式、当下的关注焦点等。允许自己以开放好奇的心，带着觉察持续探索，并观察心中的不知、不行、不能、不会、不懂、不想、不要。

（4）**接纳**（accept）。当面对上述各种"不"时，内心深处感到排斥是正常的，此时的习惯性反应一边是压抑忽略（好像"没事"般），另一边是扩大膨胀（强化那个"不"）。学习正念，我们练习有觉察地回应，在这两个极端间为自己开创一条新的路——不是掉头走开，而是慢慢开放、逐步趋近，跟"不"达成和平共处的内心协议，不互相伤害或虚耗能量。在不虚耗又有觉察的情况下，将更能找到合宜的施力点。把自己照顾好，当身心处于相对和谐和稳定的状态时，我们处理"不"的效能一定会更好。

修炼 3：信任

这里的信任是指信任自己，而不是信任别人。在学习正念之前我完全没有想过要教孩子如何学习信任他自己，毕竟身为家长，尤其是华人家长，内心深处总是很渴望孩子"听话"。

因此，平心而论，这个练习对家长是很大的挑战，因为家长会担心这样孩子就不会听话了？我们从小太习惯被要求听话，也很羡慕别人养出那种很听话的小孩，这孩子显得很受教、很乖、很好养。然而，很听话的孩子，不等于没有自己的主见或想法，只是善于把自己的想法压下去。当有一天压不住或者被要求太过头时，他所面临的冲击可能是排山倒海式的。相反地，面对从小就很有主见的孩子，家长通常会觉得很烦、很累或招架不住，而习惯以冲突或长辈的绝对优势来镇住小孩。

现实状况常游移在这两个极端，我们很少思考别的可能性——**教孩子如何觉察自己，进而如何信任自己**。然而，孩子跟我们本来就是不同的个体，当他离开我们进入校园时，很多事情都需要他自己的判断与选择。如果孩子对于信任自己是陌生的，只习惯于信任他人，而信任又与愉悦有关，换言之能让他愉悦者就能取得他的信任。而当哪天他不知道谁可以信任时，他的世界就很容易坍塌，即便已经长大成人。

练习引导

信任，不等于放任。信任，是学习接纳一件不争的事实，就是我们每一个人都是独立的个体，都有独特的生命与旅程，虽然同时间下彼此可能高度联结。在生命的茫茫汪洋中，每个人都需要有能力为自己建造得以立足并安身立命的船或岛屿，而信任自己正是此建设的能量来源。信任自己，不是来自于习惯性的自大或自恋，而是来自自我觉察后的深刻理解。因此，可以抱着开放的心态，跟孩子一起探索他好奇的世界，然后鼓励他在此过程中，尽量做到以下这些：

（1）觉察自己身体的感觉，不要忽略身体的信息；
（2）鼓励他觉察自己的真实想法和情绪，然后也观察随之产生的行为与后续的影响（但请千万留心自己的态度：不评价、不嘲讽、不倚老卖老）。
（3）给孩子时间与空间，让孩子习惯于观察自己的行为、想法、情绪与身体感觉。
（4）**让孩子从觉察中建构对自我的了解与信任**，知道自己在何种状态下会死机，以及如何重新开机。这些可能比任何外在的教条或亮眼的表现，更能让孩子自行长期行于正道。

修炼 4：耐心

最大的考验其实是在孩子成长或改变的速度跟不上我们的预期时。每个人在每件事情上都有不同的成长速度，一个人在 A 事情上很厉害，不等于他什么都很厉害，到了 B 事情上可能变得很弱智。但身为家长的我们常会忽略这个事实。孩子也许表现都很棒，但遇到某个挫折却一整个打趴下。此时，家长总是很难理解，为什么这么简单的事情孩子却无法跨越，接着只是不断地鼓励加油，当发现孩子还是没起色时，家长就失去耐心了，开始给予强力的教导或责备。这时候，家长着急的心、很想帮忙的善意反而把孩子推得更远。

练习引导

（1）时常提醒自己，**每个人在每件事情上都有不同的成长速度**。时常观察自己有哪些事情（例如规律的运动、静坐或学语文等）是一直很想养成习惯却仍原地踏步的？当我们深刻且谦卑地体会到，改变没有说的那么容易时，我们会比较愿意给自己也给他人适宜的时间与空间。

（2）家长有时候会拿自己的强项，来跟孩子的弱项比较，于是很容易因此而没耐心，因为总觉得这个很简单。

（3）没有耐心，这跟我们习惯于忽略现在却看重未来的惯性有关。很多家长都担心孩子的未来。然而，正念训练让我们深刻地体会到，真正唯一活着的时间，只有现在，因此对现在的重视应该甚于未来。当我们能够训练自己时时刻刻地觉察，让心尽量充分地活在当下、领受当下、发现当下时，习惯性的急躁会慢慢稀释，耐心自然会逐步培育起来。

修炼5：初心

身为家长的我们有时候其实很无助，也很脆弱，很容易不自觉地给孩子贴标签，尤其是在孩子不顺我们的意时。长时间下来，我们很容易就觉得"他就是○○，他就是××"，那么，日后所看到的很可能只剩○○与××，再也看不到孩子的不同样貌。因为人类的观察惯性，倾向于印证自己已经知道的，而忽略或忽视自己所不知道的。换言之，即便孩子出现其他的特点，我们的注意力可能直接忽略了这些而认为没有。然而一旦出现○○，注意力的灯就立即大亮。于是，我们自己缩小了自己的观点，也大幅缩小了与孩子真诚互动的机会。

练习引导

初心的练习提醒我们随时保持心态的活泼，随时都能用新鲜的眼光，看到孩子当下完整的样貌，而不是通过有色的眼光，评价性地界定孩子或给孩子贴标签。这样孩子才不需要为了迎合，在我们面前活成另一个样子，我们也比较有机会看到孩子真实的样貌。就像在饮食静观时，我们能品尝到葡萄干一瞬间接着一瞬间的味道都不一样，孩子的样貌其实也是如此。

因此，很重要的是，**家长需要经常检视，在自己内心深处是怎么看待孩子的**。初心，提醒我们时时刻刻用**好奇、探索、开放**的心境，来迎接孩子的变化；而不是用僵化、固着、老旧或社会流行的心态，来评价孩子的变化。

修炼6：放下

身为家长，还需要修炼的一项就是能分辨什么东西要放下，什么东西要重视。放下，不等于放弃，放弃的想法或言语，对孩子都是莫大的伤害。放下，是给彼此一个喘息的空间与时间，重新反思什么是真正重要的、什么是次要的。放下，减少干预，其实也是种信任，相信对方可以慢慢摸索出自己的道路，减少过度保护。

修炼7：非用力追求

家长在教育上太用力，很容易把孩子盯得很紧，耗损孩子天真浪漫的能量，扼杀孩子的创意。非用力追求提醒我们不要只重视成绩或表现，孩子身心的平衡、稳定、和谐，需要同等重视，甚至可能需要更重视。然而**平衡、稳定与和谐不是来自更多的向外追求或好表现，而是来自同在、静观、接纳和允许**。

教育孩子，其实是在修炼自己。孩子总是从各个层面考验着我们，孩子是我们的镜子，映照出我们熟悉与不熟悉、承认与不承认、接受与不接受、喜欢与厌恶的自己。孩子是我们最好的老师，一再透过身体力行的冲撞来教导我们所需要学习的方面。但话又说回来，这些练习的原则，一定是自己先大量练习，然后才可能应用到孩子身上。正念练习的七大原则彼此不是独立存在的，而是相互关联、相辅相成的。每一项修炼之间其实都是息息相关的，练习某个原则，对其他原则的体会与学习也会有很大提升。把这些原则当成座右铭持续深化与内化，你将会发现内在的圆满与美好的强大力量。

改变孩子？

身为家长，在养育过程中总会遇到需要纠正或改变孩子的时刻，这通常也是亲子关系的挑战时刻。即便有再多再好的理由，我们都需要认清一个现实，没有人喜欢被改变，包括我们自己。但这不表示改变没有必要，只要是带着正念的觉察，比较容易发现阻力最小的路径。当我们愿意接纳改变是困难的事实时，对改变这件事，才能给出一些同理和空间。

先接纳孩子的样子

关心健康的家长，经常会困扰于孩子晚睡，不论晚睡的理由是什么。家长无法接受孩子晚睡，努力告诫孩子晚睡的缺点，规定孩子上床时间，甚至强硬执行。性格温顺或年纪较小的孩子也许能调整，但青少年很可能会与家长产生严重的对抗或对立，甚至阳奉阴违。双方关系越来越紧绷，家长会因孩子不听话、不好好照顾自己而难过，孩子也觉得家长很讨厌，只会碎碎念，完全不了解自己。双方互动模式如下：

家长无法接受／接纳孩子某个样子
　→出于爱，努力想改变对方
　　→产生对抗与对立
　　　→双方关系如反向拉紧的橡皮筋，越来越紧绷
　　　　→双方都觉得没有被听到
　　　　　→看对方越来越不顺眼

这样的模式可能一直演变下去，甚至形成严重的敌意与仇恨，造成极具破坏性的伤害。当然，也可能某一方在某个机缘下，有所领悟或调整，而改变亲子关系发展的方向。

如果家长能学习并实践正念，就会发现照顾自己其实很重要，而非一味地以孩子优先。虽然希望孩子早睡，一来内分泌急速变化的青少年并不是那么容易照单全收，二来孩子的校园生活状况家长也未必都清楚，也许孩子正面临强大的困难而影响到了作息。与其为了强迫改变孩子的行为，让亲子关系过度紧绷，甚至形同陌路，不如给孩子自我探索的时间与空间，接纳孩子用自己的速度成长，虽然未必是家长所希望的速度。

放下想强迫孩子的态度

家长要学会自己先调整，不要用力强迫孩子几点一定要睡，改以适度地、温和地、善意地提醒。讲完就放下，不要再一直追踪与监控孩子的执行状况。此时家长可以跟着音频进行正念的正式练习，把心带回自己的身体，带回当下，才不会忍不住一直想要监控孩子或胡思乱想。在此过程中，如果孩子因为晚睡而上学迟到，家长也在呼吸觉察中努力学习不抓狂，不过度诠释。这一切都是非常大的挑战，因为在关系紧绷时，习惯性的反应是想更加掌控或放任，但这通常只会把孩子推得越远；有觉察地回应可能是先接纳与承接，毕竟能照顾好自己的家长比较有能量去选择适当的方法。

正念的多元练习，让家长的生活有成长的重心，也让家长明白当叫不动孩子时要如何稳住自己，不再满脑子想纠正或改变孩子。对孩子不会放弃，更不会冷嘲热讽或心理不平衡地一直碎碎念。

耐心且信任孩子有能力改变

落实正念练习的家长,渐渐会发展出一种接纳现状之后的安住。此安住能力使家长不会太担忧孩子的未来,也不会那么急躁,急着做这做那来调整孩子的行为。其实许多这类行为最后几乎都不了了之了,或把关系搞得更僵,但在家长没有其他能力之前,也只能一再重蹈覆辙。因此在关系不良时,家长与孩子双方的内心深处都是受苦的。

通过持续的练习,渐渐地
家长接纳孩子跟自己是不同的。
家长接纳孩子跟小时候是不一样的。
家长接纳自己不知道该怎么办的无能为力。
家长接纳需要给孩子时间与空间成长,并尊重孩子的成长速度。
家长接纳即便生活中有那么多的困难或未知,但还是可以支持与爱孩子的。

虽然不是立竿见影,但孩子确实感觉到家长的调整。
虽然未尽人意,但双方互动在一点一点增加。
虽然未必获得回应,但家长依然表达了聆听的意愿和行动。
虽然仍担忧孩子的未来,但家长选择活在当下并且学习信任孩子。

偶尔,发现孩子自行早睡。
偶尔,发现孩子熬夜。

双方发展出新的互动模式:
家长接受/接纳孩子某个样子

- ➡出于爱与觉察的练习，不用力去改变对方
  - ➡对抗渐少，对立降低
    - ➡家长稳住自己，取代紧绷与张力的是聆听与支持、疗愈与转化
    - ➡行为与想法逐渐改变

这样的历程，不会是一天两天，可能是一年两年甚至更长时间，因此耐心肯定是需要的，家长持续的自我提升更重要。原因是，自己不会的，肯定教不出来。但家长也不需要因为开始自我提升，又急着改变孩子，想着这样的提升有多重要。

许多学习正念的伙伴会发现，原来自己真的能够改变的人或事，实在少之又少，能持续探索、发现与改进自己就很厉害了。有趣的是，放在家庭系统中，这不正是最稀有却最有影响力的身教吗？

05

将正念分享给孩子，尤其是即将面对大考的青少年*

身为一个家长，当学了什么东西觉得很有帮助时，通常会很想分享给自己的孩子，我当然也不例外。不过小小尝试后就受阻了，困难是如果小孩对此兴趣不大就不太会理你，通常如果孩子年龄小还好引导些，当孩子进入青少年期后就更容易卡住了。当孩子处于不同的年龄，有不同的正念方法，这里所分享的是针对家中青少年的方法。

想把正念分享给家中的青少年，第一件事情是自己的实践，第二件事情是与孩子的关系。青少年的眼睛与嘴巴都很锐利，经常让家长气得冒烟。但气过后如果还能维持平静的心态，即便仍是牙痒痒地，会发现他们真是全世界最好的正念老师，总是不知死活地映照与挑战家长最脆弱的地方。在这种时刻，家长如何运用正念好好照顾自己，不被抓狂淹没；或者，即便淹没了，也能复原。孩子都在旁边冷眼观察着。

面对冲突的修炼

学习正念不会让你完全不生气，不过放下的速度可能比较快。2012 年，我曾有机会直问韩国大禅师："你也会生气吗？"得到的答复，让我对于生气

---

* 当年跟我去美国的两个小萝卜头，在这几年内陆续考入了高中与大学。本文将描述我们如何一起开展正念练习，面对升学压力，学习稳定自己。

有了另一种理解。在那之后，我经常跟孩子修炼正念生气的功力。允许自己生气，也要能允许孩子气愤；允许伤心难过，也允许无助无力；允许怒气可以离开，也不要死抓着怒气不放或假装放下。"假装放下"是指心中还很不爽，但不愿意面对，只是表面放下。假装放下是关系的毒药，与其这种假装放下，还不如承认放不下。青少年对这种假装放下简直是异常敏锐，这时候就是考验家长诚实面对的能力了。

渐渐地，我发现到，**我放下的速度决定孩子放下的速度**。换言之，如果我可以放下怒气，孩子也会比较容易放下气愤。当家长生气时，孩子一定也在生气，只是两方气的内容南辕北辙，彼此往相反的方向用力拉扯着，各不放手。正在学习正念的家长，懂得好好照顾自己，比较知道如何在觉察中放松，这时，原本紧绷的张力因失去一方的拉扯而松掉。这是最生活化的正念实践。

家庭生活中不可能没有冲突，但如何面对冲突就是塑造关系品质的关键。当我们要将正念带给孩子时，建立关系是基本门槛。如果与孩子的关系不佳，老实说，这个过程肯定会阻碍重重，因为青少年是"有关系，没关系；没关系，有关系"*的典型。家长如果也愿意接受这个现象，互动阻力会比较小。以前我不太重视这个概念，常落入责任感的框架里，总认为教养更重要，亲子关系是与生俱来的，不用担心。后来发现这种关系根本不是什么"与生俱来的"，都是要用心观察与经营的。

无得失心地轻柔播种

想把正念带进青少年的生活，需要不着痕迹轻轻带过，不宜太正式地要求、邀请或分享。如果方式太正式，孩子会觉得很有压力，通常会导致反效果。家长平常可在茶余饭后随便分享两句："听说正念练习有帮助提升专注力呢"、"某个研究说正念对数学分数的提升有帮助哦"、"正念对睡眠还真有

---

* 即"如果有关系（关系很好），就没关系（表示事情会比较好做或顺利）。如果没关系（关系不好），就有关系（表示事情不容易顺利进行）"。

用"或者"哪个朋友帮自家孩子运用正念缓解考试的紧张"。只要单纯提个一两句，孩子会听到，当时机成熟时，或者当他们有需求时，就会提出来。华人正念减压中心的吴佩玲老师和卓佳蓉老师等在这方面都有相当丰富的经验，我们经常分享彼此的经验。当然这些都是事实，不能瞎掰，青少年最痛恨大人心口不一。

好，重点来了，讲完就要放下，除非孩子自己问，否则别太快追问孩子："有没有兴趣学学正念啊？"一直想要说服或改变，保证会吃到青少年的闭门羹。青少年是很特别的一族，很多在成人世界代表关心的言语，穿过他们的脑神经时，常常会自动扭曲变调，以致他们很难听进去。家长自以为充满慈爱，他们却痛苦难耐。这时，家长千万要好好修炼正念七大原则中的耐心、非评价、接纳、放下、非用力追求。静静等待，当孩子的需求没有出现之前不建议出手。对家长而言，放下很希望孩子学正念的这份执着，本身也是种修炼啊！

开始练习的执行要点

终于，孩子在面对升学大考前约一百二十天左右淡淡提出："妈妈，你教我正念好不好？""喔，好啊。"淡淡地回答，不能太兴奋（实际上心里好开心啊）。我深知考试压力极大，千万不要再给孩子额外的负担，于是提出一个务实又简单的方法：睡前练习 10 分钟。孩子听了很开心。

睡前 10 分钟正念练习

睡觉前，孩子坐枕头上，棉被盖腿上，我就坐他对面。闹钟设定温和小声的铃声，以防吓到。我会邀请其他家人参与，如果没有其他人参与的话我会拜托他们声音小一点。讲过就要放下，即使外面声音大，也不用管它。身为带领练习的家长，如果能内在平和，孩子也可能比较平和。如果家长内心躁动，即使表面安静地坐着，实际上互动品质也不可能太好。因此**家长随时观照自己真实的内心状态，比关照小孩还重要**。

关键态度是我们一起做，而不是我说你做。

10分钟的过程我会有简单语言引导，就像其他正念带领一样，不需要一直讲话，一定要有静默留白时间以方便体验。主要练习的是简单版的身体扫描与静坐，觉察对象里选择一个或两个就好。如果家长不知道怎么带，可以到华人正念减压中心官网的"分享专区"找相关3分钟或10分钟的练习。没有一定的语词或做法，几乎都是随当下的感觉进行练习。练习过程中请家长务必把心思放在自己身上，对于孩子的一举一动或所发出来的声音不要过度敏感。正念，当下实践的是自己（家长），而不是别人（小孩）。

练习结束后，我们通常进行简单版的慈心祝福，我念一句，他跟我念一句："愿我平安、健康、快乐。愿你平安、健康、快乐。愿众生平安、健康、快乐。"结束后，我会跟孩子说："晚安，祝你有个好梦。"孩子往下滑就躺平了，盖上被子睡觉。我离开，关灯，关门。没有讨论、没有分享、没有更多的话语。面对准备大考中的孩子，越简明越好。

在正念课堂中，分享是很重要的，我们可以通过分享得知学员的学习状况。但就我个人的经验来说，引导自己家的孩子不要有太多的分享，因为家长很容易被孩子的心情影响。扪心自问，家长大概都喜欢听孩子说："谢谢你，好有帮助哦。"但真实会听到的大多是"好难哦"、"没感觉"、"不喜欢"、"觉得很烦"、"想到很多事情"、"有点无聊"，等等。当听完这些分享后，家长自己先内伤，心想怎么会这个样子、怎么办……开始想办法或编故事……睡觉前练习，这么晚了，听到孩子练习得不舒服，是要处理还是不处理？在课堂中很棒的分享与讨论，到了自家小孩身上却似乎不是如此。

很快地我发现这些都是多余的，正念练习本来就没保证每次舒爽愉快，念头纷飞也是正常现象，如果我们每天练习，何需花时间讨论这些议题。所以每次的练习就变得很单纯，就只是练习，不添加任何期待的杂质，甚至放下想要用正念来训练专注力或提升成绩的原始动机。**不论每次练习的状况如何，有练习就好，不需要再给练习评分或评价，练习最大的忌讳就是功利化，那很容易使练习自动失效。**

孩子亲身体验练习的好处

孩子渐渐发现这样的练习**对睡眠很有帮助**,即便之前在想困难的数学题,但10分钟的练习可以**让紧绷的头脑放松**。对成绩的得失心也奇妙地消融了,学校与补习班几乎每天考试,甚至于一天考很多科,如果对分数的得失心很重,心理压力就会很大,那发挥失常的概率就增加了。家长也要观照自己对分数的真实想法,如果家长实际上很看重,孩子也就不容易放松。慢慢地,孩子学会在考前等待考卷发下来的时间里做呼吸觉察,渐渐稳住自己,以使心情不太紧张。

把觉察带入日常生活后,孩子的**专注力也提升了**,对于什么东西会干扰自己的专心程度的觉察能力也有所提升。例如孩子很喜欢听音乐,不管什么时候都戴着耳机。我曾轻轻地提醒,因为大脑有印象残留的现象,这样对读书效率可能是不利的,但当时他听不下去,继续随时都戴着耳机。我没有坚持,给他时间与空间自己慢慢发现与体会。几个月后,孩子自己跟我说,他发现听音乐会比较难专注,所以自己就停止了。我赞赏他在觉察中为自己做出明智的选择。

类似的例子也发生在他们对饮食的觉察中,孩子原本很喜欢吃奶制品与零食,但带入觉察后,发现吃过这些食物后脑袋运作起来没那么快,于是自己就不吃了。**不需要家长唠叨,觉察能让他们为自己做出更合宜的选择。**

练习切忌功利化

当朋友知道我把正念教给孩子后,就说孩子一定会考出好成绩。我回他:"不求更好的成绩,能呈现他真实的能力,不发挥失常就很棒了。"**家长是否能全然地接纳起起伏伏的能力,也是需要修炼的。**孩子如果情绪不好、表现不佳,家长会不会想:"正念练习怎么没有帮助呢?"甚至跟孩子说:"你怎么没有用正念帮助自己呢?你当时有观呼吸吗,怎么还会紧张失常呢?"这些都是家长自身太过紧绷的表现，**这时，需要多练习正念的是家长，不是孩子。**

然而，当孩子尝到甜头后，不知不觉中他也会想用正念练习来达到好成绩的目的。表面听起来真好，这似乎让孩子更想练习正念，但实际上已经功利化了。此时，家长千万不要再强化这样的想法："所以你要好好练习正念啊。"这是危险的。因为真实的状况是，孩子最终会考到哪个学校，除了孩子努力之外，还有很多其他因素。多少人在大考中马失前蹄，而让大考成为了一辈子的遗憾与悔恨。只要努力过了，哪个学校都可以。当年在准备大学联考时，有一次我很认真地问我爸希望我上哪个学校，当时我多希望以他的话作为自我的鼓励。我觉得他应该会说台大吧，但他几乎不假思索地回答道："**哪个学校都好啊，你尽力就好了。**"当时我都傻眼了，爸爸怎么会对女儿一点期望都没有啊？但后来我非常感激爸爸，因为他的宽容和智慧，帮我减少了多余的强大压力。**当心里自在没负担时，表现反而会更好。**我爸爸没上过任何正念课程，却是不折不扣的正念实践者。

把正念带给孩子，是分享一个好东西，分享喜悦，因此，家长随缘随喜的态度很重要。孩子喜欢很好，不喜欢也没关系。保留选择权给孩子，尊重孩子的成长速度，就像我们尊重呼吸的速度一样。生活中的一切考验，都是正念觉察的课题、练习与实践。18岁以前的孩子通常会很容易受到家长影响，因此家长不用急着协助孩子，首先要把自己照顾好，让自己平静和谐，可能才是当务之急。

正念实践者的真实故事

中学生的正念体验[*]

身为一名18岁的高中生，我想分享一下学习正念的心得。

---

[*] 当这本书写到尾声时，有一天我问孩子们："妈妈要出书，你们要不要写些什么东西啊？""要写什么呢？""你对正念的真实体验如何？""很好啊！"刚考完试还算喜欢写东西的女儿干脆地回应。对写东西没那么大兴趣的儿子就默不吭声了，我也没再勉强他或者跟他说："姐姐写哦。"至于我先生，那就不用问了，他可以用各种方式支持和鼓励我，但绝对不会是书写。人，总是各有不同。世界，总因不同而精彩。——本文由我的女儿江宇晴撰文。

和普通高中的所有学生差不多，我的生活就是围绕着考试和社团，再加上偶尔的一些小比赛。有些大人说，学生时代最幸福了，每天活得无忧无虑。我并不否认这个看法，因为我还不知道社会的状况，所以没办法比较。然而，说学生无忧无虑，我就要反驳了。

还记得高一被选为班上话剧比赛导演时，我心中既欣喜，也紧张，害怕自己无法胜任。很快地各种状况浮现出来，总负责人催着进度、演员质问着到底他哪里不够好、编剧说他想传递的不是这样，等等，压力真的好大。

也记得高二学期末时，住在台中很疼我们姐弟的阿公溘然长逝，我们必须请假回台中遵照传统丧礼仪式祭拜阿公。丧葬的气氛实在让人沉郁又提不起劲儿，当时我的压力真的好大。

更记得高三考大学那段被关在教室里的苦闷日子，每天的生活只剩下读书、读书、读书。一想到万一考不上理想的学校，前途将是一片晦暗，压力真的好大。

有些大人恐怕会说，等到你长大，这些事都不算什么了，回首萧瑟处也无风雨也无晴。然而，现在的压力是不能和未来的压力比较的，你的压力也不能与别人的比较，因为压力是当下主观的感受。对当时的我而言，这件事情就是最重要的。

面对人生中压力指数最大的事情，重点是要如何排解当时的压力，不致走向癫狂抑郁。方法当然有很多，如找朋友说说、吃东西、运动、将心情写下来、躲在被窝里偷哭、看喜欢的影片等。也许您也有自己的发泄方法，只要在不伤害自己和他人的前提下，这些静躁不同的缓压方式其实都不差。

为什么要提这些？因为"正念"好像经常和"减压"联结在一起，用正念来减轻压力不同于以上的"事后"减压法，正念是属于"事前"、"事后"与"当下"皆适用的减压方法。通过练习，改变大脑思维的模式，进而在面对压力时可以更有抗压性。

好啦，说了这么多形而上的东西，我要来说说我自己的练习正念的经验。接触到这个训练其实是从我初三考高中那年开始，在别人眼中，我是个对自我要求很高的孩子，相对的，也是个"很有压力"的考生。但我并不认为我很有压力，当时我深深相信，读好书是学生天经地义的责任（其实这样想的本身就很有压力了)。大概是妈妈怕我哪天疯掉吧,于是她邀我睡前跟她一起练习正念 5 分钟*。

每天晚上我们闭上眼睛,静坐在床上,她引导我觉察自己的身体,起初我有点不以为然,觉得这听起来很无聊,又很简单,然而在真正开始练习之后,我发现,不是那么简单啊!我很难在五分钟内"专注"观察自己的身体,很难在五分钟内头脑保持清醒、不随着思绪游荡。

每天 5 分钟,我渐渐进入佳境,专注力能够停留在身体上的时间越来越久,思考也更加清晰,遇到不爽的事时可以更冷静处理。有一次模拟考开始前几分钟,我突然想到,与其在这边和同学干瞪眼、穷紧张,不如来正念静坐一下吧。于是我闭上眼睛,开始觉察听到的声音、空气的温度,但不做评论,只是观察存在的本身;感受到微酸的肩膀和紧绷的脸颊,于是轻轻地放松;想到前一天老师猜题的画面,放下、不再多想;听到附近的同学试图骚扰我的声音,不多做回应;就这样专注在当下。

"铃——"考试铃声响起,开始作答。大概是前几分钟,头脑进入最清澈的状态,答起题目来也变得格外专心利落,又顺又快。但这样的优良状态到第五题时,仿佛有点不行了,**我开始紧张、担心写不完、害怕成绩不理想……于是我放下笔,闭上眼睛,用正念的方式深呼吸三次。**呼,又恢复专心了!就这样反反复复,终于将题目写完了。那时我突然意识到,所谓考试不要紧张、保持平常状态的道理,全世界的老师都会说,但是,几乎没有老师会告诉你究竟要怎么做。深呼吸吗?但感觉怎么吸都还是一样,原来正念觉察就是补足这块空缺的最佳办法。

从那时开始,我渐渐养成在考前闭眼静坐的习惯,因为脑袋会因为正念练习而更加清晰,心情也因此更安稳。当然,不会写的题目不可能因为练习正念而瞬间恍然大悟,但整体分数会因粗心的减少而提升。我很高兴,于是和妈妈分享了我的心得,她才告诉我,其实正念是有脑神经科学研究证据支持的,我很惊讶,原来**只要每天 5 分钟,就可以改善整个头脑!**(这种说词

---

* 这部分我与女儿的记忆有点不同,我记得的是她请我教她正念,她记得的是我邀请她。当时距离高中大考约 120 天,我们每天睡前练习 10～15 分钟。但考大学时距离 200 天就开始练习,每天练习 5 分钟。

很像浮夸的广告，但是是真的！前提是要认真练习）

上高中之后，生活变得更丰富了，上台表现的机会也大大增加，因此紧张的机会也随之更多。正念练习帮助我很大，它让我能和紧张和平共处，同时保持平静，能理性思辨。唯一的缺憾是，在当时话剧比赛上台前，演员们在化妆间紧张得不行，身为导演的我却没办法安稳大家，这件事我一直耿耿于怀。当时我在心中暗忖，要是他们也都学过正念就好啦！如今有机会在此推荐正念这个方法，我当然会大大推荐啊！

正念亲子沟通——什么是同理

睡觉前，距离大考还有半年的孩子跟妈妈说："书都看不完。"

"要考试的人，没有人会觉得书能读完的，一定会看不完的啊！"妈妈一派轻松地讲出一个事实，希望孩子用一种比较轻松的态度看待考试，不要太紧张或压力太大。

孩子生气了："你根本不了解我。"

妈妈不懂孩子为什么生气，大多数孩子不都希望家长不要给任何压力吗？尤其这孩子从小自我要求高，妈妈这么说只是希望帮忙卸下孩子心头的压力，没想到却造成了反效果，妈妈自己也傻眼了，不知道该怎么说或怎么办才对。

静坐几分钟后，妈妈才发现，自以为这样是不给孩子压力，但实际上跟孩子却处在不同的频道上，完全没有同理孩子。更正确地说，妈妈跟孩子的状况其实是对立的，妈妈看起来是一派轻松的过来人，孩子却从里到外紧绷又担忧。妈妈在那个当下并未觉察到这点，只是想不通不给孩子压力，孩子为什么还不高兴。

孩子认为妈妈不懂自己，其实并没说错；虽然……也不全然对。考试的压力，几乎是所有这几代人的共同成长经验，妈妈也是身经百战，不可能不了解孩子此时的感觉。但不知不觉中妈妈跑太快了，孩子还在准备考试的水深火热中，妈妈已经释放出类似考后放下的信息。也许妈妈需要先稳住自己，跟孩子同频，真正地与孩子当下的处境同在，真实地承接孩子当下的情绪与想法，不急着希望释放孩子的压力，也不急着给孩子任何的建议。换句话说，不急着解决任何问题。

这时候如果妈妈如此回应也许会好些："辛苦了，以前我也有同样的困扰，总感觉书读不完。如果你想要讨论怎么读书或需要任何帮忙，都可以提出来哦。"虽然都是讲书其实读不完,但这里是分享妈妈的经验,一种同频、开放的信息。之前的"一定会看不完的啊",呈现出的是一种封闭的结论,虽然有轻松的外包装。妈妈确实希望孩子不要自己给自己太大的压力,但这样的期待,反而会形成沟通的阻碍。

原来,稳住、同频、同在、承接,才可能同理。

静下来,即使只有5分钟。

不急着解释、分析、说明或给建议,

心才能停止喋喋不休。

即使,这样的喋喋不休是——"我是为你好啊!"

静下来,即使只有五分钟。

心才有机会听懂对方的讯息,

而非自以为是的认定。

在沟通的过程中,

听懂对方一句话,

胜过自己讲一百句。

第 7 部分

当代正念的源头与发展

本部分有两大重点：一、当代正念在西方世界的开展与主要流派，也简述两岸在初期的播种者，并探讨一些正念课程上似是而非的议题；二、身为当代正念课程的实践者与带领者，传统佛典中的四圣谛、安那般那念与念处经，也带给我相当大的滋养，因而也被收入本书中。

融合东方禅修与西方减压的当代正念训练

本篇来聊聊一些个人觉得重要但比较少人讨论的议题。我喜欢用"当代正念"来描述20世纪70年代卡巴金博士等人所开展出来的正念训练,当代正念训练我认为大致有以下特点:

(1) **开创者:** 开启当代正念的课程者几乎都是训练有素的科学家或专业人士,他们从传统佛陀的教导中,萃取出当代人易于吸收与实作的层面,并赋予其科学的思维与方法,有人文关怀但无宗教色彩*。

(2) **场域:** 建构于世俗社会而非宗教架构,采用消费者付费而非自由捐赠的机制。虽然是消费者付费,然而当代正念训练机构经常会提供服务给经济困难者。

(3) **课程内容:** 正念虽为课程核心,但并非唯一要素。以正念减压为例,除了正念,还包含了压力心理学、压力生理学、脑神经科学、团体动力学等。再以正念认知治疗为例,除了上述压力生理学与心理学等外,还加上若干心理治疗中的认知行为治疗。这也是为何有多年修行经验的禅师,不一定会教或能教当代正念课程。而训练有素的当代正念课程老师,也不一定可以带领禅修训练。这两者从本质、理念、方法、目的上都是不一样的。

(4) **课程目的:** 建构在世俗社会的当代正念,不以开悟解脱或灵性上的成就为目标,虽然也不排斥。当代正念几乎都是从医疗体系开始的,希望借此方法减轻人们身与心的痛苦,建立更健康、平安、自在、和谐的生活方式。

---

* 如果您所参加的当代正念课程颇有宗教色彩或常听到宗教语言,这是带领老师个人的选择,而非本质如此。当代正念训练非常留心于上课过程中的遣词用字,不使用任何宗教语言以示尊重所有宗教。

因此，本部分第一篇文章《当代正念训练的开展》将聊聊正念在西方世界的开展和主要流派，也兼述两岸的初期播种者。当代正念课程容易操作且相容性极高，因此容易被套进自己原来所知道的内容和理解中，在第二篇《厘清正念练习的六个误解》与第三篇《正念之路，你走对了吗？》主要都在探讨一些似是而非的议题。

既然有当代，当然就有传统，第四篇到第六篇文章将讨论的是，我从传统佛典中所获得的大量滋养，尤其是与正念有关的教导，包括四圣谛、安那般那念与四念处。这些教导不是从美国麻省大学医学院正念中心学的，与正念减压课程的关联性也不是很大，而是我个人的学习与体悟，对我身为一个当代正念课程的实践者与带领者而言，因觉得其有相当大的帮助而将之放进本书。曾有挚友担心这三篇文章是否会影响这本书与正念减压课程的非宗教性，于是我深思再三。回顾我写这本书的动机，其实是来自深刻体会生命无常与脆弱的本质，学习正念之后，总是尽量充分地活在当下，把每一天都当成最后一天活着，不留遗憾，于是不论在课堂上或在这本书里，总是知无不言、言无不尽。对我而言，尽量用适宜的方式，把这份不拖泥带水的爱传出去，就是活着的意义与价值，至于他人要如何诠释或编故事，那就不是我能力所及的了。

当代正念训练的开展

萌芽——在医疗体系中开展的世俗版正念

1979年，35岁的麻省大学医学院教授卡巴金博士，在麻省大学附属医院开设减压门诊（Stress Reduction Clinic），这个门诊不提供诊断，也不开药，就提供卡巴金创发的八周正念减压团体训练课程（Mindful-Based Stress Reduction，简称MBSR）。在那个年代的美国几乎没人听过正念，因此卡巴金总需要积极说明何谓正念。分子生物学背景的卡巴金，给正念下了一个前所未有但相当精准的操作性定义："正念，是时时刻刻非评价的觉察，需要刻意练习。"此外，因为没人知道正念减压训练是什么，他也需要主动接洽各科医师，让他们知道医院有此服务。

有人支持，有人冷眼，也有人不认同，西方医学的主流做法是随着医学知识的累积，分科越来越细，但年轻的卡巴金竟然反其道而行，胆敢把所有不同疾病的病人聚在一起！那时，没人听过正念，当时去门诊的几乎全是重症病患。对许多病人而言，医疗的帮助已经到了某个极限，他们已经不知道还可以做什么来让健康有那么一点点的希望与进步，抱着怀疑、好奇与姑且一试的态度，他们聚在一起学习正念。有人坐着轮椅，有人拄着拐杖，有人吊着点滴，有人躺在病床，当然也有人自己走进教室。

身为医学教授的卡巴金，从一开始就用科学的态度进行团体的研究。第一篇研究文献发表于1982年，名为《以正念静观练习为基础，在行为医学中给慢性疼痛病患的门诊方案：理论参考及初步结果》*。对于一个麻省理工学院的分子生物学博士而言，这样的论文看起来好像不太高明。当代研究静观的重要脑神经科学家理察德·戴维森（Richard Davidson）博士曾在演讲中开玩笑说，在那个年代研究静观（meditation）是需要躲进柜子里偷偷做的，因为那几乎会断送研究生涯。怀着梦想的卡巴金不畏主流浪潮拍打，勇敢向前挺进。他的梦想，就是把原本保留于佛教修行体系的正念静观练习，以科学的方法，带入主流社会，造福更多的一般大众。

二十多年的时间他默默辛勤耕耘，不太有人注意到正念减压或正念训练。1979—1990年，这11年间只有18篇关于正念的英文科研文献，平均一年不到两篇。但从1991—1999年，这9年间有87篇，平均一年约十篇。到了2000年，出现了一篇来自英国、美国、加拿大三国著名的临床心理学家共同合作完成的研究，篇名《正念认知治疗运用于重郁症复发之预防》**，这篇研究让"正念认知治疗"正式问世。正念认知治疗在正念与静观练习的部分与正念减压高度相似，实际上三位学者也是受益于卡巴金博士，但增加了心理治疗中的认知行为治疗。从正念减压（MBSR）开创出来的正念认知治疗（MBCT），震撼了心理治疗领域，在临床心理学界掀起一波波的涟漪，带动正念运用到各类心理疾病的研究上。

几十年下来，差不多在所有常见心理病症上都可以看到正念运用的研究，如失眠、焦虑症、抑郁症、强迫症、多动症、统觉失调、边缘型人格、创伤后压力症候群、饮食障碍、物质滥用，等等。在此同时，许多治疗生理疾病的医护人员和研究者也发现了正念的好处，例如在慢性疼痛、癌症、心脏病、牛皮癣、艾滋病、高血压、糖尿病、纤维肌痛等疾病上都有相关研究文献。除医疗外，正念也被广泛地带入校园、企业、社区、专业运动场所等。从生命周期看，从胎儿、婴幼儿、学生、社会人士、老人、安宁，从生命初期到临终谢幕，都有正念运用的研究。从1979—2017年，已经累积了3000多份英语文献，目前仍在持续增加中。时至今日，当代正念运用的领域既深且广，

---

* 原文："An outpatient program in behavioral medicine for chronic pain patients based on the practice of mindfulness meditation : theoretical considerations and preliminary results"。

** 原文："Prevention of Relapse / Recurrence in Major Depression by Mindfulness-Based Cognitive Therapy"。

影响着不计其数的人们。

茁壮——正念四大流派与发展趋势

根据 2017 年《正念介入》*这篇文章的说明，当代正念训练有四大流派：

正念减压（MBSR），始于 20 世纪 70 年代，由卡巴金（Jon Kabat-Zinn）所创设，将佛法与科学和医学相融合。正念减压有益于处理压力、慢性疼痛、癌症、焦虑、抑郁及其他长期性议题。

辩证行为治疗（DBT），始于 20 世纪 70 年代，由玛莎·林纳涵（Marsha Linehan）所创设，融入若干东方与西方的精神传统。辩证行为治疗主要用于自杀意念、边缘型人格、自我伤害、物质依赖、饮食障碍、抑郁症与创伤后应激障碍。

接纳与承诺疗法（ACT），始于 20 世纪 80 年代晚期，由史蒂芬·海斯（Steven Hayes）、凯利·威尔森（Kelly Wilson）、科尔克·斯特尔萨拉（Kirk Strosahl）共同创设，融入了东方的概念与技巧。接纳与承诺疗法经常运用于焦虑、抑郁、物质依赖、慢性疼痛、精神疾患与癌症领域。

正念认知治疗（MBCT），始于 2000 年左右，辛德·西格尔（Zindel Segal）、马克·威廉斯（Mark Williams）、约翰·蒂斯岱（John Teasdale），发展自卡巴金的正念减压。正念认知疗法经常是以下病症的治疗方法之一：抑郁症复发、焦虑、精神性疾病（psychosis）、饮食障碍、双相障碍、恐怖症、注意力缺陷/多动障碍、创伤后应激障碍及其他。

正念减压与正念认知治疗均积极教导各种正念静观的方法，两者均致力于培育正念的历程及相关的理念。

辩证行为治疗与接纳承诺疗法不教正念静观，但引用其他正念练习，以促进觉察和专注。两者主要着眼于处于正念状态时的认知体验。

除此之外，还有许多具有实证研究基础的正念方案，例如正念艺术治疗、

---

* 篇名："Mindfulness-based Interventions"。

正念分娩与养育（MBCP）、正念饮食治疗等。正念介入（MBI，Mindfulness-Based Intervention）或正念方案（MBP，Mindfulness-Based Program）一般是这类训练的统称。然而不是所有以正念为名的都有研究基础，越来越多的方法多是个人的想法。话又说回来，也不是只有具备科学研究基础的人才有价值，许多创新性的正念学习也都在各自的领域中茁壮成长。然而上述这些大部分还是从临床的观点来看，而非临床领域发展最快速与兴盛的，大概就属校园和企业了，尤其是幼儿园、小学与中学，许多有正念训练和创意的老师，成功地将正念带入校园或融入日常教学中，提升学生的专注力、情绪调节能力、减少同学间的霸凌。在华人正念减压中心有一群充满爱心、耐心与热忱的伙伴，多年来一直默默把正念带入校园，其中尤以吴佩玲社工师经验最丰富，她所带过的班的同学，在专注度、学业成绩、同学间的友善氛围上都显著提升。而在企业，大家开始发现原来不只是小孩子难以专注，成人可能更难专注。从总裁到打工的学生，拥有清晰的头脑、稳定的情绪、放松的能力不再是理所当然，而是需要持续训练的。

2014年2月出刊的时代杂志（Time）以"正念革命（The Mindful Revolution）"作为封面故事，阐述正念训练在各领域的蓬勃发展，仿佛也预告了一个新的发展趋势。这新的发展趋势让我联想到在宗教所读过的一篇很棒的文章，文中提到，现代许多人选择没有进入宗教场域，但不等于没有宗教情怀，这些人对人或生命具有高度的热忱，不屈不挠，看淡世俗名利，相信人间有爱且愿意付出。但这些人倾向于选择以个人化的方式修炼自己，对于投入某个特定属性的宗教团体显得缺乏兴趣。这与当代正念重视自我修炼的特质不谋而合。

两岸第一次的当代正念课程

在台湾，第一位完整上过八周正念减压课程的人，可能是台北放生寺住持演观法师，他特别前往香港跟华人首位获得正念减压疗法与正念认知疗法双师资认证的马淑华老师以粤语学习。课程结束后，马老师问法师感觉如何，法师说："好失望，太简单了。"据闻马老师笑笑地说："确实，对佛教修行人而言，这课程是真的很简单啊。"法师接着也笑笑说："正是因为太简单，所以每个人都可以学，这是很好的事情啊，值得推广。"法师很谦卑地认为，即便他有禅修基础，课程也很简单，但他仍不具备教学资格，因此在2008年特别邀请旅居美国的蔡淑瑛女士回台湾教八周正念减压课程。虽然很少人知道，但这应该是台湾第一次的正念减压课程。之后陆续有人从美国、英国学习后返台，启动了当代正念在台湾的发展。

在大陆，卡巴金博士受童慧琦老师的邀请，于2011年亲自在北京、苏州与上海三地授课。之后又有数位重量级的西方当代正念老师陆续造访大陆，开启大陆同胞学习当代正念的大门。当时以及后续几年的翻译大将方玮联老师，则在这些大师离开之后，继续以爱心和耐心支持当代正念在大陆的生根和发芽。

然而，正念在蓬勃发展的同时也出现了走向浅薄化和商业化的隐患。有位朋友说得好，正念者，深者见其深，浅者见其浅。希望所有对正念有兴趣的朋友保持初衷，在正确的理念、实践与架构下传递正念，让当代正念在华人世界扎下深深的根，造福更多的人。勿因时代惯性而仅扎浅根，推波一时的流行风潮，潮后船过水无痕，那就可惜了，毕竟这是可以提升生命品质的练习。正念的学习可以通过参加八周正念减压训练或是密集工作坊进行，但若希望成为传递正念的老师，就需要有深度的学习，毕竟我们不会的肯定教不出来。

我在大陆第一次授课

2015年底我接到一个来自大陆的电话,一个完全不认识的年轻人,口音很重。他表明自己的身份,提到参加台北书展时经朋友介绍《正念疗愈力》,他买书回去阅读后非常喜欢与感动,因此希望邀请我去大陆上课。聊完后,我婉拒了他的邀请,一方面我不认识他,更重要的是我不知道如何去大陆上八周正念减压课程。

没想到,不久后他又再打电话来,说过年期间要来台湾拜访我,当然也顺便再邀请一次。我非常欢迎他来台湾,也诚实说明我对于短期课程的实质效益持保留态度,所以比较偏好完整的八周正念减压课程,对于去大陆开展短期密集训练课实在没多大兴趣。我清楚跟他说,如果去,一定要能真的帮助到需要的人,不然对我是生命的浪费。他相当赞同,也提到他对生命的理想与对正念的看法。一段时间后,他又再打电话来,跟我说过年他没办法来台湾了,并再次提到了课程。我心想他还真锲而不舍,这次我被感动了,我们认真讨论如何兼顾时空限制和学习效益。

2016年春天,刚办完600人参与的鲍伯(Bob Stahl)老师的工作坊与五日止语专修后不久,我随即在四月底飞往北京。4月30日我第一次跟金灿灿先生在北京见面,隔天在一个狭长但一整面墙都是玻璃窗的瑜伽教室内,开始我在大陆的第一次正念课程。我依然沿袭在台湾的习惯,大家都直接以名字称呼彼此,不叫我老师,因为在座每一个人都是老师,当然也都是学生。这次的课程中有北京知名医院的医师、主任、护理人员等,也有长期抑郁的病人与严重焦虑症患者。刚开始有病人表示,知道要跟医护人员一起上课压力很大,但当他们真的感觉到无差别地对待时,心就渐渐安稳下来了。我内心深处真的认为,人,最重要的是要活得像人,所有的头衔都只是一段时期的角色,在某段时期，所有的必要条件与充分条件在对的时间都具备了，你就是这个角色。如果关键条件变化了，那么不是这个角色换人做，就是我们转换成别的角色。而所有的角色都是相辅相成的，没有绝对的高低尊卑，没有孩子就没有父母，没有学生就没有老师，没有病人就没有医生，都是你中有我，我中有你啊。

学华，北京大学第六医院临床心理科的护理长，她表示这次来是不知道五一长假还能去哪儿，因为一年前挚爱的母亲过世了。这对她打击相当大，内在处于极为不安的状态中，好像感觉生命有一块空掉了，而且，永远不见了，无意义感悄悄渗透进她的内心，无家可归与心力交瘁的感觉挥之不去。然而，随着课程的进行以及练习的持续开展，学华一点一点安全地靠近自己，一点一点温柔地与自己重新联结，每一天都有新的探索与发现，碎裂的心仿佛重新被组装起来，以一种全新的、无法预期的、不假外求的、温和探索的陌生形式。多年精神专科的训练，学华当然敏锐地留意到自己的转变。她好开心找到自己内在的力量，靠着练习重新拾回生命的意义与热忱。

志清——学华的好同事，一度有点后悔五一假期没陪家人去玩却跑来上课，皱着眉头直率地说："我感觉会来这里上课的都是有病的人。"对于这种话，我从来不会当成是威胁或攻击，相反地我会觉得这种人如果是朋友绝对是最有义气者。这让我联想到佳蓉，当我第一次在台湾癌症希望基金会上课时，她也直截了当地表达："我是因为听你讲得不错才留下来哦，你要是上不好下一堂我就不来了。"对我而言，这样的人都好真实、好可爱，我本来就喜欢直来直往更甚于表面的温文儒雅。所以我开玩笑地回："真正有病的，还没进来。"然后简单讨论了一下什么叫有病、谁有病，等等，在讨论中，志清的心慢慢安稳地回到了课堂里。

经过四天的培训后，学华与志清从未断过正念的学习与练习，她们持续用功地探索各种稳当的方式把正念练习带给病人，例如每天集合住院病人上课，她们可以做的部分就自己带领，她们不会教的就放音频或邀请外部老师协助。许多反复住院的病人反映非常好，有的还抱怨怎么这么晚才教他们正念练习。在例行公务已经非常忙碌的状况下，学华与志清坚持把正念持续地落实在自己与病人身上，这点我实在非常敬佩。三个月后我再度回到北京上课，志清与某位学员的互动让我以为那是他的亲戚，后来才知道是他们的病人，犹如家人般的医患关系让我很感动。这次他们带了一些挑选过的病人来，全程陪伴与重新学习。

慢慢地，他们在医院进行更多的巩固正念练习的工程，例如自发性地带着病人每天线上一起练习（方便已出院的病人），带着有兴趣的医护人员每天读诵《正念疗愈力》一个半小时。大陆近几年很流行"读书"，像小学生，真正用声音念出书里的一字一句，而不是在心里默念，这么一来，保证人在心在。她们好开心地练习与学习，好开心地探索与运用，好开心地看到病人陆续好转。我则好惊讶她们所做的一切。学华兴奋地跟我分享到2017年初冬时，他们所影响的人已经超过六百人了。现在，他们每天安排住院病人一天做三个小时的正念练习，让病人在出院前养成习惯，回去持续自行练习的效果很好，他们都好兴奋。我听得既感动又惊吓，感动于他们对病人持续的爱与付出，惊吓于怎么会有这样有魄力、有创意的医疗团队。

这样的正念小天使越来越多，有的小天使关照病人或医师、有的关照学生或老师、有的关照同事或客户、有的关照罹患重病的家人，但每一个人都知道需要关照好自己。不论在顺境或逆境中，每个人都用适宜的方式浇灌滋养自己的生命，绽放属于自己的花朵，不用跟别人比高低、香气、形状、功能或受喜爱的程度，每一个人都是独一无二的，每一个人都可以活出自己的生命意义和价值，就像每一朵花、每一根草、每一棵树都是唯一的，却也是丰富整体的一部分。

02 / 厘清正念练习的六个误解

2016 年我们邀请麻省大学正念中心的资深老师鲍伯（Bob Stahl）来台湾授课，他们出发前看到美国有个"正念学口琴"的广告，我们听了都啼笑皆非，仿佛加上正念二字就是票房保证。这是喜，也是忧。喜的是，有更多人因为正念学习而获益，身心得到更好的平衡与和谐。忧的是，正念市场化之后还可以维持多少纯度、是否会被误用、是否会被过度简化、其修炼的本质是否会变调、是否会被大幅地以正念之名行商业掠夺市场之实？这些，都是身为正念带领者所应觉察、思索与避免的，我们需要不断地问自己：我是谁？我为什么要做这个？我真正想要的是什么？而我真实在做的是什么？我的初衷是什么？当下重要的是什么？这些问题必须不断地自问自答，才能让自己不至于走偏方向。

正念科学化、世俗化与普及化之后，有些误解也流传着，本文希望能针对一些重要的混淆，有些讨论与厘清。

误解 1：把正念视为一种治疗

当代正念训练，本质上是疗愈之旅，而不是一种治疗（therapy）。治疗，是有一个比较厉害的他者（例如医生），来修理不良的部分（例如盲肠炎）。然而正念是自我修炼，老师引进门，修炼还是靠个人，因此没有外来的他者。**正念修炼中不采用二元对立的观点来看世界，因此没有绝对的好或不好，没有要修理任何东西**。生命中的良或不良、正向或负向、喜欢或不喜欢……所有这一切，都有其意义和价值，也有其值得观照与学习的方面。一般而言，当生命一帆风顺时人们通常没有疗愈的需求，总是在被风浪打得七零八落时才需要疗愈。

疗愈可以采用群体的方式进行，但疗愈之路还是得一个人自己走，就像参加饭局，只看别人吃是不会饱的。疗愈是指在面对自己的各方面时，不再隐藏、不再压抑、不再讲大道理、不再扩大、不再视而不见，而能温和地接近，轻柔地承接，安然共处。于是心中的阴暗、禁忌、地雷，慢慢被照耀、解禁、拆雷。这是勇敢又温柔的英雄旅程，不是要走给别人看，也不在乎是否有人看；没有特定进程，总是根据当下的状况而采取合适的速度。

因此分辨治疗与疗愈是很重要的，如果学员把正念当成治疗，很容易产生不切实际的期待，好像这是个神奇的课程，可以迅速把痛苦、烦忧、病症去除。而从疗愈的观点来看，也许最佳的疗愈者是受过良好训练的"负伤的疗愈者"（wounded healer），因为他最能感同身受，最能全然接纳与深层理解所面对的困难，而不是高高在上地下达治疗或修行指令。麻省理工大学正念中心第二位执行长萨奇的书《自我疗愈正念书》，轻柔但清晰地描绘出正念的疗愈之旅，是一趟趋近痛苦困难的英雄之旅。因此，虽然引进门的老师也很重要，但**正念修炼的主角其实是自己**。

误解 2：把正念视为一种心理治疗

正念近十多年来对心理治疗或咨询领域的影响很大，但不能这样就把正念等同为心理治疗。心理治疗通常有个目标，最常见的是以具备社会适应性为终点。然而，正念修炼除了心理层面的想法与情绪外，对身体的觉察更是关键。正念训练的层次是从身体觉察开始，再扩及感受和想法，再扩及与其他的一切。身体觉察是正念训练花最多时间的地方，从一开始到最后一口呼吸吧。

实际上，身与心是高度相互依存和相互映照的，身体不适会影响心理，心理不适也会影响到身体。如果正念练习的方向与方法都对，那么我们对身体与心觉察的敏锐度都会高度提升，同时也比较看得清楚身体与心光速般的交互作用。当面对不适时，正念的处理方式一般会从身体着手，觉察身体当下真实的感觉，领受到不适的部位时，先好好照顾它。这里的照顾不是指"去除不适"，而是指"温柔地同在"，领受其中的起伏变化，如此一来，身会渐渐稳定安顿下来，心也会跟着比较平稳。因此，**正念是同时关照身与心的。当我们心理有问题时需要进行心理治疗，而正念是身心的自我修为，有无病症者均可练习，因此正念不是一种心理治疗。**但正念练习对心理有病症者的效果很直接，近年来心理治疗师或咨询师常采用正念的各种方法来帮助来访者，甚至帮助治疗师自己，所以正念是心理治疗的好朋友。

误解 3：把当代正念训练视为认知行为治疗的一部分

如上所述，正念不是心理学、不是心理治疗、不是哲学，甚至不是一套知识系统。**真正进入正念只能从实际的练习获得，无法靠思辨或缜密的推论来取得，太多的逻辑思维在正念中反而容易被卡住，无助于清晰的认识与理解。**许多思考上关于正念的疑惑，答案都在练习里，而不是在知识中。正念是修炼，不是学问，也不是心理治疗，更不属于认知行为治疗，因为正念练习在 2500 年前就存在了。但既然正念不是心理学的领域，就更不会是隶属于积极心理学了。

误解 4：把正念当作是一种放松训练

老实说，当代正念练习真的很舒服、很友善，因此很多忙碌又疲惫的人们愿意学习，但即便如此也不能失焦地认为正念就是放松训练。正念是在学习觉察，觉察是内在亮度，清楚地领受当下真实呈现的一切，不论是舒服的或不舒服的、喜欢的或不喜欢的、紧绷的或放松的。

当我们说"放轻松"时，表示在这个当下是不放松的，因此才需要放松。如果当下是放松的，我们就不用放松了。当我们说放轻松时，不知不觉中，正在给自己一个指令：去追求一个当下尚未达成的目标。但若不幸地未能达成放松的目标，反而容易更加紧绷或沮丧。觉察，只发生在当下，觉察就是觉察，没有好的觉察或坏的觉察。唯有了解当下真实的状态，才能做出对自己最合宜的选择，而放松是其中最自然又直接的选择。因此，**觉察可以带来放松，但放松只是觉察下的副产品，不是目的，觉察还有更多元与更深刻的效益。觉察既是方法，也是目的**，可以带来生命全面的提升与转化。在觉察中没有失败这回事，没有成功的觉察或失败的觉察，有的只是觉察的熟练度、稳定度与程度上的不同而已。因此，正念觉察不是放松训练，但如果想要确实长期有效地放松身心，觉察能力就是一定要具备的。

误解5：以为觉察等于思考

思考的同义词包括思维、想、思索等，是一个概念化的历程。以一个简单的问句来讨论这个议题："你在呼吸吗？有什么感觉吗？"

A："有啊，我知道我在呼吸啊，没什么感觉。"这样的知道是建构在过去的经验与常识的推理，但未能真的感觉到气息在体内的流动，是一个简单浅层的快速思维。

B："有啊，我在呼吸，可以感觉到气息在鼻腔内进出的感觉。嗯，还会让胸腹起伏。"这种感觉来自当下的体验，与过去经验或推理无关，这就是觉察。

大多数专家、知识分子或阅读爱好者都喜欢思考，至少是在自己擅长的领域，但未必擅长觉察。我在学习正念之前也喜欢并擅长思考，但也经常想得很累。然而，**在学习正念之后我发现了一个崭新的领域——思考脑暂歇而觉察脑开始被唤醒。当思考脑不再喋喋不休时，运作效能反而更好**，十分有意思。虽然我无法界定思考脑与觉察脑在大脑结构上运作位置的差异，但我相信肯定不是一样的。下面我以表格的形式（见表9），呈现思考和觉察的差异，以利于读者简单迅速地分辨二者，倘若误把思考当觉察可能会越练越累哦。

表9　思考和觉察的差异

	思考（thinking）	觉察（awareness）
基本样貌	思维的运作，认知的历程	局部或全面的感知，基本包括身体、情绪、想法、行为、环境
主要呈现形式	想法、语言、文字	感觉、感知、直觉
运作落点	整个都在脑部运作，不在意身体	既包括头脑也扩及全身，更在意身体
训练方式	组织、比较、推理、逻辑、辩证	身体力行的练习
使力状况	相对用力，且消耗大量能量	较不用力，甚至可以储存能量
聚焦特性	单一焦点或单一焦点间的切换	可单一焦点、多焦或广角
距离	全然地投入或卷入	观察与领受，没卷入，也没有冷漠疏离
与不悦的关系	隐约中常涉及情绪	较不涉及情绪
例句	我在思考这个案子要怎么写	当我在思考这案子要怎么写时，我觉察到有点憋气、肩膀微耸、心情还算平稳
场域	学校教育的核心	正念训练的核心

对大多数人而言，思考能力远大于觉察能力，如图23。

持续的正念练习，可以慢慢地让思考与觉察两种能力，获得较适切的均衡状态，如图24。

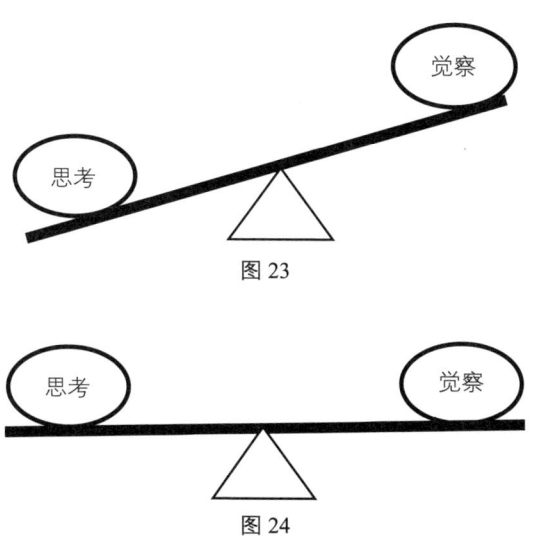

图 23

图 24

误解 6：以为正念就是转念

许多人在上了正念减压课程后，对于日常生活的胶着或困顿会产生一种领悟，而这般领悟最明显的转变就是在想法念头上的转向，原本很执着的点可能会慢慢放下，原本放太多的可能会逐渐面对与承接。于是很容易会导向一个结论，即正念就是学习转念。

一般人在心情不好而跟亲友倾诉时，亲友也许会这样劝我们："你转个念头不就好了吗？"然后开始分享我们执着的点，以及可以如何转念的观点。也许我们会因此而豁然开朗，也可能觉得亲友所言甚是但就难以如此轻易转念啊！在这种情况下，转念是"因"，如果转念成功了，那么就会有比较美好的"果"，或至少"果"的痛苦会少一点。在这种情况下，转念是在思维层面的运作，如果转念成功了，我们就比较能放过自己或他人，退一步，海阔天空嘛。但麻烦的是，那一步，对当事人而言，好难。

正念的练习几乎无可厚非地会带来了转念的效果，但却不表示正念就是在练习让自己转念。正念练习中的转念，来自于对身体、心理、环境的觉察，在觉察中因为能看到更清晰的整体脉络，而不再陷入或过度认同自己的观点，转念于是成为自然而然的选择。因此，在正念中所产生的转念，其实是"果"而不是"因"，主要来自觉察而非思考，而正念觉察的层面包括身与心的觉察，而不仅仅是思维的作用。这其实有点像放松，在正念觉察中我们自然知道如何放松，而放松是觉察下的"副产品"，转念也是。

以上这六个层面的探讨，包括：（1）正念不是治疗；（2）正念不是心理治疗；（3）正念不是认知行为治疗的分支；（4）正念不是放松训练；（5）正念是在练习觉察而非思考；（6）正念不是转念。这些探讨帮助我厘清了正念练习的定位，也让我避免走偏。希望这些讨论有助于您掌握正念学习的梗要。在下一篇文章中，我将进一步从实践的层面讨论，什么情况下的正念练习可能已经走偏了。

正念之路,你走对了吗?

2010年夏天,当我踏入麻省大学医学院正念中心(CFM)的教室时,台湾或大陆还没几个人听说过正念减压训练。2016年当我取得第一位被CFM认证的台湾正念减压老师时,台湾已经有好多个正念机构了。在大陆,从2011年开始,陆续有数位欧美资深正念老师造访,CFM也在北京开了多次的训练课程,当代正念在整个华人圈如雨后春笋般发展迅速。

这是好事,也是隐忧。好的一面,是更多人将因为正念的练习而受益。忧的一面是许多教学者只上了一两次正念减压课程或五六天的密集正念工作坊,就开始授课了。有些人甚至只看书就开始教,因为正念训练表面看起来真的很简单。这种情况在国外叫作学一招,见一人,教一人(Learn one, see one, teach one)。

知识上知道正念不代表能够教导正念

在我们学习的历程中,绝大多数的课程,教导者与所教导的内容是两回事。举例而言,教导肿瘤医学的教授,不需要自己罹患肿瘤才能了解什么是肿瘤;教导天文科学的老师不需要去过外太空;教导英语的老师不需要真的去过英语系国家;教导历史的老师当然不可能回到过去。因此学问的建构是靠思维、记忆、逻辑、推理等能力。然而,这样的学习与教授的历程,在正念领域就非常不一样了。在正念的疗愈之旅中,带领者的状态其实必须与所传递的正念信息一致,因此在带领过程中,绝大多数的正念带领者都是亲自指引,而不是放录音带(虽然也不是不行)。带领者与学员做的练习是一样的，带领者所呈现的想法、情绪、肢体语言都是内在的映照，也都是修炼的历程。因此带领者本身的练习实践与深化程度是授课品质的重要关键，而不是学历、经历或头衔。

对许多人而言，太习惯用思维看世界，很容易在不知不觉中，串联起这样的等式：

知道了＝懂了＝会了＝可以做

然而没有足够的练习，真实的状况是——

知道了≠懂了≠会了≠可以做

知识上的认识很可能只是半懂，另外一半靠想象，或者靠其他想当然的类推。于是教导的基础是大脑的知识与思辨，而不是练习、觉察与同在。如此一来学员或许多少能获益，但在实际运用中很容易被卡住。

麻省大学正念中心强调"正念教导来自于自身练习"（Teaching out of practice）。**因此，练习是一切的关键。**练习，不是指一天静坐几个小时，而是指时时刻刻保持觉察的程度，以及惯性反应（react，简称为 RA）相对于有觉察地回应（respond，简称为 RS）的比例。

惯性反应（RA）／有觉察的回应（RS）＜ 1。
惯性反应（RA）／有觉察的回应（RS）＝ 1。
惯性反应（RA）／有觉察的回应（RS）＞ 1。

三者的意义是相当不一样的。对正念实践者或带领者而言，比值当然越小越好。

别给正念套上美好假象的光环

很多人在学习正念的过程中都感到轻松愉快，于是很快就发展出"觉察当下，一切美好"的论调，一种自我催眠的美好。这其实是对正念、对觉察的严重误解。

觉察当下，重大疾病不会神奇地消失。觉察当下，原本压抑假装没看见的情绪，可能因为被允许浮现而更显著与难受，更需要学习面对与承担。当下就是当下，有愉悦的、伤心的、愤怒的、理智的、祥和的、担忧的、焦虑的、不确定的……切勿因为学习正念，就将所有负面情绪封装，外面贴上可爱笑脸。正念允许情绪不好、允许生气、允许不知所措，而且外面不需要贴上任何美丽的标签或封条。

还有一种美好的假象是，认为学习正念需要呈现祥和圆满状。

原本可能有喜怒哀乐的人，学了正念之后看起来好像圣人，或者常以圣人的样子来要求自己。（这部分是对自己，也可能对正念老师有这样的期待。）崇拜正念老师，或者刻意塑造某种美好形象，创造别人崇拜的正念老师，都是不需要和不可取的。在学习正念的过程中，可以尊敬，但不需要崇拜。如果发现自己越学越贴近真实的自己，那么就走对路了；如果越学越希望自己成为某种样子或羡慕某种样子，那就需要重新仔细审视，很可能方向已经偏了。同样的道理，如果发现越学路越广，那么是走在正确的路上；如果发现越学心胸越狭隘，或者越学越想用正念赚钱，或者觉得自己越来越厉害，对人却越来越无感，这些迹象都显示走偏了。**走偏了怎么办，回正就好了。就像念头跑掉了，回来就好了，不需要有多余的担忧或想象。正念，帮助我们成为更真实的自己，而不是虚假优雅地呈现某种美好的面貌，甚至隐约地睥睨他人。** 走在正念修习的康庄大道，路会越走越宽，心会越练越柔软、越有弹性。

许多专业人士通过阅读科学研究文献而认识正念，因此经常会误以为正念发源自西方。然而，正念，原本是东方修行人开展出来的修炼方法，经由卡巴金等人萃取出精纯元素后，以非宗教且加入科学研究的方式传授给一般大众。而今，再传回东方。接下来的三篇文章，我将回归早期修行人的记录，进入佛典了解正念修炼的基本架构与方法。

04

四圣谛

回溯正念的源头（一）

卡巴金博士所发展的当代正念，去除了所有宗教层面上的内涵、仪式及语言，留下了最精要的修炼方式，犹如清澈的水，让每一个人都可以自由地啜饮，也让科学研究得以进行。因此，如同《正念疗愈力》及《自我疗愈正念书》，在整本书里看不到任何宗教性的语词。这是当代正念非常重要的关键，在用词上的高度觉察，是对所有不同人士的高度尊重，也是我所学习与传递的正念的精神，因此，在我课堂上的伙伴曾有佛教法师、天主教神父与修女、虔诚的基督徒、摩门教教友等，完全没有适应上的困难或障碍，还原正念本来就是无疆界的觉察能力。

有趣的是，这个来自西方被证实有效的方法，有着东方的血统，接下来这三篇文章试图从佛教经典中，简单探讨正念的源头，改编自我在台湾政大宗教研究所[*]与台北教育大学心理与咨询研究所[**]的论文。也许正念还有更远的源头，但这里并没有要做文献式的考究，也不是我的兴趣点。为什么探讨一下佛教经典呢？因为正念修习在佛教经典中记录得最清晰，保留得最完整，是目前实际上仍盛行的教导。然而，正念其实是每个人与生俱来的能力，古今中外各大宗教传统都可以找到相关的修行脉络。话又说回来，每一个宗教或教派均有其核心发展价值与方向，在宗教所的四年硕士学习生涯中，让我印象最深刻的是佛陀没有创立佛教，耶稣没有创立基督教，伊斯兰教是温和友善的；很有趣的是印度教，到处都是神；中国传统宗教则有清楚的位阶。

---

[*] 未出版的论文《汉译"杂阿含经"缘起说之研究——以心理实修为视角》。
[**] 未出版的论文《正念减压团体训练课程之行动研究》。

这些伟大灵魂实践的是生命的道路与真理，正念，是其中之一。

在往下阅读之前，建议暂停一下，观察自己的内心，有没有正在编故事，是否有些不适？如果有，停下来，观察内在的想法变化和身体感觉，同在一下。有意地把呼吸带入身体、带入不舒服的位置。觉察本身没有宗教、国界、性别、社会经济地位的差异。觉察当下自己的身与心，渐渐感到平衡和谐后，再往下走。

卡巴金博士2003年在《脉络下的正念介入：过去、现在和未来》*文中指出：

> ……佛陀是天生的科学家兼医生，他用自己的身、心与经验，带出一系列深刻的洞见与人类基本问题（贪嗔痴）的解决方法。这些在梵文中称作dharma，就像是物理学中的法则或是中文的"道"（事情所呈现的样貌）。这些"法"既非信仰，也非教条或哲学，而是心智、情绪、痛苦的本质以及释放痛苦的方法，特别是关于心的各种训练与正念专注的能力。因此，不论是"法"或正念都是普世且可以验证的，并不局限于佛教。

> 就某个程度而言，我们都有正念，因为这是人与生俱来的能力。虽然在其他传统也有正念的教导，然而，在过去2500年的岁月中，佛教的传统无疑将正念修习做了最淋漓尽致的发挥。对佛教各个支派而言，正念都是注意力的基础训练。

> 阐述正念的主要源头在《安那般那念经》（Anapanasati Sutra）与《四念处经》（Satipathana Sutra）。在这些传统中，正念的修习是包含在一个更大的、关于无害（nonharming）的修行架构下。这些架构说明了没有经过训练而纷乱的心可能会对自己和别人造成危害，而经过静观训练的心可以带来潜在的转变——沉静、净化心智、打开心胸、去芜存菁等。正念练习让我们学习到一种深层的、不经由概念而直接看到心智与事物本质的能力。

上述提到正念源于《安那般那念经》与《四念处经》，对西方人而言，这

---

* 原文："Mindfulness-based interventions in context: Past, present, and future"。

些经典可能相当遥远,除了传统与宗教上的差异,语言的隔阂更大。然而,早在一千多年前这些经典就已经有极佳的中文翻译版本。目前这些佛陀原始的教导只存在于巴利文和中文,巴利文是一种古印度语言,已经没有人在日常生活中使用。但中文还有数十亿人在用。身为中文使用者,我们何其有幸能拥有完整的智慧与宝藏,为何要弃之不顾,而只汲取来自西方的养分呢?于是以下两篇文章将依据现存最早经典之一的《杂阿含经》来说明"安那般那念"与"四念处"。

解决问题的四个历程

不过在此之前,我想先提出"四圣谛",四圣谛是四个颠扑不破的道理,在解决问题上提供了一个清晰明确的结构,相当好用。往下阅读时会发现这个结构对多数高效能工作者其实并不陌生,陌生的只是使用的语词不同。正念,就是在这大架构下的一环。明白整个大架构,将更能掌握正确学习正念的方向。既然是在解决问题,那么先以每个人都会有的感冒为例,基本上会经过以下历程:

(1)确认问题:感冒时有各种不舒服的症状,如打喷嚏、流鼻涕、头晕、头疼、发烧、咳嗽、四肢无力等。当我们去看医生时,能清楚地表述症状是非常重要的,这样医生才能做出正确的判断。

(2)探究问题成因:看医生之前通常我们会思索,怎么会感冒呢?是哪天着凉了吗?还是被感染了?希望找到感冒的原因,下次才知道如何避免。

(3)问题最有效解决后的状态:我们希望尽快恢复到未感冒前体力与活力的最佳状态。

(4)有效处理问题的各种方法:医生开药,并提醒我们如何照顾自己,例如按时服药、睡眠要充足、不吃油炸刺激性食物或冰凉食物等。许多人也会自行探索如何能让自己更健康的方法并加以实践,例如运动健身、调整作息等。

再举一个例子，销售出去的货物被厂商退货：
（1）确认问题：搜集厂商的抱怨内容。
（2）探究问题成因：跨部门探究可能的种种原因，例如生产线出问题、人为疏忽、运送过程瑕疵、沟通不良等。
（3）问题最有效解决后的状态：问题获得解决会是什么样子，例如增加与厂商的信任、提升公司的信誉、增加销售量等。
（4）有效处理问题的各种方法：例如加强管理、生产线流程改善、加强人员的教育训练、改善产品设计、提升沟通效能等。

依这个模式我可以举出无数的例子，因为对任何有效能者而言，此问题解决模式是最有效的路径。坦白讲这个解决问题的架构并没有很特别，但功力的差别主要在于：
（1）确认问题时，对问题理解的程度是否足够完整与正确。
（2）探究问题成因时，对造成问题的原因是否能精准掌握而非自己乱编故事。
（3）问题最有效解决后的状态，解决问题的最高层次就是"不再犯"，也就是同样的问题以后都不会再发生。
（4）有效处理问题的各种方法，所提出的解决方法是否真正有效还是只是出于惯性或受私欲所引导。

其实，就时间发展的角度看，这个结构是两两互调的，A与B对调，C与D对调。因此依照时间发展的流程，应该是B➔A➔D➔C，亦即：B问题成因➔A问题呈现样貌➔D有效处理问题的各种方法➔C问题最有效解决后的状态。

佛陀关注的主题是如何超脱人生无处可逃的各种痛苦，获得真正永恒且没有副作用的自在。因此他提出：
（1）生命中每个人都会遭遇的痛苦有哪些（苦）；
（2）这些痛苦是如何造成的（集）；
（3）当这些痛苦获得最有效的解决后会是什么状态（灭）；

（4）永恒脱离痛苦的方法（道）；

括弧里四个字集合起来就是"苦、集、灭、道"，这就是所谓的四圣谛，四个永久解决生命之苦的完整架构。所以四圣谛其实是相当科学的，一点儿神秘色彩都没有。

正念的基本原则——不妄不虚

那么，感觉一下吧，"正念"会是四个层面中的哪一个？

是的，正念在第四项的道谛，也就是脱离痛苦的方法之一。佛陀提出八个永久解决生命之苦的方法（即八正道），正念是其中之一；其他七个方法分别为：正见、正语、正业、正志、正命、正精进、正定。每一项都是具体的修行方法，全面地包括了一个人的思考、言语、行为、志向、谋生方式、认真方向与定力的培养等。不过在这里我并不打算详细说明各项，只挑出与"正念"相关的来看。

关于正念的修习方法，经典里是这么写的："若念、随念、重念、忆念，不妄不虚。"用白话文讲就是："对于心中所出现的一切，不论是随机浮现，或是思考、回忆等，不管是什么样的念头或想法，最重要的是不要让这些念头成为妄想的或虚构的。"要基于事实而非一味地跟随自己的想象或编撰更多的意念。

这个认识对于我理解正念很有帮助，正念等于正向思考吗？正念等于放空吗？正念只讲当下不管未来吗？经文的定义协助我清楚地掌握正念的基本原则就是"不妄不虚"，一旦进入虚构或妄想，不论自以为多么合情合理、多么积极正向、多么为对方着想，其实都已经不正了。

不妄不虚，这四个字看起来再简单不过了，然而真正要落实并不容易，只要放下手边所有的事情，闭上眼睛什么事都不做，也不睡着，观察一下这时候脑中浮现的所有念头，就会发现我们的思绪总是在过去与未来之间徘徊，在期待与担忧之间兜转，思绪衍生出思绪、再衍生出思绪、再衍生出思绪，不停地延伸下去直到我们编出合理的说法、情节或理论。在这过程中，有多少思绪或念头是虚妄的，然而我们对这些虚妄的、自己编制的念头却深信不疑，苦了自己也苦了别人。这则极短的经文给我正念的最高指导原则，就是"不妄不虚"。

但是，如何可以做到"不妄不虚"呢？经典中有清晰、具体又精炼的说明：

"一心正念，安住观察，觉诸受起、觉诸受住、觉诸受灭，正念而住，不令散乱；觉诸想起、觉诸想住、觉诸想灭，正念而住，不令散乱。"

这里可以分成两个处理层面，第一个层面是"受"，也就是感受的层面，不论是身体感受或情绪感受；第二个层面是"想"，也就是想法、思绪或思考的层面。当我们在练习正念的时候，温柔地专注于一个对象上，例如呼吸、身体变化或念头想法等。在此过程中，如果有任何"感受"出现，就观察这个感受浮现了，也观察这个感受在心中停留或消逝。不要因为害怕感受而压抑、逃跑、升华或强化，因为越害怕，感受就越易为其所困，而是允许感受的出现、停留、消失或转化。整个过程中自己是感受与无情绪的观察者和参与者，而不去强化或主导感受的变化。经过这样的练习，心才可能不被感受严重地牵动、搅和或狂飙。

类似的做法也可以运用到念头想法上，当心中浮现出任何"想法"时，不用跟着它走，只要观察想法的升起、停留、消失的历程。这其实是很不简单的任务，因为我们总是习惯于把自己心中所浮现出的感受或想法视为真实或真理，很少能从比较高的视角来观看和体察心中的感受与想法，这种过于认同自己的感受和想法的现象，是许多困难或疾病的重要成因之一。

温柔专注地观察感受或想法的训练方式，让我们有机会与感受或想法保持一些距离，确实体验与理解到：感受与想法是来来去去的，未必是事实。透过持续"不虚不妄地觉诸受起、觉诸受住、觉诸受灭；觉诸想起、觉诸想住、觉诸想灭"的正念练习，不死抓着某些感受或想法不放，也不冷漠或忽视任何感受和想法，我们开始给自己创造广阔的回转空间，不再用自己的感受与想法，将自己或他人逼到墙角，这样生命才可能越来越开阔。

05

安那般那念
回溯正念的源头（二）

前文是从宏观的角度来理解正念，本文则探讨西方学界在讲正念时比较常引用的"安那般那念（Anapanasati）"，也就是卡巴金博士所说的正念的源头之一。"安那般那念"是修炼的名称，是一种高度专注、向内观察的训练，从最基础的呼吸觉察开始，一层一层地开展，到最后是观察"寂灭"（全然离苦的状态，亦为四圣谛中的第三层次"灭谛"）。

安那般那念修炼的开展层次

第一个层次："念于内息，系念善学。念于外息，系念善学。息长、息短。觉知一切身入息，于一切身入息善学；觉知一切身出息，于一切身出息善学。"

白话翻译：专注于吸气，把持住念头好好地学习。专注于呼气，把持住念头，好好地学习。长的气息、短的气息。觉察明白一切进入身体的气息，对于一切进入身体的气息，好好地学习；觉察明白一切离开身体的气息，对于一切离开身体的气息，好好地学习。

第二个层次："觉知一切身行息入息，于一切身行息入息善学；觉知一切身行息出息，于一切身行息出息善学。"

白话翻译：觉察明白进入身体的气息在体内如何流动，对于一切进入的气息在体内的流动，好好地学习；觉察明白一切离开身体的气息在体内如何流动，对于一切离开的气息在体内的流动，好好地学习。

第三个层次："觉知喜，觉知乐，觉知心行，觉知心行息入息，于心行息入息善学；觉知心行息出息，于心行息出息善学。"

白话翻译：觉察明白心中的喜，觉察明白心中的乐，觉察明白心中的一切变化，觉察心变化的同时也觉察进入的气息，对于觉察心变化时亦能觉察进入的气息，好好地学习；觉察心变化的同时也觉察离开的气息，对于觉察心变化时亦能觉察离开的气息，好好地学习。

第四个层次："觉知心，觉知心悦，觉知心定，觉知心解脱入息，于觉知心解脱入息善学；觉知心解脱出息，于觉知心解脱出息善学。"

白话翻译：觉察明白心，觉察明白喜悦的心，觉察明白有定力的心，觉察明白心解脱的同时也觉察进入的气息，对于觉察心解脱的同时也能觉察进入的气息，好好地学习；觉察明白心解脱的同时也觉察离开的气息，对于觉察心解脱的同时也能觉察离开的气息，好好地学习。

第五个层次："观察无常，观察断，观察无欲，观察灭入息，于观察灭入息善学；观察灭出息，于观察灭出息善学。"

白话翻译：观察世间一切是无常的，观察世间一切是会结束的，观察没有任何欲望的升起，观察宁静寂灭的同时也觉察进入的气息，对于观察宁静寂灭时亦能觉察气息进入，好好地学习；观察宁静寂灭的同时也觉察离开的气息，对于观察宁静寂灭时亦能觉察气息离开，好好地学习。

最高层次："是名修安那般那念，身止息，心止息，有觉有观，寂灭，纯一,明分想修习满足。"这是修习安那般那念的总结。

白话翻译：这就是安那般那念的修行方法,身可以休息安稳,心也休息安顿,但意识仍能清晰地觉知与观察,全然离苦,纯粹而专一,对于所有的念头和想法都清楚明白,修习过程中就会感到心满意足。

从上述的说明,可以看出这样的修行次第是一个层次接着一个层次完成的,一个层次修行到一定程度之后才可能进到下一个层次,无法跳着做。有趣的是经典中,佛陀还指出修习安那般那念对日常生活的好处,例如欲望会自然降低、事情和外务都会比较少,同时对饮食也更能自我节制。

原来,从古至今,复杂繁忙的生活方式,都与这颗心的状态有关。向外求的心或空虚的心,定不下来、静不下来,因此无形中会找很多事情来让自己忙碌,这样可以不用直接面对令人难以忍受的空虚或面对自己的无能。**然而在修习安那般那念后,注意力开始收摄、集中,学习稳稳地将专注力放在毫无副作用的观察事项上。如此一来,就像摇晃的瓶子停下来后,瓶中的杂质自然会沉淀**。锻炼过后的心,能分辨清明与混浊,选择清明而放弃混浊的心智能力与行动力都会逐渐增强,盲目追逐世俗成就的动力就慢慢削弱,挥之不去的忧烦杂念也会渐渐减少,这颗心不断追随外境变化而兜转起伏的现象也会得到改善,长期练习下来,当然会活得更加轻松自在。

06

四念处经*

回溯正念源头（三）

接下来，我们来探讨卡巴金博士所提出的正念另一个源头——《四念处经》，这项修炼清楚地指出了四个觉察的对象：身体的感知（身），情绪、心情或感受（受），想法、认知或观点（心），其他一切（法）。简言之为：身、受、心、法。经典中有关四念处的说明如下：

"内身身观念住，精勤方便，正知正念，调伏世间忧悲；
外身、内外身观住，精勤方便，正念正知，调伏世间忧悲。
如是受、心、法，内法、外法、内外法观念住，精勤方便，正念正知，调伏世间忧悲。"

四念处所教导的观察对象并非是外部的事务，而是观察自己的身体（身）、感受（受）、想法（心）以及其他一切现象（法），这四个项目的修习方法探讨如下。

对"身"的修习——觉察内身、外身、内外身

修习"身"的经文内容为："内身身观念住，精勤方便，正知正念，调伏

---

* 这里所分享是我个人的体悟与练习，未必与相关学者或修习者的观点一致。即便如此，我始终相信，路，不会只有一条。宗教研究所的训练让我深刻体会，所有文本都涉及诠释，而诠释必涉及时空背景、观点与视野，未必有绝对的对错。

世间忧悲；外身、内外身观住，精勤方便，正念正知，调伏世间忧悲。"

这段经文看似简单却不容易清楚了解，因为身体就一个，何来的内与外？难道所谓的"外身"是指别人的身体吗？事实上，这可能是教界的正统诠解，因为受过南传戒与北传戒德高望重的性空法师（《念处之道》，2003年）即持此观点，他认为："在四念处的每一项修法里，都说到内、外、内外三种不同所缘的观察。若要成就观，不但要很清楚地了解自己的名、色相续，名与色不断生灭变化，也要观别人的名色相续，名与色不断生灭变化，若只能观自己的名色相续，不能观别人的名色相续，不能成就观，无法证悟涅槃。"

此观点对我来说是相当困惑的，因为如果要将注意力放在别人身上，不需要佛陀的教导，一般人的习性就是如此，而且人们常常就是因为把注意力放在别人身上而受苦。

此疑惑的关键在于区分内与外的基准点是什么？

如果以"我"为基准点，则我本身就是内，我以外的所有他人就是外，此即上述观点。不过，我认为这无形中会强化以"我"为中心的观点，不太可能是佛陀的本意，因为佛陀核心的教法之一就是完全相反的"非我"，许多人亦称之为"无我"。因此，个人不认为内外区分的基准点是"我"。若不是"我"，那佛陀的基准点会是什么呢？

先从理解四念处的定义开始，四念处的经文是"身身观念处，受、心、法法观念处"，这其实是经文精简浓缩的说法，完整的呈现是："身身观念处、受受观念处、心心观念处、法法观念处。"经文中有许多迭字，以我先前研究经文的经验，不认为其中有任何一个字是多余的可加以忽略，于是，我试着从容易理解的部分一步步地推进。

"身身观念处"，从后面往前看，"念处"指的是注意力集中之处。然而，要集中在哪里呢？这牵涉到观察对象是什么。这里的观察对象显然是身体，就是经文中的"身观"。用什么来观察身体呢？不是用显微镜或放大镜，而是用身体本身，仿佛身体里面有一双眼睛在观察自己的身体变化，即经文中的"身身观"。因此，"身身观念处"意指将全然的注意力，专注于以身体来观察身体。

如此一来，"内身身观念住"在理解上可拆解为三组概念：内身、身观、念住。念住或念处是全然集中注意力，集中的目的是观察身体，观察身体的面向可分成内身、外身、内外身。其中，已经隐含了内外区分的基准，换言之，所有的观察范畴并未超越自身之外。

"内身身观"指的是观察身体内部自然产生的各种变化，例如疲累或腰酸背痛等。

"外身身观"指的是观察身体表层因为与外境接触而产生的各种变化，例如寒冷或酷热等。

"内外身身观"指的是观察身体内部与外部环境之间互动所产生的交互作用或各种变化，例如打坐时被莫名的响声吓到，而使身体内产生呼吸急促或肌肉紧绷等现象；或者因心里某个悲伤的状态，而感到周围环境很冷等。

如此一来，**对身体观察的区分基准就是身体本身，而内身、外身、内外身的观察，即统摄了从身体的角度可以观察到的最大范围**。老实说，这样的观点与传统教界或学界的理解并不相同，但我战战兢兢地认为可能是更贴近经文原意的。

最近阅读到《念住——通往证悟的直接之道》（2013年）第119页也讨论了内观与外观的诠释，里面有这段文字："现代禅修老师对内在的、外在的念住，提出了各种不同的诠释，有些认为'内在的'、'外在的'差不多就是它们字面上的意义，也就是空间上的内和外。他们指出，例如：外在的身体感受，就是在皮肤表层所观察到的；而内在的身体感受，则出现在体内更深层的部位。"看到这段文字，我内心有种相互呼应的喜悦。不过，佛陀的教法本来就有很多不同的法门，只要能适当地掌握一个法门并落实修行，殊途也是会同归的。

对"受"的修习——觉察内受、外受、内外受

这部分经文采用精简浓缩的语句，对"受"、"心"、"法"的说明是："如是受、心、法，内法、外法、内外法观念住，精勤方便，正念正知，调伏世间忧悲。"还原一般语法，有关"受"的经文完整呈现应为："内受受观念住、

外受受观念住、内外受受观念住，精勤方便，正念正知，调伏世间忧悲。"

当个体与外境接触的瞬间，感受就已经升起了，不论当事人是否有觉察，此种感受几乎百分之百地牵动日后的作为和想法，这在《杂阿含经》中有关五受阴[*]的相关经文中，佛陀解说得很详细[**]。

如果对于各种瞬间升起的感受没有清楚的觉知，所有的行事作为都会依照自己的好恶或惯性驱动，希望美好的感受永远留住，希望不好的感受赶快消除，这是人的本性使然，无形中也演化为贪求执着与厌恶瞋恨，进而陷入无止境的苦痛。因此，对感受若能有清楚明白的觉知，就有机会引导或终止感受迅雷不及掩耳又无远弗届的影响。然而，感受无形无影，我们应如何觉察它们呢？

佛陀说，可以从内受、外受、内外受三个角度观察。

"内受"，指的是从内心自发升起的感受。

"外受"，指的是因为与外境接触所产生的感受。

"内外受"，指的是两种感受的交互作用。

举例来说，青少年外出晚归，妈妈担忧害怕，希望孩子早归，但看到孩子回来后却不禁对孩子（外部环境）生气责备。从妈妈的角度来看，她当时的内在的感受其实是担心害怕（内受），然而当他接触到孩子后产生的外在感受却是生气责备（外受）。在她表达出生气之后，通常是孩子的反应决定了她的内外受：如果孩子的回应是立即道歉并保证下不为例，她会衍生宽慰的内外受；若孩子恶言相向，她将衍生痛苦难过的内外受。

在四念处中有关"受"的觉察训练中，佛陀要求我们对于内受、外受、内外受都要有清楚的觉知，但不要黏着在感受上或被感受给淹没了。

---

[*] 五受阴常称为五蕴，即：色、受、想、行、识。

[**] 未出版的硕士论文（汉译《杂阿含经》缘起说之研究——以心理实修为视角）（2007年）也曾花了一些篇幅对此问题进行梳理。

对"心"的修习——觉察内心、外心、内外心

这部分经文依然采用精简浓缩的语句,只有:"如是受、心、法,内法、外法、内外法观念住,精勤方便,正念正知,调伏世间忧悲。"还原一般语法,有关"心"的经文完整呈现应为:"内心心观念住、外心心观念住、内外心心观念住,精勤方便,正念正知,调伏世间忧悲。"凡是思维、感受、逻辑推论、想象、幻觉等所有心理面的运用都是"心"。然而,在四念处中佛陀已经将感受特别标示出来了,因此这里的"心"指的就是感受之外所有的精神作用,主要是念头、想法等思维。

"内心",是指从内在自发升起的各种念头和思维。

"外心",指的是因为与外部环境接触所产生的念头和思维。

"内外心",指的是两者的交互作用。

继续用青少年晚归的例子,妈妈在盼望孩子早归时的内在想象(内心):"孩子会不会被坏人拐了或是发生了什么事情?"然而在看到孩子进门后她想的是:"这孩子真不乖,这么晚才回来!"(外心)这是与孩子(外部环境)接触后所产生的思维。当孩子诚心道歉时,妈妈会认为这孩子还算懂事没白栽培(内外心)。反之,若孩子凶恶顶嘴,妈妈可能认为这孩子不孝甚至感到极度心寒(内外心)。在没有觉察的情况下,这两个内外心后续所将引发的行为互动,大约是不难预测的。

观察心的各种活动其实并不容易,一方面这仿佛不识庐山真面目,只缘身在此山中。另一方面,心的作用瞬息万变且错综复杂,如林中猴猿、如脱缰野马。佛陀所指示的内心、外心、内外心三种视角是非常具体实用的观察方向。

对"法"的修习——觉察内法、外法、内外法

将经文还原为"内法法观念住、外法法观念住、内外法法观念住,精勤

方便，正念正知，调伏世间忧悲。"四念处训练前三项的观察对象是身体、感受与心思，这三项的范围较为明确。然而，生命真实的样貌并非仅由一个个轮廓清晰的集合所组成，于是佛陀用"法"的概念来包含其他的一切，这里至少还包含了行为、意识以及世间运行的规则或现象。因为法的范围太广，难以找到一个典型范例，为避免误导，此处省略范例说明。不过，内、外、内外的区分应该还是与前三项相同的，重要的是要对每一个升起的想法和情绪，不论隐蔽或显著，都能看得清清楚楚。

  以上是佛经中关于正念的部分修炼方法，不是全部，但对日常生活的益处已经很够用了。如果能把这些好好落实，生命肯定会有很大的转化和自我疗愈。这种经典的实践不是通过阅读很多文字来进行，而是通过大量日常生活的实践来达到的。在中文的文献中就有精准、简明、易懂的正念释义，拥有这些先贤留下来的智慧，是我们的恩典与幸福。希望这些梳理有助于让您更清晰地掌握正念练习的精神。**如果觉得看不懂或越读越头大，那就放下吧**，不需要让此刻阅读的困扰成为练习的障碍，即便没读懂或不认同这些，也还是可以持续进行练习的。**毕竟，这本书的重点不在于大脑的思辨，而在于身体力行的练习与实践。**

正念是爱

　　从宗教的角度看，每种宗教都大量实践倡导生命的重要层面，例如：基督宗教强调"爱"，但不等于基督教才有爱；佛教对生命的"苦"着力甚深，但不等于其他体系没感知到苦。正念，时时刻刻不带评价的觉察能力，佛陀的教导中有清晰的阐释，但不等于其他信仰不重视觉察能力。我常提到，**正念修炼来自佛教，但不专属于佛教，而是普世且无宗教区别的**。尤其是卡巴金先生在麻省大学医学院正念中心所开创出来的当代正念，没有任何宗教的语言或仪式，就像白开水，谁都可以喝。从身心健康与科学实证而言，白开水是重要的。而白开水可以制成各种饮料，犹如正念可相容于不同体系。

　　"正念＝觉察＝内在亮度"，是人类天生就有的能力，对于自我修炼有兴趣的实践者颇自然就会走上这条道路，就像在书中多次提到的我的父亲，虽然他没有受过任何正念训练，但他是个不折不扣的正念实践者，也是我心中的典范。内在亮度对生命品质的影响很大，内在如果是昏暗的，脑袋不清楚，在给出爱的时候，很容易混杂着许多自己的匮乏、脾气、好恶、担忧、恐惧、投射、欲望、习性等。于是，越爱越辛苦，越爱越复杂，以爱之名却行了伤害之实。

　　相反地，当人的内在亮度越清晰稳定时，就越知道如何有智慧地爱。如此一来，不再通过爱别人来填补自己内在的匮乏，因为这样的爱很容易变成一种要挟。不再以自己的脾气与好恶来作为评价标准，而能如实地看到并接纳人与事物的真实样貌。不再以爱来包装担忧、恐惧、投射、欲望或习性。不再一味地牺牲自己照亮别人，而是我们一起亮，一同成长。爱，于是得以单纯、适宜、清晰、直接、轻松、滋养、无害。因此，不论您属于哪个宗教或信仰体系，都不会妨碍正念练习的，因为：

正念＝觉察＝内在亮度＝爱

这是一种爱的实践，在觉察中把自己照顾好，进而扩及他人，因此正念的实践者或教学者总是第一个获益的。这般正念爱的实践不假外求，主要来自练习，练习联结——与呼吸的联结、与身体感受的联结、与情绪的联结、与想法的联结、与行为的联结、与每个当下的联结。全面地自我联结与接纳，身与心不再分离，无声无息中悄悄培育了自我疗愈与转化。所有这些练习渐渐熟练后，均能以一种温和不强迫的方式运用至与他人的互动上。因此，正念是一种由里而外的爱，不挂嘴边但重实践的爱。

后记

我的正念老师

启蒙老师

我的正念启蒙恩师是麻省大学医学院正念中心的赞达（Zayda Vallejo）老师。在我去美国之前老师就写信并打电话给我，询问我对课程的期待与是否有需要她帮忙之处，电话中我听出她的温暖与非美国本土的口音。正式上课前三天我们全家去拜访了老师，她跟她先生在后院准备了一大桌的点心、水果、冰淇淋、饮料款待我们，我们很开心地聊了一个下午。原来她是哥伦比亚裔，牛津大学的经济学准博士，曾任职于公私立的研究机构，也曾在尼泊尔做过三年的研究。2000年接触正念减压后发现这才是她生命中想要的，于是她毅然决然地改变跑道，在这之前她已经有十多年的静坐及瑜伽经验了。

老师知道我没有任何交通工具去正念中心上课，立即主动提出她可以绕到我们的住所来接我上下学。此协助对我格外重要，因为这的确是最困扰我的事情。在台湾时，我尽了所有的气力只能安顿好孩子们从住所到夏令营的交通动线，而无法顾及我自己怎么到学校。从住所到正念中心上课，走路单趟大约要两个小时，骑自行车的话地形起伏过大，租车的费用太高，正当我不知如何是好的时候，老师伸出的援手犹如天降甘霖。

课程开始后不久，我先生回台湾上班。老师依照约定每次都来带我去上课，下课带我回住所。第一次上课时我提到没有光碟播放机，没办法做练习，下课后老师竟然立刻带我去买。很快地，我发现每次上下学在车上的时间，是我问问题的大好时刻，不论是学习上的困惑或生活上的议题，我跟老师无所不谈，而她也总是知无不言。在正念中心的老师，上课场地的安置几乎是没有行政人员帮忙的，他们的人事非常精简，一切都要自己来，因此我总是主动帮忙排妥课堂的椅子、倒垃圾、放瑜伽垫等，以聊表回报之意。

这段期间老师与我在课程外的互动往来是相当密切的，几乎只要我有任何需要，她在可能的范围内都尽全力帮忙。例如在我表达想要翻译卡巴金博士的巨作《正念疗愈力》（*Full Catastrophe Living*）后，老师非但没有质疑劝阻反而还主动协助，让我与卡巴金先生取得联系以进行深入讨论。又如当我困惑于研究所的论文到底要采用质化或量化的研究方法时，老师积极联络多年来协助正念中心做研究的麻省大学教授 James 与另一位博士后研究员 Ellena，积极地来帮助我。James 具体地提供可用且适合我的量表，而与 Ellena 一个小时的犀利谈话则确定了我的研究取向。

说实话，这些无条件被成全的经验对我而言是非常震撼的，毕竟从学术经历和地位上看是这么的不对等，我只是一个名不见经传的硕士班研究生，但他们从来不会质疑我是否有能力或觉得我还不够资格与他们讨论这些问题。不论是赞达，或是卡巴金、James、Ellena，他们都没因我无任何头衔而拉开他们的距离，也不会只说"很好，乐见其成"。相反地，他们总是真诚相待，提供具体的协助、建议与回应。这种超越地位头衔而单纯以人的角度彼此互动的经验，在成人世界其实是不常见的。

这种对人的态度也在正念中心的另一位相当资深的老师 Melissa Blacker 身上看到。在正念中心上课的第一天我看到 Melissa 本人，她一见到我便说："我是否在哪见过你？"我回答："我不知道你在哪儿见过我，不过我知道我常看到你，因为每次介绍正念中心的资料都会看到你，哈哈。"Melissa 跟我说她在当地有一个禅修中心，欢迎我去走走。几天后我们全家真的去拜访了，我们并没有先约好，但很凑巧当天 Melissa 提早回来了，因而我们能见到面，她很热心地带我们参观了整个中心。当她知道我在当地没有任何一位亲友后，立刻表明会将我们介绍给她的朋友们。隔天我就看到她发给多位朋友的信，介绍我们给她认为适合的朋友，其中包括日后对我们非常好的 Paul 和 Marj 夫妇。很幸运地，在这段时期我们遇到了 Melissa 禅修的晋级典礼，赞达老师夫妇当天开车带我跟两个孩子去参加了。虽然我们三个完全听不懂也看不懂他们在做什么，但我们一起分享了 Melissa 的喜悦。

在这两个月与老师的互动经验中，我第一次领受到了来访者中心治疗开创大师卡尔·罗杰斯（Carl Rodgers）的"无条件关怀"。在这之前我完全没有团体的经验，正念减压是我第一次参加的团体，因此，老师的风格与做法对我产生了很大的影响。无可厚非地，这个经验几乎塑造了我对正念减压课程带领者的态度、理解、观点与做法。对我而言，正念减压的带领者就是以自己原本的样子，自然地与成员互动，尽力协助成员学习与成长。正念中心对带领者的定位既不是讲师或教练（instructor），也不是治疗师（therapist），而是促进者（facilitator），意指在自我疗愈的过程中，给人协助并成全对方。赞达充满了热情与关爱，她提醒我可能掉入的陷阱，也鼓舞我勇敢轻松地面对未知。原本素昧平生的老师，在这两个月的互动历程中，改变了我的人生方向。

安住当下，说得容易

2010年夏天结束时我带着两个孩子从麻省大学回来，继续心理与咨询研究所的学业。现在想来好笑，当时几乎所写的每一份报告都跟正念有关，其中对我日后正念实践与教学影响最大的是赖念华老师的团体咨询课程。

正念是时时刻刻不带评价的觉察，落实活在当下的一种能力。但真实的状况是，说比做容易，而且容易很多。尤其当我们感到难过、生气、不知所措时，为了避免尴尬，因为不知道可以如何处理，我们都很容易跳离当下，表面看似镇定，心里不知已经嘀咕多久多远；表面显得笑嘻嘻，内心可能在淌血。在团体咨询的课堂中，需要讨论我第一次带领的正念减压课程。第一次带课，我自己的内心戏很多，根本很难停留在当下，每次念华老师看到我想脱逃就会把我逮回来，让我再度回到当下，强迫我面对原本极力回避的感觉、想法或状态。这真的是很大的考验，有时候我甚至觉得很丢脸或气愤。虽然是困难的历程，但累积下来对我的影响却相当深远。

如果未来我是一个正念老师，好好地留在当下，真正勇敢地与当下同在，不闪躲、不压抑、不假装没事、不滑溜、不装傻、不尽说些好话，这都是需要的能力啊。这些是在麻省大学正念中心没有的实际锻炼，身体力行地承接每个当下，尤其在心里超级不爽的时刻。感谢念华老师在第一个正念团体中就让我原形毕露、无处可逃，这对日后的我帮助很大。

之后我又带领了第二梯次的正念减压课程。第一次参与的都是所内的同学与老师。第二次就是对外开放的，这次的成员中有多位成了我长期的正念伙伴，包括许琼月、陈怡真、施宝雯、简玉如等。两梯次的团体正是我硕士论文行动研究的对象，每次都录像录音，自己再细细研究教学过程中哪些地方做得还行？哪些地方离题了？哪些地方实在连自己都看不下去？这段期间对我影响最大的人，是指导教授吴毓莹老师，两梯次八周的课程（实际十周，合计二十周），毓莹老师全都以"学员"的身份参与，给我最温柔也最坚强的陪伴与支持。当我跟老师倾诉挫败时，老师懂得其中的困难，跟我一起难过，然后在我稍微平复之后轻轻顺势拉我一把。正念，是温柔智慧地同在，毓莹老师的里外一致是最好的实践与典范。

我很幸运，从麻省大学正念中心回来后，在台湾还继续学习。老师们的教导虽然未以正念的名义，却是最好的实践。我很喜欢这种感觉，就像是没成天挂嘴上却以行动落实的爱。这时候我的正念老师，从启蒙的赞达老师扩展到台湾的师长，我在台北教育大学心理咨询所继续获得丰富的滋养。

仿佛与卡巴金老师一对一家教

去美国之前曾经跟很要好的高中同学鹏见面，我跟鹏分享阅读了卡巴金博士的《正念疗愈力》，我特别希望大家都可以看到这本好书。鹏似乎看穿了我，临行前她只丢下一句："胡君梅，别轻举妄动。"我点点头，对她傻笑。到美国后不久，我从如沐春风的书，遇到如沐春风的赞达老师，然后就云淡风轻地把我想翻译这本书的想法说了出来……

在这之前我完全没有翻译过任何书，中学六年是我学英文的巅峰，之后就一直走下坡路，工作后也都没用到，在研究所时倒还回温了些，难怪鹏会告诫我别轻举妄动。妙的是，赞达老师不介意我翻译资历为"0"，就很热心地要我写一封自我推荐信给卡巴金博士,并帮我传递。更绝的是,卡巴金先生没因我只是个还没读完心理咨询所硕士班的研究生而不理我,隔了一段时间后,他给我洋洋洒洒写了三页的信,表达了感谢之意,也直言希望保留书中的友善、精准和详尽,他强调此书虽然很厚,但其实是写给一般大众的。这封信我看了好几遍,我把这些交代刻在心上,任重道远的责任感与庄严感,油然而生……在没有坐标的大地上,我完全不知道接下来要往哪儿走。

很快地卡巴金告诉我需要去找一家出版社。我试着联络几家自己知道的出版社,得到的回应是,这本书的版权已经卖出去了,但卖给谁了不知道。几个月后,卡巴金查到是台湾的野人出版社签下了版权。于是我找到台湾的野人出版社,直接打电话给总编辑,表达了我想翻译此书的意愿。总编辑表示这本书已经找人翻译了。"没关系,我留下联系方式,如果你们需要的时候再联络我。"

没想到几个月后野人的编辑还真的跟我联系了,请我帮忙阅读整本译文的一两章。我欣然答应。我非常认真地研读,却越读越读不下去,我拿给先生看,他说:"很正常啊,都是中文。"我知道自己面临着一个很难解释的现象,不是译文的问题,这是一位很棒的专业译者,问题在于他没有受过扎实的正念训练,于是有些很隐微但关键的地方呈现不出来,或者若干词语在一般状况下与正念脉络下的用法其实不同。这很难讲清楚,唯一的办法就是卷起袖子,自己翻一篇出来,虽然很花时间,但这可能是最近的路了。

编辑看了我的译稿后,很快找我去开会,开门见山地说,他们知道这是一本经典好书,花了很多时间与金钱在上面,但如果我不帮忙,这本书就放弃不出版了。这么有魄力!好,我来做,有种侠士相逢的激昂。然后他们告诉我两个前提,一个是翻译出来后,译者不会只有我一个,毕竟前手的资料虽然没用但仍要尊重,另一个是能付给我的费用相当有限。我毫不犹豫地直接答应了这两个要求,完全没有意识到这个"好"之后的下场是什么。对出版社而言,版权是有期限的,因此翻译的时间越长,能销售的时间就越短。他们希望我一年做完,但我说不可能,至少要一年半到两年。他们同意了,对他们而言,第一次的版权几乎全都花在翻译上。然后我邀请他们的编辑去上八周正念减压课程,这样他们才能掌握到书本的精髓。没想到,他们竟然同意了。于是，我明白这不是一般的出版社，简直就是老天爷给我指定的。我也明白老天爷这样的安排，是要我不计名利，单纯地把这件事情做好。我把自己定位为一座桥，把这本书竭尽所能地翻译好，就像建造百年大桥，让很多人可以从此岸走到彼岸。

卡巴金的文字读起来充满喜悦，一句话长达五六行是常见的，像风一般自由挥洒，但翻译起来就非常痛苦了，心需要相当沉静，否则根本做不出来。当时我还在研究所，实习、报告、论文；孩子也还小，经常需要中断翻译照顾他们。于是，我只能活在当下，这一刻跟孩子专心讲话，下一刻转头面向翻译时心就要立刻沉静下来。这一刻进入个案的世界，会谈结束做完记录后，立刻进入论文。无法勉强，难以硬撑，只有把正念所学用到极致，经常觉察呼吸，也发现自己有不自觉间歇性憋气的惯性（专心时、紧绷时、生气时……），经常觉察身体的感觉，不过度紧张，也不随便忽略身体的信息，配合身体需要适度歇息。

老实说，这两年半的翻译是我第一次遇见超级无敌的自己。每一个卡巴金引述的例子或研究，我全部上网查阅并进行了标记。每一个不清楚的地方，我都写信直接请教卡巴金教授，绝不含糊带过。来来回回的信件根本数不清，很感谢卡巴金博士耐心地回复每一封信。虽然很辛苦，但简直就是一对一家教，我的内在默默地在成长。这段期间卡巴金刚好在改版这本书，于是一遍做完后再做一遍。好不容易翻译完了，给文学造诣很好的鹏看，她只淡淡地说了一句：“翻译得很好，看得出来你很忠于原著。”哦，这表示此译文跟中文读者是有距离的，不符合卡巴金最开始提醒的友善。于是，再重来一次！一股单纯只想把事情做好的傻劲。

最后当《正念疗愈力》付梓时，我的内心充满了感谢与感动。感谢老天爷给我机会做这件事情。感谢野人这么专业的伙伴——总编辑张莹莹与副总编辑蔡丽真，他们深知这本书的重要性，不惜成本全部以精装书出版。编辑李依蒨画龙点睛地在书中做很多重要小标。许多读者都很感谢这些小标，不然全部都是文字读起来会很辛苦的。

萨奇老师的疗愈之路

当代正念的起源有两个重要机构，一个是麻省大学医学院正念中心，一个是一行禅师在法国的梅村，前者开创了正念与科学的融合，后者将喜乐融入了正念修行。麻省大学正念中心有两个重要的领导人，一个是开创正念减压训练课程的卡巴金博士（1979 至 2000 年间担任中心执行长），一个是让正念减压训练课程在麻省大学得以存活并发扬光大到全世界的萨奇博士（2000 至 2018 年间担任中心执行长）。

在台湾，很少人知道萨奇（Saki Santorelli）博士，2012 年初我参加麻省大学减压中心在加利福利亚州举办的七日身心医学专训时，感觉他是一位很乐于提供帮助的老师。2013 年底北京第一次举办七日身心医学专训，我再次参加，也邀请了一些好伙伴去亲自领受这两位大师的风采。老实说，从 2010—2013 年间老天爷给我许多挑战，让我几乎有点招架不住。那次我找了个机会，跟萨奇深谈我所面对的困难。他很认真听，经常用我所诉说的内容，引证我已经做到却自己老觉得做不来或做得很差劲的地方。然后我都会倒抽一口气地回问："有吗"，他微笑地点点头。

那是一次相当坦诚的互动，说到难过处我也不硬撑，允许自己哭得唏哩哗啦。我问萨奇："为什么这条路这么辛苦？为什么我放着好好的日子不过，选择走这条路？"面对这无厘头的问题，萨奇深深地看着我，温柔地说："也许是这条路选择了你。"我心想"你在说什么"，但奇妙地却有股被疗愈的暖流。他再次温柔而坚定地看着我，慢慢地说："这条路选择了你。"那是打从肺腑出来的声音，安稳肯定，承接也止住了当时持续隐性陷落的我……

课程继续进行，我专心静修，很少跟人互动。有一次在大团体问答时，学员问到在华人圈有哪些止语专修的资源，因为身为一个正念老师，规律性地参加止语精进专修是必要的。这问题其实需要当地人回答，在大家做了一轮回应后，萨奇把这个问题抛给我。当时我内在能量极低，低到讲话声音在大庭广众下显得有气无力。相隔约两米，只见萨奇右手拍他自己的胸脯，炯炯有神的眼睛笃定地看着我。我仿佛听到他说："勇敢，君梅！"看着他，我的眼神瞬间从胆怯变得自信，深吸了一口气后，我再发出来的声音，完全不一样了。这次经验对我影响好大，萨奇直接带出我内心深处，已快被世俗淹没却仍一息尚存的力量。这股力量，只流动于他跟我之间，只存在于那个当下，但那拍着胸脯的眼神却在我心中成为永恒的鼓舞。

当时《正念疗愈力》刚出版，卡巴金博士公开表扬我在这段时间的认真努力与用心。课后萨奇问我有没有兴趣翻译他唯一的著作《自我疗愈正念书》(*Heal Thy Self*)，而且要我不急着回答，回家想想之后再回复。坦白讲，我心想卡巴金博士原文六百多页的书我都译出来了，这本才两百多页，有什么困难的，然后就豪爽地应允了，但他还是希望我回家想想再说。回家后我想都没想，就直接找野人出版社了。有些时候我是相当直觉的，既不瞻前也不顾后，但有时候又完全相反。接手后，第一件事情是请教萨奇，翻译这本书时要注意什么。他告诉我，维持书中的诗意。好，记住了。

很快地，我发现事情不妙，诗，好难翻；或者说维持诗意，好难。经常一个字想了一天都还抓不到它要表达什么，或者中文要如何能精简诗意地表达，我内心经常哀号没有文学底子啊。于是，我如法炮制地写信给萨奇，奇妙的是他几乎不会回复，总是放我一个人慢慢想。怪的是浸泡久了之后，竟也想得出来。进入书中的世界，我发现它好真诚、温柔、坦率，时而感动落泪，时而深深叹息，时而令人发噱。翻译《自我疗愈正念书》，恍若进入奇幻的旅程，让我以更温柔、涵容、辽阔的视野，面对与承载生命中的种种艰困和苦难，领悟疗愈那种"虽支离破碎却依然完整无缺"的特殊路径与美感。

直问韩国大禅师："你也会生气吗？"

2012年卡巴金博士应韩国安熙泳教授的邀请，赴首尔举办三天的工作坊。安教授是亚洲第二位拿到麻省大学正念中心认证的导师，完全没有任何架子，感觉像是一位亲切的大哥。安教授虽然人高马大，但长得实在很像台湾人，因此我每次看到他都会直接冒出中文而不是英文。秋天的首尔，树衣纷纷换装成红的、黄的、橘的、混色的，缤纷绚烂，美得令人发呆。

在韩国的那几天，安教授相当照顾台湾去的伙伴，完全无分别地让我们这些师资与卡巴金随行，这部分有时候连华人自己都未必做得到。在那次工作坊中，我再次充分领受了卡巴金老师的气度、智慧与幽默。还记得当时有位学员跟卡巴金分享，当站在他旁边时，会有一种平静祥和的感觉。卡巴金笑着说："哦，这样我应该多站在自己旁边。"他的话语充满风趣，却又值得回味。

工作坊里有一句话对我日后相当受用，"Don't take things personally if it's not personal."这里面有两层意义，"跟你无关的事情，别揽在自己身上"，或者"别老认为人家或事情是针对着你来的"。我经常反思这句话，有事没事就想起来感受一下。渐渐地发现这个练习省了很多自己无谓的想象，少了很多因想象所制造出来的烦恼。这类烦恼是多数人都有的惯性，难以分辨想法中的虚与实。分明是自己虚构的，想久了就觉得是事实而深信不疑。分明是实在的东西，却因为不相信或没理会而觉得是虚的或不存在的，这种惯性在人际间尤其常见，不论是同事间或家人间，甚至对自己也经常虚实不分。

八周正念减压的训练再加上后续不断的练习与进修，让我对想法中的虚实稍微有点分辨力了。能分辨虚实才知道哪里该施力？哪里该放下？哪里该进一步弄清楚？哪里可以睁一只眼闭一只眼？或者哪里可以去睡觉？2016年另一位麻省大学正念老师鲍伯（Bob Stahl）来台湾时，曾说一句类似但更贴近的话，"Don't take things personally if it does not go your way.""不顺心时，别觉得那是冲着你来的。"许多有助于成长的话语别人讲可能用处不大，即便觉得很有道理但未必能成为转化的力道。我的经验是放在心上，慢慢体会，有一天在生活中与它联结到时，会成为一种由内而发的领悟，这力量就大了。

在韩国时，我们曾经拜访过一位慈祥的大禅师，据说连一般韩国人都不容易见到他。当天晚上，禅师与卡巴金两位大师对谈。所有人都是直接席地而坐，没有椅子，寒冬中散发暖气的地板上没有一个蒲团或坐垫。韩国朋友似乎很习惯如此，然而我学习时都会有个坐垫，我坐不了这么久，酸、麻、疼三种感觉不断交替出现。虽然尽量不动，但一有机会就站起来伸展一下。神奇的是两位七十来岁的老人家，一坐下来两个多小时，连腿都没有交换过，超级厉害，他们竟然有办法练到坐这么久腿还不酸、不麻、不痛，依然谈笑风生。

会谈在温馨的气氛中结束了，大家纷纷缓慢地站起来。接下来发生的事情让我大开眼界，两位大师左右有工作人员帮忙搀扶，他们停了半晌，才相当缓慢地站起来，再停了半晌，方跨出一步。我这才明白，原来，他们不是不酸不麻，只是这些身体的酸麻，已经不构成影响或掌控他们想法与反应的要素，他们已经训练出与身体和平共处的能力，尤其是在不舒适时。原来，练到不酸不麻不是静坐的境界，也不需如此期待，静坐时的身体变化与当天的状况息息相关，没有一定是什么样子才是对的或才叫境界。面对身体的不适，不压抑、不强化、不扩大、不假装没事，允许其如其所是地存在，可以关注但不需全然受其控制，这历程本身就是长期的修炼。好真实的画面，让我对正念练习有了更深的体悟。

隔天禅师邀请我们一起喝茶聊天，人数更少，由衷地感谢安教授没有把我排除在外。禅师笑容可掬地坐在地上帮我们泡茶，然后一杯一杯地递给每一个人，流露着寒冬中的温暖与慈悲。我仔细观察禅师的每一个动作，他没有随从，一切自己来，包括从老式的热水保温瓶中倒水，每个动作缓慢扎实，每个动作就在这个当下，好感动。过程中主要还是禅师与卡巴金在进行交流，进入尾声时，我们被允许可以问禅师问题。有机会提问我非常开心，这种时候我绝对不会问一些不痛不痒的安全问题，这太可惜了。

我提出一个很直接的问题："您修炼了这么久，请问还会有事情让您生气吗？"禅师听完翻译后笑着说："会啊。"光这个干脆率真的"会啊"，已经让我深吸了一口气。然后禅师举例说明，不久前寺里发生了一些事情让他不高兴。然后，他举起左手掌心朝上，右手手指头放在左手掌心上，之后穿越左手指缝，"就像水在手掌心上，它会来，也会离开。生气也是。"意思是，当生气来了，知道它来了。停留了，知道它停留。生气要走时，也允许它离开。

原来，修炼到后来不是没有情绪或感受，而是更真实地活在每个当下。

原来，大禅师跟一般人一样也会生气，只是气得无挂碍，来则来，去则去。

一般人多会压抑隐忍，努力控制不让自己生气，一旦生气又放不下；气过后表面没事，实际上已刻画在心与身体的记忆里，影响了身心健康，也左右了下一次的经验。由衷地感谢禅师分享了他真实的起伏。

最后我们依依不舍地告别，虽然是第一次，但也可能是最后一次见到禅师了，感觉我们之间是如此地似曾相识啊。走在简朴寺院的路上，一阵微风吹来，山边的树叶纷纷掉落，红的、黄的、橘的，无数的叶子不断飘落到地面，古寺映衬，热泪盈眶，再见了，禅师！

另类的正念老师

有好一段时间，经常可以看到一些描述，说正念训练就是身体扫描＋正念瑜伽＋静坐＋吃葡萄干＋行走静观。这无可厚非，毕竟从书上所认识的正念，经常都在讲这些，仿佛正念就等于这些练习，这些练习就等于正念。2007年当我在台湾政治大学宗教所开展硕士论文时，研究的是佛教的原始经典《杂阿含经》。我非常感激当时的指导老师蔡耀明教授，他不但给我宽广的研究空间与详尽的指导，还从一开始就要我直接研读原汁原味的经典，而不是以二手文献做研究。虽然刚开始从白话文到文言文有点"语言障碍"，但读久了后反而清楚明了。现代很多人读英文比文言文还容易，导致很难从自己的文化底蕴中汲取养分，实在可惜。

我认识正念是从《杂阿含经》的研究开始，经典中对正念的描述是：

"觉诸想起，觉诸想住，觉诸想灭。

觉诸受起，觉诸受住，觉诸受灭……

正念，若念、随念、忆念，不虚不妄。"

白话文的意思：

觉察各种想法的升起，觉察各种想法的停留，觉察各种想法的消逝。

觉察各种感受的升起，觉察各种感受的停留，觉察各种感受的消逝。

不管是随意升起的念头还是任何回想，都不要是虚构的或不符合事实的。

这里面有的只是修行方法，没有任何宗教色彩。因此，打从一开始我就没认定正念＝身体扫描＋正念瑜伽＋静坐＋吃葡萄干＋行走静观，这些均为练习正念的方法，不能等同于正念。这也从一群孩子身上得到了印证。

这群孩子是一所中学的戒烟班，因缘巧合下琼月跟我有机会把正念带给这些孩子。一开始讨论课程执行方案时，我们就鼓励学校老师们放心，不用进班维护秩序，我们相信可以帮助他们，也相信他们可以学习，因此我们决定不用权威来让他们做出我们习惯或喜欢的上课的样子。很快地，我们就发现几乎所有正念常见的作用都发挥不出来，静坐时孩子在我们面前挥舞做鬼脸，身体扫描时他们躺着聊天，正念瑜伽伸展时东倒西歪，几乎所有正念的练习在当时都施展不开。这对我们真的是相当大的挑战，甚至会引起琼月跟我有不同的意见。即便已经有教学方案，我们还是依据学生的变化与我们希望他们学习到的，每个礼拜都重新思索什么是正念？所谓的正念练习是什么？

我们试着用不同的方式开展他们的觉察能力，包括跟他们讨论抽烟与交友的状况。还记得在有一次的课堂中我们给他们听不同风格的音乐，让他们画出听到这些音乐的感受，其实是希望引导他们探索并觉察自己的内心世界，因为我们发现这群青少年很难用言语表达自己内在真实的感受，再不就是满口脏话。他们很少乖乖地坐着，总是这里动动，那里弄一下，再不就是来帮我扎头发。我们花很大的力气来稳住班上，老实说也花了很多力气努力稳住自己，努力让自己不被外相给勾住，努力让我们彼此双方的沟通顺畅，努力问自己什么对孩子们是重要的，努力地探索我们能做什么、不能做什么。

一周一周下来，他们抽烟的数量看起来有所减少，虽然我们其实很少跟他们讨论这部分，我们给得最多的就是不动用权威的关怀（老实说，真的很难）。孩子们越来越相信我们，有时候会跟我们聊聊心事或遇到的困难，或者说说内心对未来的自我期许，有的孩子甚至自然地叫琼月"妈妈"，虽然这班从秩序来看绝对不及格。最后一堂课时，几个孩子跑来抱着我们说："老师，我最爱你们了。"琼月跟我也很爱他们，我们为每一个孩子写了一张卡片，真诚地分享对他们个别的观察与祝福。之后我们没有再进戒烟班，但这些孩子让我们深刻体会到，正念的真谛就是爱，就是温柔地联结，就是无条件的关怀。

同学们，虽然不会再见面，但我们永远祝福你们！

谁啊？

记得有一天我在静坐练习时有某种很棒的体会与领悟，身心感到非常喜悦，对自己的练习有些进展觉得很开心。我知道这样的感受可遇而不可求，明白不需要执着于任何舒服或不舒服的感受，而在练习正念过程中也没有任何境界要追求。但在那当下的喜悦感确实是很清晰的，有一种淡淡的自我肯定，觉得自己好像修炼得还不错（正念练习让我对愉悦事件更加敏锐体察，而不会只专注在不愉悦事件上）。结束静坐后，我带着祥和愉悦的状态，跟先生讨论了一件事情。具体内容已经忘了，但确定的是我们俩没共识，他坚持他的立场，我紧握我的看法。很快地我们不欢而散，我心里满是委屈与生气的负面能量，想着他怎么可以这样呢，心里迅速牵扯到好多其他的事情。然而，多年的训练也让我很快觉察到，自己已经落入想法的漩涡中。于是我带入几个深呼吸，领受当下身体的感觉，关照不舒服的身体部位。突然间，有种穿破云层的狂喜，心底浮现这样轻柔温暖的声音："刚刚是谁还觉得自己修炼得不错啊？老天爷来个小测试，你就垮啦！"然后，我笑了。这让我联想起"八风吹不动，一屁打过江的"苏东坡，我继续对自己尴尬地傻笑。

超越了与先生争执的是非对错，也不管先生是什么样的想法或态度，至少对我而言，如果我选择诚实面对的话，这次的经验映照出当下真实的我以及我的执着，也映照出我所不愿意面对的我。这样的领悟让我体会到：很多胶着困难，处理问题的关键其实是在自己，而不是我所认定的对方。是我，在不知不觉中把自己引入生气的狭小笼子里，而不是对方。带入觉察，我才有机会看到：是我，"选择"了让自己生气，而不是对方。其实，我不是百分之百的受害者，我是有选择权的。老天爷通过一而再、再而三的考试，让我领悟并实践了这个道理。

这样的情况日后又发生了几次，除了对自己傻笑，也再次印证了老天爷真的常给我各类考试，出考题的可能是先生、孩子、同事或其他人、事、物。渐渐地，在每次遇到不爽时，我学会停下来，稍微感觉一下这题在考什么，考耐心、考爱心、考平等心、考担忧、考害怕、考自以为是、考贪念、考愤怒、考虚伪、考初心……老天爷可以出的考题，实在很多元，也很有创意，如果我没有觉察的话经常会被它搞得团团转，很痛苦的。

于是我深深体会到：

真正的正念老师，

是我所爱的家人，当他们对我不开心时，

或者，当我对他们不开心时。

是我的工作伙伴，当我们意见不同又不能分道扬镳时。

是路人甲，当他侵犯到我还不知道该道歉时。

是我自己，当老是讨伐又不接纳或不放过自己时。

原来，这些都是老天爷给的免费培训！

此时，我才渐渐地观察到，自己在身心不稳定时的作为，相对于身心较为平衡下所产生的作为，两者的差异好大！前者完全没有任何长期效能，通常只会引发更多负面情绪或不悦行为，进入恶性循环。后者即便有负面情绪也不致蔓延、扩大或转换为日后更不良的行为；彼此也不会处于对立的状态，也少了攻击／防卫、控诉／反击或冷漠的循环。有觉察地回应，比较有机会真的听到自己也听到对方的心声。如果是实的问题，比较容易朝向处理或解决的方向；如果是虚的问题，也比较容易跨越和放下。

慢慢地，我也学会在动荡中暂停，感觉一下我的心被什么绑架了，例如当我被愤怒绑架时，心中会浮现一个被绳子紧紧绑着且动弹不得的心脏，那绳子的上面写着"愤怒"。然后我问自己想被绑架吗？"不想。"于是我让身体深深地吸气，让更多的氧气进入以滋养自己；让身体深深地呼气，把身体不需要的通过呼气带出去。高度觉察于每一口气息的进与出，就在这持续的一呼一吸之间，愤怒之绳缓缓松脱，心，得以再度舒展与自由。

这不表示从此之后我不再生气或难过，但确实会减少因强大负面情绪所导致的惯性反应。在此过程中没有过度压抑，也不是一味地隐忍或刻意转念，但进行当下即时的觉察，照顾身体也领受呼吸，承接想法与情绪的变化。也许带着觉察地深呼吸几次，也许带着觉察地伸展肢体，也许带着觉察地喝口水，也许带着觉察地上个厕所，也许带着觉察地暂时离开现场……任何在当下最合宜的自我照顾方式都好，都比在疲惫又不平衡的状态下穷追猛打或苦争是非对错要好。通过当下的练习随即滋养自己，想法不再称王而凌驾一切之上。在困难的状态下，通过觉察让自己强烈动荡的身心渐渐安稳下来，进入一种动态的平衡。

一路走来，我的正念老师越来越多，离我越来越近，给我越来越丰厚的滋养。原来，活着的时时刻刻都可以练习正念。而回报与感激老师最好的方式，也许就是持续练习以滋养自己，再把这由里而外的爱分享给更多人。本书，正是此心境的映照。

学员分享

我到华人正念减压中心上课，是因为我是一位追求完美又好面子的人，虽然在工作上的表现受到肯定，但累积在身体的压力及与家人之间的关系，都出现了一些问题。在开始学习正念的两个月前，我出现了严重的心率不齐，导致心脏疼痛，但是看诊后，医生却说心脏问题并没有那么严重，先吃药试试看，可是过了一周我心脏不舒服的状况仍没有好转。在求助无门的状况下，我读到有关正念疗愈的相关文章，于是开始接触正念的教育及训练。

一开始上课的时候，我的心态是要学习减压及治疗心脏的问题，所以我很认真地寻求解决问题的方法，但我失望了，因为我没有办法立即学到可以解决问题的方法。我有明确的目标和企图心，而且心里一直催促着我，赶快找到答案，但是心越急，人就越烦躁，失落感就更加严重。

还好，中心的指导员了解大家心中的渴望及疑问，在五日课程里，引导大家放下心中的评价和用力追求的心，并通过正念的练习培养生活管理的智慧。一开始我对于"静观练习没有要驱除任何东西，没有要达到任何感觉或境界"这句话感到非常不解和讶异，为什么指导员会告诉我们先放下对解决问题的期待？可是我们专程来到中心，不就是为了解决这些令人困扰的事吗？

指导员告诉我们，疾病不等于"我"，那只是我们的一部分，人活着不是为了担心会不会生病，也不要把疾病当成人生唯一的重点，而是你能不能体察当下的生活，务实快乐地活在当下，不去悔恨过去的失误，不去担忧未来不知道会不会发生的事。虽然我的身体及心生病了，但我不是一个有缺陷的人，因为这些事只是我人生的一个过程，当我越练习正念，我就越能察觉出我的完整性，并体验到自在的安全感及满足感。

在接触正念练习后，我慢慢地懂得了如何面对压力，并能和它共处，虽然压力还是会常常出现，但对我来说它只是个过客，我了解它也接纳它，然后面对它、处理它，或许这并不容易，但当压力不再代表我之后，也就不再那么严重地控制我的情绪了。经过这些日子的正念练习，我也深深地体会到正念不是一种技术或治疗秘方，而是需要天天练习、时时体察的生活方式，而且是现代人都应该要学习的一种生活态度。为了面对不断改变的环境，我很乐意也很高兴地把正念推荐给大家，让我们一起做个正念时代的快乐人。

——钟翔宇，上班族

今天结束了八周正念减压课程，从2017年12月到现在，我每周六都上课，能坚持下来真的不容易。我的感受主要有以下六点：（1）最大的收获就是找回对身体的注意力，虽然我之前上过一些心理治疗课，但身体的觉察真的都被我忽略了。（2）正念不是正向思考，而是鼓励活在当下。一日静观课程的这张照片给我很大的震撼，现在的时间不是几点几分，而是"当下"。（3）时刻学习照顾自己是最重要的事。（4）接纳、非评价这些原则，都是我必须通过不断练习，才能改变自己的惯性做到的。想要控制自己的念头也是需要练习才能放下的。（5）应用映照的练习与他人建立有效率的沟通。（6）练习正念的过程真是一种享受，"当下繁花盛开"真是有道理。

——郁惠，医师

见山，让非评价见真山。2016年9月，我何其有幸，可以参加华人正念减压的八周正念课程，接触君梅与玉如的教导，一点点地转变……

正念，并非是一种正面评价，因为评价是带有风险的，就连我现在的书写也很有风险，因为人的意念容易带着好与坏的概念去学习。这种"好与坏"的偏见无形之中很容易抑制自己的学习之路，其实问题发生时，大多是自己的"内在"与"小我"间的过意不去，而八周正念中谈到的有觉知的学习，解开了内在的痛点。因为"评价"欺骗了我的意识，事物的全貌就被我一言以蔽之，我内在觉得不好，就不学习了，变成了没有觉知的学习，我觉得好，就全盘接受，变成了过分努力的学习。

所谓见山是山、见山不是山，见山又是山，而过去的我只愿在外面看着云雾飘过。我觉得八周正念的过程，很重要的一点是强调自身的学习、自我的成长、自己内心想去看清楚一些更深的东西。

最近听闻君梅的《正念减压自学全书》即将出版了,即使因为空间或时间无法来好好学习正念,也可以试着去读一读这书中的学习脉络……愿你能从此书中获取养分。

——Jeff

从心照顾自己,重新看见自己。我于2018年1月底报名参加了八周正念减压课程,并阅读了《正念疗愈力》,发现正念的七大原则和内观中心所传授的无常及平等心相呼应,如何学以致用拥抱苦乐交融的生活、活在当下。将近两个月的正念课后练习,是自我挑战的反惯性练习,例如用左手刷牙,充满玩味!最大的收获是睡眠品质的提升,当失眠偶尔发生时,我就通过身体扫描或静坐让自己和失眠同在。其次是接纳有情绪的自己,允许自己发脾气,记录自己和内在自己的沟通事件,从觉察取代评价自己。很喜欢正念减压强调的照顾自己,过去我们都只想着为别人好,现在开始我们要从心照顾自己,重新看见自己!

——陈韵如

2016年秋天,我接触到正念,在君梅和玉如的带领下,展开了八周正念之旅。

一直以来,我总是有点急急忙忙地往前走,却忽略了自己的内心,忘了要好好照顾且滋养自己。

在身体扫描中,我发现了原来这就是觉察;在饮食静观中,我发现了原来这就是美味;在呼吸觉察中,我发现了原来这就是当下……温柔地与自己同在,这是我第一次与正念邂逅。

——Teresa

其实自己在求学阶段,压力一直都不小,每天从早到晚大概可以区分为两个:去学校读书和在家里读书。那个时候几乎没有什么社交,甚至会把读书当成自己存在的价值,如果考得好,就觉得自己是有用的,如果没有达到自己的标准，就会觉得自己为什么还不够努力而贬低自己……后来有幸接触到正念，从饮食静观重新认识自己吃下去的每一口食物，在正念静坐中回归那个最真实的自己，慢慢的可以更温柔地对待自己，也逐渐发现另一种生活的可能性。正念带来的转变，是生活上的改变，它让我以一种新的视野去看待自己的健康和过往的那些坏习惯。

——建至，大学生

早在上课前一个月我便花了快三个月的时间断断续续地读完了《正念疗愈力》这本"大蓝书"，依照书中的内容慢慢调整呼吸、身体放松及领受当下读书的状态及过程。读完的感觉很特别，是抽象和一知半解，但这样的抽象和一知半解竟不会让我有焦虑感和不耐烦。（先前读完哲学相关书籍时，总会卡在晦涩的文字及抽象的理论中不耐烦，一知半解的焦虑也会驱使我寻求解决问题。偶然的，我发现中心在高雄要开八周的正念减压课程，便立马报名。这八周，我更直接地亲身体验了身体与心灵的距离及相互影响，除了感谢君梅老师的用心指导，我更感谢诸多伙伴的相互扶持；八周的课程说像镜子，其实更像湖水，这个过程虽真实地映照却也更加柔和地让自己得以接受，是很棒的体验！

阿超

课前三个月，我因为工作压力求助精神科，被诊断为焦虑症。虽然在接受心理治疗，却赶不上情绪溃堤的速度，我在近乎走投无路的情况之下，来到八周正念课堂。觉察的练习让我在当下获得了平静，恐惧与忧虑暂时退场，单纯与内在的自我面对面，真正与自己相处。不知不觉中，过去压抑的情绪创口暴露出来，有一两次，没来由地，我半夜在房里哭叫不止，半辈子的忍耐、委屈与愤怒狂涌而出，一发不可收拾。奇怪的是，在经历了半夜的起伏后，隔日我反而觉得焕然一新，就像把发臭的死水排出体外，在心底重新铺上一层稳定的力量一样。焦虑、紧张与压力，课前或课后都不会消失，但学过正念后，无论面对暴风雨或小雨，我都能坦然相迎，风雨过后，擦干身体，自在前行。

——Catherine

跋

感谢每个伙伴与家人，你们都是这本书的隐形作者！

我是在一个单纯慈爱的眷村家庭中长大的，爸妈努力持家，一辈子的老实人。中学时老爸就教我要追求智慧、独立思考，不要人云亦云。他自己的身体力行则是在兄妹的提议下，真的去跟朋友借钱让我就读私立初中！这不但增加了家里的经济负担，在村子里是会被取笑的，但爸妈无所畏惧。话又说回来，再怎么单纯的家庭也会有纠纷，但不论经历多少事情，彼此都能放下、能原谅、能释怀、能接纳、能继续真诚关怀与相互支援，没有丝毫芥蒂或阳奉阴违，而这不正是正念生活的真实版吗？我总以身为这个家庭的一分子为荣。

科学研究说人类的细胞七年会全部换过，算算学习正念的时间，我差不多彻头彻尾全换了一次了吧，至少我确实感觉如此。这些年来的学习，让我从情绪过度敏感到稍微能收能放的敏锐，从内在的多愁善感到较多的明朗，这一切真的都要感谢结婚至今 20 个年头的先生——江仕煌——全力、长年、无条件的支持与鼓励。2016 年夏天我打算跟正念兄弟 Kevin 去参加麻省大学正念中心在罗马办的进修班，很兴奋地跟家人讲这个计划，想说全家可以顺便去欧洲玩一趟，孩子们也好期待。但稍微研究旅游资讯后发现，当时我们手边的现金难以支付我的学费加上旅游的花费。我有些难过，也进退维谷，这时候先生说："你好好去学习吧！我们家今年不去欧洲玩，去东南亚就好了。"写到这里我自己都感动得热泪盈眶……

先生以及对我没有任何要求的婆家，让我放心地努力奋进，家里的两位小天使宇晴和宇谦更是一路成长，他们的自律和自重让我没有后顾之忧，尤其这些年常出国。当外在环境面临艰难时，他们是可爱的开心果。当我跟他们不高兴时，他们就幻化为我的正念老师。刚成立华人正念减压中心的前两年，一点儿都不擅长于管理的我非常痛苦，脑子里经常盘踞着何时关门大吉的念头。而此时，支撑我的力量，竟是想为孩子们多保留一个优质的正念机构——虽然到现在我也不知道这条路会再走多久，但我相信随缘随喜与认真努力，是不相冲突的。

表面上我是独力成立了一个机构，但实际上真的有许多好伙伴与志愿者默默支持着我，多到当我认真地想要列出名单时，赫然发现这里根本无法完全一一列出，每个阶段都有相同或不同的提携之友。华人正念减压中心的理念是"以爱为基础，在专业与涵容下，一起成长"，我们真的做到了。不论是课程安排、教室搬家、上百人的进修营或工作坊，伙伴们最常说的话就是："你不用担心，我们来就好了"。中心的成长全靠大家的协力支持，也靠超强的行政伙伴，我由衷地感谢每一位曾经与持续在中心付出的伙伴！

这样的正念之爱也萌芽并成长于课堂中，曾于课堂上交流互动的每一位伙伴，说实话，都是这本书的隐形共同作者，因为大家的投入与分享，方能有本书的出版。而这本书更是建构在巨人的肩膀上，对我影响甚大的巨人已于书中分享了，也许是以故事呈现，也许是简单的陈述，但总不免有些遗憾，我还要深深感谢许多书中未能提及的师长。如果书中有任何错误，是我个人驽钝而需承受的，与师长无关。

老实说，我从来没想到出书是如此累人。这主要也来自我个人创作能力有限，总是必须顺着感觉与思路先产出东西再来修剪，难以一开始就规划好怎么写。于是写了好几个版本：第一个版本八万字，太轻松了不容易抓到重点；第二个版本十三万字，太严肃了好像立正听课；硬是写了第三个版本才能用，十八万字。我要非常感谢野人出版社及其副总编辑蔡丽真无怨无悔地陪着我创作，并以她惊人的专业能力和体力不断地对本书进行修订。如果没有丽真与野人出版社给我这么大的空间和支持，此书应该是出不来的。我们共同的心愿就是希望通过本书的阅读与实践，能让您的生活有更多的滋养、平衡、喜悦与自在。这样，一切就都值得了！

君梅
2018.03.23